心戴绿色 情寄前沿

王建飞

U0341676

绿色 MBA 教育丛书

绿色管理

陈建成　李华晶　主编

中国林业出版社

图书在版编目（CIP）数据

绿色管理／陈建成,李华晶主编. —北京:中国林业出版社,2013.10

（绿色 MBA 教育丛书）

ISBN 978-7-5038-7239-6

Ⅰ. ①绿⋯ Ⅱ. ①陈⋯②李⋯ Ⅲ. ①环境管理 Ⅳ. ①X32

中国版本图书馆 CIP 数据核字（2013）第 246082 号

出版 中国林业出版社（100009 北京西城区刘海胡同 7 号）

E-mail forestbook@163. com 电话 010 – 83222880

网址 http://lycb. forestry. gov. cn

发行 中国林业出版社

印刷 北京北林印刷厂

版次 2013 年 10 月第 1 版

印次 2013 年 10 月第 1 次

开本 787mm×1092mm 1/16

印张 12. 75

字数 318 千字

印数 1 – 2000 册

定价 40. 00 元

前　言

　　21 世纪人类发展所面临的最大挑战是什么呢？就是前所未有的、全面的、严重的自然危机，极端异常气候加剧，资源供给空前紧缺，全球生态环境持续恶化。生存还是毁灭？人类发展正面临新的抉择，世界向何处去？中国向何处去？唯一的答案就是坚定不移地走向生态文明。

　　在过去 25 年中，世界经济翻了两番，惠及亿万人民。但是与此相反，支撑人类生计的全球主要生态系统物品和服务总量的 60% 已经退化或正以非可持续的方式被使用。联合国环境规划署的一项研究表明：实现绿色经济不仅会实现财富增长，特别是生态共有资源或自然资本的增益，而且还会在今后一段时期产生更高的国内生产总值增长率（传统的经济表现衡量尺度）。

　　绿色文明、绿色经济、绿色发展已成为必然趋势。绿色发展可以界定为经济、社会、生态三位一体的新型发展道路，以合理消费、低消耗、低排放、生态资本不断增加为主要特征，以绿色创新为基本途径，以积累绿色财富和增加人类绿色福利为根本目标，以实现人与人之间和谐、人与自然之间和谐为根本宗旨。绿色发展的基本模式有绿色经济、循环经济、低碳经济、生物经济等。绿色发展本质上就是科学发展观的体现，充分体现了坚持以人为本，树立全面、协调、可持续的发展观，促进经济社会的全面发展。

　　绿色发展要以绿色行政为保障，要以绿色管理为抓手。绿色行政是指以创新绿色管理为指导。以推动绿色发展为宗旨，以实现人类可持续发展为目标。在政府管理行政事务中倡导人与自然和谐相处的绿色理念，推行绿色经济，实现社会、经济、生态三大系统综合、协调、科学发展的活动总称。绿色管理是生态文明建设时代的主要管理模式，必将成为 21 世纪企业实现基业长青的理性选择。绿色管理作为当前企业管理发展的一个新的领域，相对于传统的"灰色管理"而言，更讲求生态经济的理念，更着重追求的是经济生活的长期的、文明的发展。

　　管理，是融合科学与艺术的学问，更是顺应发展变化趋势与推动社会科学发展的学问。绿色管理就是顺应发展变化趋势与推动社会科学发展的产物。"绿色管理"一词随着全球绿色运动的浪潮应运而生，1990 年，德国学者瓦德玛尔·霍普分贝克出版的《绿色管理革命》一书中较早正式使用了"绿色管理"一词。在企业发展过程中，环境保护既是企业经营发展的约束点，更是企业取得更大效益的新的增长点和推动力。绿色管理将企业放入自然和社会的大环境中综合考虑企业发展，通过提高生产要素的效率来实现生产经营目标，是提高资源利用效率的集约型管理。绿色管理将环境保护贯穿于企业发展的各个环节，最终使企业以更少的资源获得了更大的经济效益，同时形成了科学的发展模式，企业的发展具有先进的科技支撑和旺盛的生命力，并树立了良好的企业形象，赢得良好的社会效益，在市场上具有更大的竞争力。

当今中国工商管理教育，既要与中国同步，又要与国际前沿同步。绿色发展是当今世界所倡导的一种新的发展模式，是未来社会经济发展的必然趋势。绿色发展必然对传统的工商管理理念与模式提出新的变革要求。正是适应这种变革下的工商管理教育的需要，北京林业大学组织编写了绿色 MBA 教育丛书，包括《绿色行政》《绿色管理》和《绿色战略》。本书既是培养绿色 MBA 的教学参考用书，也是为那些希望了解绿色管理理论和实践的读者而撰写的前沿书目。

本书的内容主要由四篇构成：第 1 篇是绿色管理职能部分，主要围绕管理的基本职能展开，介绍了绿色计划（第 1 章）、绿色组织（第 2 章）、绿色领导（第 3 章）、绿色控制（第 4 章）；第 2 篇是绿色管理过程部分，侧重于绿色管理具体活动的介绍，包括绿色研发（第 5 章）、绿色生产（第 6 章）、绿色营销（第 7 章）、绿色会计（第 8 章）；第 3 篇主要介绍了绿色创业与技术创新的内容，包括绿色创业（第 9 章）、绿色技术（第 10 章）和基于绿色技术的创业活动（第 11 章）；第 4 篇是绿色发展与政策体系，包括了绿色发展模式（第 12 章）和绿色政策与行政（第 13 章）这两章内容。此外，鉴于管理是一门应用性很强的学科，所以在每一章的后面都设置了案例应用及国际经验，并且正文中也穿插有小故事和小案例的介绍，以便读者对与绿色管理实践紧密相关的问题做出深入的思考。

本书由陈建成、李华晶主编，刘宏文、张元副主编，并完成全书的框架设计、统稿、定审和送审工作。北京林业大学经济管理学院的部分老师和研究生参与了本书的资料查找和初稿撰写，具体分工为：贾莉（第 1～4 章）、郑娟（第 5～8 章、国际经验）、郑娟和李华晶（第 9～11 章）、王秀峰（绪论，第 12～13 章）、李永慧（绪论、案例应用）。在书稿的修改和校对过程中，贾莉、郑娟、李永慧、沈逸晨、程芳菲、匡楠同学付出了辛勤工作。北京林业大学经济管理学院胡明形老师为本书出版倾注了大量心血。此外，本书在成稿过程中，参考了大量相关资料，在此对文献作者一并表示感谢！当然，由于我们的知识和经验有限，尽管已尽力为之，但缺点和错误仍在所难免，恳请广大读者不吝指正！

编　者

2013 年 5 月

目　　录

第1篇　绿色管理职能

第2篇　绿色管理过程

第3篇　绿色创业与技术创新

第4篇　绿色发展与政策体系

第1篇　绿色管理职能

【引例】

管理的绿色化趋势

韩国 Omyang 公司创立于 1996 年，主要生产汽车扬声器和音响系统，是韩国音响设备行业的领头羊。但在近几年，公司遭遇了一系列绿色挑战，在扬声器生产的主要环节——锥纸生产中，打磨纸浆和造纸会产生大量废水，而公司的废水处理过程和废水处理车间又会产生其他污染物，形成了一个恶性循环。此外，产品生产过程中，大量胶的使用更是对环境带来巨大威胁，胶不仅是固体污染的源头，它的干燥和挥发过程还会带来空气污染。为了扭转由此带来的不利局面，Omayang 公司开始进行了一系列绿色管理战略调整，首先，公司从改变组织结构入手，将研发部门、质量部门和生产部门纳入高层管理者的直接管辖，改变了过去高层管理者只对以上部门进行控制和监督的局面，使得这些部门能够更好地合作起来共同解决产品和生产环节中的环境问题；其次，公司进行了环境影响分析，从胶的种类、供应商、使用量、影响程度、成本、损耗代价几个方面进行了分析，确保公司能够及时发现何时胶的使用过量，并通过最小化胶的挥发量和废弃物的产生来降低成本；在环境分析的基础上，Omayang 进行了人力资源调整，为了改变市场营销和运营部门参与绿色管理活动的勉强态度，公司高管团队引进培训和教育计划、设立额外刺激因素来改变不利的组织氛围，使员工对待绿色管理的态度变得积极。在公司整体努力下提高了创新能力、采取了成本节约和竞争优势获取措施，绿色管理在 Omayang 顺利推行，过去受绿色问题困扰的现象消失了，公司还通过自身在产品生产中的成功绿色管理，树立了绿色形象，开辟了更广阔的销售市场，在日本和美国的新增海外销售合同较以往增加了 30%。

韩国的 GDS 公司成立于 1981 年，主营印刷电路板业务，为电子产品生产企业提供电路板配件。电路板的生产所使用的原材料包括水、墨汁、过氧化氢、盐酸、氢氧化钠和硫酸，这些物质的使用带来了严重的环境问题，将 GDS 公司推向了环保的风口浪尖，在销售市场，消费者要求提供具有国际公信力的环境管理体系证明，政府也颁布市政供水保护法以确保当地环境不受到消极影响，在双面压力下，GDS 意识到了绿色管理在新时代的重要性，并着手开始探索绿色化道路。GDS 先从公司组织结构和企业文化出发进行改革，经过五年逐步设立并完善了专门的环境保护部门，设立了独立的环境和安全部门，并且不断扩展部门的管理范围和充实部门的人才队伍，实现了部门对水污染、土壤污染、空气污染、有害物质污染、市政供水、安全和防火、废弃物管理和有害物质管理的全面管理，树立起了公司的绿色屏障；为满足公司绿色管理的需要，GDS 公司积极调整人力资源战略，进行员工培训和内部审计，公司高管也为员工环保任务的完成提供全面支持，尽管目前员工的环保意识仍处在较低水平，甚至有大量员工认为环保任务是额外的工作负担，但是公司高管仍在积极地营造企业绿色文化氛围。同时，公司通过产品产量和废水排放量的对比发现提高循环水使用量是环保节能的关键，在向公司产品购买企业积极寻求科技、信息和管理帮助的情况下，利用外部帮助实现了循环水使用量的提高，也增强了公司的创新能力，使公司的年用水量降低了 21%，废水产量降低了 16%，辅助材料使用量降低了 13%，并进而实现公司总体生产成本减少了 49.45 亿韩元。

Omayang 和 GDS 公司是管理绿色化趋势中典型代表，两家公司过去的产品生产过程都或多或少的忽略了对环境的保护，但是随着市场和消费者绿色意识的萌芽和深化，可持续发展观念的普遍认可以及各国政府对环境保护的重视，公司都陆续意识到了绿色管理在新时代的重要性，并且都从组织结构、企业文化、人力资源战略出发开始推行绿色管理。但是，在推行绿色管理过程中，Omayang 遭遇了营销和运营部门的消极态度，GDS 面临着公司员工的抱怨和不理解，企业究竟该如何解决绿色管理在公司内部带来的管理问题？

管理贯穿于公司内部的所有实践活动，通过各项管理职能的互相配合实现公司各层级目标，要解决公司内部的管理问题，必须从管理职能出发，将绿色理念融入各项管理职能，而不是单纯进行某项孤立的绿色管理活动，应从根本上营造企业绿色氛围。管理职能是由既相互融合又相互独立的四大职能构成的复杂整体，本篇通过细化各项管理职能，从计划、组织、领导、控制四大职能出发阐述了绿色化的管理职能的相关概念。

第1章　绿色计划

1.1　绿色目标的确立

1.1.1　绿色使命与宗旨

企业使命是企业最高层次的目标，是企业存在的目的和理由，反映了企业管理者的竞争观和企业力图为自己树立的形象，揭示了本组织与同行业其他组织在目标上的差异，界定组织的主要产品和服务范围，以及企业试图满足的顾客基本需要。企业使命包括企业哲学和企业宗旨两个部分①。企业哲学是企业为其经营活动所确立的价值观、信念和行为准则；企业宗旨是指明企业准备为什么样的顾客服务以及将来成为什么样的组织或者期望成为的企业类型是什么，包括企业的业务发展方向及企业的规模和地位两个方面。

绿色使命围绕社会贡献目标，着眼于企业的社会责任，它要求企业的行动不但具有经济性，更要有伦理性、生态性和社会性。企业制定绿色计划正是更多地考虑了这一社会贡献目标，企业认识到自己的社会职责，认识到企业发展与社会发展的相互依赖、相互促进关系，将社会效益、生态效益与企业效益三者统一了起来。

在企业绿色使命的指导之下，企业将过去单纯追求利润最大化或股东收益最大化的发展目标转为追求实现企业的绿色发展，强调企业活动与资源相均衡的绿色目标。换句话说，绿色管理就是要改善自然、社会、企业三者之间的关系，促进社会可持续发展，实现经济效益、社会效益、生态效益的协调统一。因此绿色管理在实施过程中要达到生产和需求的平衡，人类社会与自然环境的平衡，其中，人—生产—自然环境—需求是一个大循环，人—自然环境和生产—需求是其中两个子循环，在实现两个循环平衡发展的基础上实现大循环的可持续发展。

☞ **重要概念**

三重底线(Triple Bottom Line)

三重底线(Triple Bottom Line)，就是指经济底线、环境底线和社会底线，意即企业必须履行最基本的经济责任、环境责任和社会责任。1997年，英国学者约翰·埃尔金顿(John El-kington)最早提出了三重底线的概念，他认为就责任领域而言，企业社会责任可以分为经济

---

① 张玉利. 管理学［M］. 北京：机械工业出版社，2004.

责任、环境责任和社会责任。经济责任也就是传统的企业责任，主要体现为提高利润、纳税责任和对股东投资者的分红；环境责任就是环境保护；社会责任就是对于社会其他利益相关方的责任。企业在进行企业社会责任实践时必须履行上述三个领域的责任，这就是企业社会责任相关的"三重底线理论"。

企业管理的绿色目标主要包括三个方面：一是物质资源利用最大化。通过集约型的科学管理，使企业所需要的各种物质资源最有效、最充分地得到利用，使单位资源的产出达到最大最优；二是废弃物排放的最小化。通过采取以预防为主的措施和实行全过程控制的环境管理，使生产经营过程中的各种废弃物最大限度地减少；三是适应市场需求的产品绿色化。根据市场需求，开发对环境、对消费者无污染和安全、优质的产品。三大目标之间是相互联系、相互制约的，资源利用越充分，环境负荷就越小；产品绿色化反过来又会促进物质资源的有效利用和环境保护。通过绿色目标的实现，最终使企业发展目标与社会发展目标以及社会发展和环境改善协调同步，走上企业与社会都能可持续发展的双赢之路。

1.1.2　绿色发展战略

企业绿色发展战略是现代企业发展战略的一个重要方面，也是对一般发展战略的延伸与扩展。绿色发展战略是企业适应社会可持续发展和市场竞争的要求，是根据所处发展环境和企业的实际情况，对企业的长期、持续成长进行总体性、全局性的谋划。它是以绿色观念为导向的企业发展战略，是企业绿色管理的行动纲领，其绿色观念并不是空洞地或形式主义地停留在战略指导思想上，而是渗透到企业战略的各个构成要素和战略管理的各个步骤中。

企业绿色发展战略与一般发展战略的联系在于：从战略的构成要素来讲，二者都包括战略思想、战略目标、战略重点、战略阶段和战略对策。这五个战略要素相互联系，形成一个完整的战略系统。从战略实施的步骤来说，二者都是按照企业环境分析、战略方案设计和战略的实施与评价三大步骤完成的。

企业绿色发展战略与一般发展战略最显著的区别是绿色发展战略以"绿色"为中心。具体表现在以下几个方面：一是目标聚焦。企业绿色发展战略以企业的绿色发展为目标，强调人类社会生存环境的利益，讲究企业活动和发展要与环境保护、生态平衡相协调，注重可再生资源的开发、利用，减少资源浪费，防止环境污染。二是利益侧重。与一般的传统发展战略只注重企业的经济增长，却忽视了社会与环境的协调发展相比，企业绿色发展战略更强调人类社会生存环境的利益，讲究企业活动和发展要与环境保护、生态平衡相协调，从根本上保护消费者、企业、社会尤其是生存环境三者的共同利益，最终实现企业和人类社会可持续发展。三是要素倾向。企业绿色发展战略的五个因素以及实施战略的三大步骤在一般发展战略的基础上，都要求体现"绿色"。

绿色发展战略还可以进一步细分为具体的绿色战术。产品战术体现在绿色产品开发和绿色产品营销两个方面。市场战术主要确定企业目标市场的开拓方向和市场营销策略的组合结构等，是以绿色市场为主要目标市场，并制定相应的绿色营销组合策略。技术战术是指企业技术开发，技术进步的方针，它是通过企业技术创新展开的，涉及绿色技术的开发和绿色技术的应用，主要是清洁生产的实施等。财务战术要求企业建立起一套新的绿色会计制度，实现环境成本内部化，进行绿色投资和绿色融资。人才战术关注企业绿色管理过程中人力资源开发与管理，强调人才作为企业绿色管理的主体地位和绿色竞争的落脚点。这些战术解决企业各经营要素的开发方向和经营方式等问题，最终形成有利于企业长期发展的战略体系。

1.2　绿色计划的制定

1.2.1　环境分析

企业实施绿色管理具有特殊的背景。相比较发达国家，中国的环境污染和生态破坏更为严重，虽然我国国土广大，自然资源比较丰富，但人均资源相当少。伴随着绿色浪潮的席卷，我国的消费者也开始追求绿色产品，崇尚绿色消费，这一系列现象和问题的出现使我国企业实施绿色发展战略成为必然。

☞ **知识介绍**

WTO 与绿色贸易壁垒

WTO 在《贸易与环境的决议》以及贸易与环境委员会的一系列工作报告和公告中多次指出："赞同和维护一个公平、公开、非歧视的多边贸易体制和为保护环境与可促进可持续发展而采取的行动之间不应有、也不需要有任何政策上的抵触。"为了贯彻落实WTO 在贸易和环境问题上的基本立场和指导原则，WTO 已在许多协定中就环境问题做出规定，并且将环保和可持续发展观念纳入其日常主要活动。此外，WTO 各项关于环保的规定以及绿色理念的普及，为各国设置与环境有关的贸易技术及绿色壁垒开辟了新的"灰色区域"。

绿色壁垒又称为环境壁垒，它是进口国政府以保护本国生态资源、生态环境和公民健康为由，通过制定各种环保法规、环保标准，对来自国外的产品加以限制的技术壁垒。目前，由于国际上并没有统一的环保标准和规章，各国都按照本国的环保水平和标准对国外产品进行限制，这就导致技术更先进、质量更好的发达国家产品很容易进入发展中国家市场，而发展中国家的产品却难以达到发达国家水平而被拒之门外。

企业外部环境分析，是指分析存在于企业边界之外的，对企业有潜在影响的各类因素。按照对企业的影响程度，可分为"宏观环境""中观环境"和"微观环境"三个层次。宏观环境也称为一般环境，是对处于同一区域的所有企业都会发生影响的环境因素，可分为政治、经济、技术、社会文化、自然等五类。对宏观环境的分析通常采用 PEST 分析法。中观环境也称为产业环境，是对处于同一产业内的组织都产生影响的环境因素。对产业结构的分析，最著名的是美国战略研究者迈克尔·波特提出的"波特五力模型"。波特认为，企业所处行业环境的性质由五种基本竞争力量决定：新进入者的威胁、行业中现有企业间的竞争、替代品或服务的威胁、供应商和购买者的议价能力。这五种力量的现状、消长趋势以及综合强度决定了行业竞争的激烈程度以及企业的获利能力。微观环境是指与企业的人、财、物，产、供、销直接相关的客观环境，主要包括顾客分析、供应者分析、竞争者分析、同盟者分析和其他微观环境因素分析。

1.2.2 条件评价

对企业内部条件进行评价，有助于企业认清自己的优势和劣势，从而为企业绿色计划的制定提供重要的信息，它是企业绿色发展的关键。企业内部条件分析包括产品与市场营销分析、企业经济效益分析、人力资源与组织效能分析、企业核心能力分析等。产品与市场营销分析包括企业对现有生产能力、生产工艺、产品竞争力和新产品开发的分析；市场营销分析则是产品价格分析、销售渠道分析和促销分析的总和。企业经济效益分析主要是用一些财务指标来表明企业经营状况与效益。这类指标有：表明收益性的总资产报酬率，销售净利润率等；表明企业成长性的销售收入增长率，成本降低率等；表明企业生产性的人均销售收入，人均工资等。人力资源与组织效能分析主要是对员工的学习能力、人员结构、人力资源的配置效率等的评价与分析；组织效能分析则是对企业组织现状、组织中存在的问题和原因的分析。企业的核心能力分析是评价其竞争对手难以模仿的竞争优势，包括企业的技术体系、管理体系、价值观、企业文化等。

1.2.3 体系构建

绿色计划体系的构建需要从两个层次着眼。首先是可持续发展总计划，其次是可持续发展分计划。

企业绿色管理总计划是企业关于绿色经营总体目标和为实现总体目标而对企业绿色发展方向所做出的长期性的总体性的规划。绿色总计划可分为创新发展型计划和稳定发展型计划两种类型。前者是企业发现新的市场环境并积极主动去适应环境的一种经营计划，企业通过创新，从传统的生产和经营方式彻底转向绿色化生产和经营，并通过自身的绿色发展影响周围的社会环境，带动整个社会环境，带动整个社会逐步向绿色化方向发展；后者是企业单纯适应现在的自然环境和社会环境，通过修正、调整其结构和方向以顺应社会变化的经营计划，这类企业往往不会成为绿色企业的带头人，它们不愿意冒很大风险去改变原有的生产方式，而是通过一种调整或治理使企业达标以保持企业的稳定发展。

企业绿色管理分计划是企业绿色经营总计划的具体体现，它包括绿色创新计划、绿色营销计划、绿色企业形象计划等部分。绿色创新计划包括绿色技术创新、绿色制度创新和绿色管理创新，并涉及到绿色设计等具体工作。绿色营销计划紧紧围绕营销基本原则，从绿色产品的研发生产再到售前售中和售后的一系列准备和实施过程中都体现了"绿色"。绿色企业形象计划是企业绿色经营的保证，为企业的绿色创新计划和绿色营销计划提供支持。

【绿色故事】

杜邦公司的绿色"变身"

杜邦公司成立于 1802 年，是世界最大的化学工业公司。20 世纪，杜邦公司凭借在化工领域的先进技术几乎垄断了氯化烃产品（CFCs）市场。1987 年 9 月，国际社会为维护对流层臭氧安全，达成了《蒙特利尔议定书》，规定每个国家将其 CFCs 产量维持在 1986 年的水平上，到 1999 年时把此产量水平削减一半。1987 年 12 月美国环保局（EPA）针对该协议，对公司在美国市场销售 CFCs 产品进行了限制，并禁止在国内使用喷雾剂容器，杜邦公司生产的用于喷雾剂容器的 CFCs 产品霎时丧失了本土市场，公司的支柱产品再次被推向舆论和环保当局的风口浪尖。

从 1987 年末开始，杜邦公司就走上了漫长的绿色管理道路，公司加强了对替代品的研制工作，致力于开发每一种主要 CFCs 产品的应用替代品，按照 EPA 的环保要求不断进行产品创新，一位杜邦执行官说，公司每年花费几百万美元用于替代品研究、采纳 EPA 建议、对贸易联盟捐款以及其他有关 CFCs 的政策性支出。

杜邦公司不仅设立了专门的环保副总裁，还从 1990 年开始，在全球化学行业中率先回收氟利昂，并计划在 30 年内不断减少废弃物排放。为了改善化工企业与绿色环保之间的对立关系，杜邦公司耗资 1.7 亿美元开发了一种安全可靠的新型产品，并准备花费 10 亿美元继续此类新产品的开发，计划在未来 30 年内成为真正无污染的公司，即"绿色公司"。这些绿色环保措施，不仅巩固了其"世界化学工业帝国的"城池，而且更加深得人心，据 2005 年 12 月 12 日出版的美国《商业周刊》的专题报道，杜邦公司在该杂志"全球最绿色企业"排名中位居首位，充分肯定了杜邦公司二十年绿色管理的努力，树立了公司新的绿色形象。正如当时公司总裁伍们德所说："我们要作为处于领导地位的公司继续生存下去，就必须在环保方面胜过他人。"

1.3　绿色计划的实施

绿色计划的实施是指企业通过一系列行政的和经济的手段，组织员工为达到计划目标所采取的一切行动。

1.3.1　实施原则

注重领导与统一指挥原则。企业绿色计划在制定的过程中对其了解最深刻的应当是企业高层领导。一般来说，他们比企业中下层管理人员及一般员工掌握的信息要多，对企业绿色经营的各方面要求及相互关系了解得更全面，对"绿色"这一战略意图体会更深。因此，企业绿色计划的实施应当遵循企业高层领导人员统一领导、统一指挥的原则，只有这样，才能保证各项资源的合理配置、信息的沟通与控制和各项绿色战略的顺利展开以及对绿色计划评价体系的有效建立。在这一过程中，统一指挥、命令链等基本原则不能忽视，同时也要注意例外性和灵活性，以尽可能减少问题复杂性和不确定性带来的风险损失。

加强协调与合理配置原则。绿色计划的实施需要通过一定的组织机构分工，总目标分解为具体的分目标，各项分目标再落实到企业各部门各岗位。为此，领导者要注意各计划层次、各实施主体之间的协调性，避免产生摩擦冲突和局部利益倾向。同时，由于绿色计划会受到信息、决策时限以及人事能力等因素的局限，难以准确全面地预测未来环境变化和绿色市场需求，这就使得企业在一定时期内所制定的绿色计划不可能是最优的，而且在实施中也难以避免变化性。因此，绿色计划的实施不是简单机械的执行过程，而是在合理性原则下，开拓创造、大力革新的过程。

关注权变与灵活应变原则。企业绿色计划的制定是基于一定的环境条件假设的，但是，在计划实施过程中，经常会出现一些偏差和意外，国家法律法规政策和市场环境都有可能发生程度不同的变化，因此，企业应当依据管理的权变性原则，根据具体环境情况及时调整原有绿色计划的实施。其实，权变观念应贯穿于企业绿色管理的全过程，它要求企业对内外环境的洞察力较强，对可能发生的变化及其后果以及应变替代方案有足够的了解和准备，以便企业有充分的应变能力。需要注意的是，权变应变的程度并不是越大越好，有时不必要的"折腾"容易造成人心浮动，带来消极后果；但如果环境变化而企业又反应迟钝，则企业也将面临失败的风险。

【绿色故事】

海尔的环保冰箱

海尔集团的前身是1984年创立于我国青岛的青岛电冰箱总厂。近四十年来，海尔集团从青岛电冰箱总厂开始，不断进行产品技术研发，一步步发展成国际化、产品多元化的全球白色家电第一品牌。为了顺应世界可持续发展观念的要求，海尔集团进行了绿色环保冰箱的研制，通过网上采购平台从全球供应商中挑选最符合节能标准且成本最合理的原材料，在企业绿色体系的和绿色技术的支撑下进行清洁生产。而环保冰箱的问世更是给海尔集团带来了来自国际国内的多方资源支持。

1995年12月5日至7日，在奥地利维也纳举行的联合国环境规划署《关于消耗臭氧物质的蒙特利尔协定书》缔约国第七次会议上，海尔集团作为亚洲地区唯一代表受到大会邀请并展示了最新成果：超节能无污染BCD-268冰箱，受到了联合国环境规划署、蒙特利尔基金会、欧洲绿色组织、世界银行以及各国政府要员的高度赞扬；2006年12月，在联合国开发计划署（UNDP）和国家环保总局联合主办的全球环境基金（GEF）中国节能冰箱项目总结大会上，海尔冰箱荣获"节能明星大奖"；在2008年北京奥运会，海尔冰箱受到了奥组委的青睐。这些都为海尔带来了更广阔的市场资源和良好的无形资产。

　　2011 年，由《中欧商业评论》和银则企业咨询有限公司联合主办的首届"绿色管理 50 强"评选活动中，海尔公司成功入选并在家电企业中位列第一。依托绿色战略体系和绿色供应链，海尔冰箱实现了资源的合理配置，最大限度的提高资源使用率，降低资源消耗率，赢得了全球市场的信赖，据世界权威市场调查机构 Euromonitor 的数据显示，2010 年海尔集团独揽 6 个世界第一，并以 6.1% 的市场份额蝉联全球大型家电第一品牌。

1.3.2　实施类型

　　指挥带动型。这类绿色计划实施的特点是，由企业高层领导考虑制定绿色计划问题，并在实践中，自下而上向高层管理者提交企业绿色计划的报告，由高层决策确定具体战略，向企业宣布企业绿色经营分战略，然后强制下层管理人员去执行。

　　变革引导型。这类绿色计划实施的特点是，高层管理者关注企业绿色总计划，在计划实施中，高层管理者在其他方面的帮助下要对企业进行一系列变革，如建立新的组织机构、新的信息系统、变更人事，采用激励手段和控制系统以促进绿色战略的实施。

　　合作攻关型。这类绿色计划实施的特点是，高层管理者从计划实施伊始就强调其他管理人员的参与性和责任性，一起对企业绿色计划问题进行充分讨论，形成一致意见，制定出分战略，再进一步落实和贯彻。这类计划实施接近一线管理人员，强调集体智慧。

　　文化渗透型。这类绿色计划实施的特点是，高层管理者聚焦于如何动员全体员工参与绿色计划的实施活动，强调运用企业文化的手段不断向企业全体员工渗透绿色管理思想，使其演变为企业共同的价值观和行为准则，使所有成员在共同文化基础上参与绿色计划实施。

☞ **知识介绍**

走向绿色的方式

　　识别组织承担环境责任角色的一个方法是通过绿色系中的不同色度来描述组织可能采用的不同方式。上图描述了组织在环境问题上可能采用的四种方式。第一种方式仅仅是实现法律的要求：法律方式。随着组织更多地认识到环境问题并对此更为敏感，就可能采用市场方式。在下一种方式，即利益相关者方式中，组织选择对利益相关者的多种需求做出反应。最后，如果一个组织追求的是活动家(也称作深绿色)方式，那么该组织就是在寻求尊重和保护地球及其自然资源的途径。

【案例应用】

宜家：基于企业社会责任的绿色管理

在宜家，社会责任工作被称为 IWAY(宜家方式 IKEA WAY 的缩写)。在 IWAY 出现以前，宜家就已经开始了在社会和环境方面的发展探索，做了一些基础工作。如：1990 年，宜家出台了自己的第一个环境政策。1991 年，宜家推出了第一个森林资源的要求，命令禁止热带木材在宜家产品上的使用。1992 年，宜家的管理团队首次提出了环境改善方案。1994 年，宜家开始与救助儿童会和国际劳工组织合作，了解更多的童工知识并学会如何正确预防童工的使用。1995 年，通过一系列的培训及运输问题对环境影响的考虑，货物运输开始成为宜家环境工程的一个部分。1996 年，宜家管理层决定给宜家的所有组织机构，包括零售机构，都委派一名环境协调员。1998 年，宜家开始和国际建筑及林木工人联合会(IFBWW)合作，从国际方面和可持续发展方面考虑工人权利问题。

2000 年，宜家启动了 IWAY 的制定工作。IWAY 是宜家公司关于产品、材料和服务的采购准则，是宜家供应商的行为规范。IWAY 是依据 1998 年 6 月国际劳工组织关于工作中的基本原则和权利宣一言的八项核心公约，1992 年里约环境与可持续发展宣言，以及联合国永续发展约翰内斯堡高峰会议和 2000 年联合国全球契约峰会十项原则制定而成。

IWAY 适用于宜家所有供应商，而且供应商还应向他们的雇员和分包商告知这些信息。IWAY 是宜家"最佳购买"理念的一部分，或者说是"四条腿椅子"理念的一部分，这四条腿分别是：价格、质量、交期和社会责任。理论上来说，只有四条腿一样强壮，才能使这椅子牢固、稳定。IWAY 的要求主要包括：遵守国家法规，不允许强制他人工作或使用童工，不允许歧视，报酬应达到最低工资标准，加班应付加班工资，安全健康的工作环境，以负责任的方式丢弃和排放废物及处理化学品。

宜家为在中国推进社会责任项目，主要采取了以下策略：

第一，宜家高层领导对 IWAY 工作给予大力支持。具体表现在，将 IWAY 工作纳入到了宜家公司的战略决策中去，并通过各种形式充分的与外界(媒体、供应商等)和内部员工做沟通。并在例行的管理层会议上报告和落实 IWAY 工作的进展状况。以此来促进宜家内部和供应商提高对实施 IWAY 标准重要性、必要性的认识。要让供应商和宜家内部人员真正感受到 IWAY 工作对于宜家公司的重要性。

第二，在贸易区层面上，也相应的将供应商的 IWAY 成绩列入采购人员及领导层的绩效考核中。这样一来，在贸易区内部，IWAY 就有了和价格、质量、交期同等重要的位置，而不再是流于形式。

第三，对 IWAY 工作的推动制定明确的目标。给供应商的 IWAY 工作施加一定的外在压力，要求所有供应商都应制定一个明确的时间限去达成 IWAY 的要求。逾期未达到要求的，将会直接产生生意上的影响，甚至终止生意关系。这样一来，采购订单也就和 IWAY 的成绩有了直接的关联，价格已不再是订单的优先决定性因素。在施压的同时，对贯标工作成绩优异的供应商实施奖励，即推行奖励机制。2008 年，宜家中国区开展了优秀供应商的评选活动，这其中，最重要的衡量指标就是 IWAY 的审核成绩。评选的结果是我们华中区厦门的宜家节能灯厂摘得了第一名的桂冠，赢取了 100 万人民币的奖金。

第四，从实际出发，在制定 IWAY 工作目标时，充分考虑到工厂的现状和所处的外部整体环境。从所处的大环境出发，制订了较为现实的短期达成目标。即将 IWAY 标准分成两大部分，把供应商目前难以做到的工资工时要求的部分列为第二部分，该部分允许供应商有较长的时间去采取措施，逐步改善，具体的完成日期暂未作要求。但目前已着手做数据统计和分析的工作，待摸清工厂的整体状况后，再设置一个合理的达成目标。除去第二部分之外的项目均属于第一部分，该部分的要求是需要供应商在规定的时间内必须达成。总的说来，依据中国区的现状，将 IWAY 工作分成了两步来走，有效地提高了工厂贯彻 IWAY 标准的积极性。

第五，开展创新形式的辅导工作。如何能让 IWAY 的工作在工厂得到长期有效的实施，这是宜家和供应商们共同面临的问题。于是，宜家华中贸易区的 IWAY 小组开始了创新形式辅导工作的摸索，针对性的挑选一些配合意愿强的供应商，和专业的咨询机构一起，运用目标管理、流程管理和持续改善的思路，在工厂推行 IWAY。宜家将该项目称为星星项目，旨在支持供应商找到行之有效的方法来推动 IWAY 工作。

资料来源：黄珊峰. 关于推进我国企业社会责任实施工作的思考[D]. 厦门：厦门大学，2009.

问题：

自 20 世纪 90 年代以来，经济、社会和自然环境发生了怎样的变化？宜家在此期间实施的企业社会责任活动，是否具有阶段性、呈现何种特点？通过分析宜家推进社会责任的做法，讨论企业绿色计划体系的构成与实施要点。

【国际经验】

企业节能：实现简单目标、准备迎接未来

近在眼前：宾夕法尼亚大学的节能措施

艾米丽·席勒是沃顿商学院 2009 届工商管理硕士毕业生，现担任沃顿商学院可持续计划副主任。该学院近年来的环保创新成果包括：2004 年推出了三堆法回收系统（2008 年扩展），该系统使学院的总体回收率从 18% 增加至 25%；另外还有预置的双面打印，每年可节省用纸 240 万张。

席勒的沃顿节能研究工作主要分为四大类：暖通空调制冷、照明、绿色 IT 及行为改变。例如，席勒的研究小组发现，在沃顿商学院的亨茨曼大楼内，暖通空调系统的设定值使得系统引入的外部气流超过了良好空气质量所必需的数量。他们目前正在对暖通空调项目评审，该

项目每年将能节省20万美元，席勒说道。

　　"照明设备太多"，席勒补充道，"单单在亨茨曼大楼内的灯具就有数千盏之多，我们把灯泡都更换为节能型的荧光灯和LED灯。"现在，沃顿商学院的500多台公用计算机在闲置一小时后就会进入'休眠'状态，每年可节省8000美元。

　　另外还在沃顿商学院查寻那些"吸血鬼"或"幽灵"负载——从咖啡机、微波炉到"休眠"的计算机——这些设备在闲置状态时会消耗大量"备用"电力。此类不被觉察的用电量占到全国耗电量的6%，席勒指出，减少此种电力流失的方法之一就是在每天工作结束、周末及节假日期间将这些设备的电源插头拔掉。"所有配有LED灯的设备都会耗电，我已经把我办公室里的闹钟都重新设置了一遍，"席勒说道。

　　在最近的四个月内，沃顿商学院节能92000美元，实现了宾夕法尼亚大学校长艾米·嘉特曼的在"气候行动计划"中设定的目标，即在该年减少5%的能源使用，并在2014年达到17%的节能目标。为了进一步减排，该项计划动员一半以上的大学社区人员采用步行、骑车或拼车出行。

行动建议：切勿熟视无睹

　　环境保卫基金会节能专家凯特·罗伯特森(Kate Robertson)提出，集团的"绿色企业计划"提供了"一对目光敏锐的眼睛"，来针对那些潜在的节能机会提出问题，那些"看似无聊，但是非常基本以至于没有人想到去问"的问题。有一家德克萨斯州的公司，她举例说道，通过将不再使用的锅炉停机而节省了巨大的成本。由于公司只是聘请工商管理硕士担当十周的实习节能助理，因此节能成果是显著的。

　　罗伯特森表示，在暑期实习期间，"绿色企业计划"的学生可以查看运营、印刷、照明及制冷等各个环节，往往会发现许多重要的节能机会。"企业可能不太清楚他们为电冰箱付的账单"，她说道，"他们习惯于付清账单后继续工作。但是，能源审计会让他们将使用了20年的旧冰箱更换掉，这样不到一年，公司从中节省的资金已经足够购买一批新的计算机了。"

　　资料来源：沃顿知识在线

参考文献

[1]黄珊峰. 关于推进我国企业社会责任实施工作的思考[D]. 厦门：厦门大学，2009.

[2]Ki-Hoon Lee. Why and how to adopt green management into business organization：the case study of Korean SMEs in manufacturing industry[J]. Management Decision, 2009, 47(7)：1101~1121.

[3]邱尔卫. 企业绿色管理体系研究[D]. 哈尔滨：哈尔滨工程大学，2006.

[4]张玉利. 管理学[M]. 北京：机械工业出版社，2004.

[5]朱昶. 企业绿色发展战略及其体系研究[D]. 武汉：武汉理工大学，2003.

第 2 章　绿色组织

2.1　绿色组织设计

企业绿色发展战略的实施需要相应的绿色企业组织作为支撑，企业如何实现从"灰色"到"绿色"的转变是企业进行绿色组织设计首先要考虑的问题。企业需要从战略层次上综合考虑企业的整体"绿化"，绿色组织的设计是一个涵盖内容很广的概念，它既包括组织外部的设计即绿色企业形象的树立，也包括组织内部的设计即绿色企业文化的构建、组织结构的重构及绿色制度及绿色管理模式的创新。

2.1.1　企业绿色组织设计的必要性

在当今世界绿色潮流不断兴起，环保问题备受瞩目的前提下，企业绿色创新、进行绿色组织设计作为解决这一世纪难题的新希望必将得到人们的认可，而绿色组织创新又是其中非常重要的方面之一。企业作为一国经济的微观主体，是各种产品的主要生产者和供应者，是各种自然资源的主要消耗者，企业的行为是否符合可持续发展的要求，对一个地区、一个国家乃至全人类的可持续发展都有着重大影响。因此，顺应时代潮流实行绿色组织设计是企业不可回避的一大问题。

绿色组织设计有助于企业建立科学合理的可持续发展分工协作体系，提高企业成长质量。在当前可持续发展背景下，绿色组织设计符合环境与市场的多重要求，可以有效适应和应对外部环境发展的变化，形成相互协调、彼此促进的组织体系，这种先进的组织结构能促使企业的生产能力得到最大的发挥，成长质量大大提高。

绿色组织设计有助于完善企业间的组织联系，实现资源整合和优势互补。绿色组织是一种兼顾三重底线的要素体系，企业边界不仅仅局限于企业内部的管理体制和组织结构，而是拓展到了企业之间。这种组织联系的创新，既可以使企业集中资源、强化核心能力，又能够相互取长补短，在协作之中产生单个企业不可能具有的竞争优势。

绿色组织设计有助于提升企业形象，发挥企业独特竞争优势。随着人们环保意识的增强，无污染、无公害或者具有保健功能的天然产品倍受青睐，21 世纪将是绿色产业为主的新时代。绿色组织创新的实施，能够使企业产品符合市场的需要，符合经济社会发展的需要，有利于企业树立起自己的绿色形象，获得消费者的好感，创造和赢取更大的价值。

绿色组织设计有助于保持国家利益和企业利益的一致性，实现全社会的绿色发展。企业的绿色组织创新有利于解决日益严重的环境问题，有利于我国资源的合理配置开发和利用，有利于在国际贸易和分工中得到新的优势地位，为实现国家可持续发展开辟新的途径。

【绿色故事】

汽车市场上的"绿色较量"

美国、西欧和日本是世界上最重要的三大汽车市场，为了保护本国市场和本国企业，三大汽车巨头纷纷从绿色环保标准出发进行汽车贸易壁垒的新较量，这也标志着三大市场之间贸易摩擦又将升级。

由于日本轿车在美国和欧洲市场上长期受到顾客的欢迎，日本轿车在美欧市场的份额是美欧企业在日本市场份额的几倍。欧盟为此试图通过制订和实施新的汽车排放标准来限制日本汽车在欧洲市场的增长，新的环保标准要求到 2008 年欧洲市场销售的所有轿车的二氧化碳排放量要比 1995 年下降 25%。但是，日本出口欧洲市场的轿车以高级休闲车和大型轿车为主，其平均二氧化碳排放水平比欧洲本土品牌高出近 10%，若要达标，日本车就必须平均减少 31% 以上的二氧化碳排放量，而这在短期无法实现。

日本政府在与欧盟就汽车废气排放标准谈判破裂后，立即采取了针锋相对的策略，实施"歧视性"的《节能修正法》新法案，要求到 2010 年在日本市场上销售的不同质量和用途的汽车必须达到相应的节能标准：两人乘坐使总质量在 1000kg 以下的汽油轿车，要比 1995 年相当车型节能 17.7%，而同期 1000～1249kg 的轿车要节能 25.7%，1250～1499kg 的轿车要节能 30% 以上，1500～1749kg 以上的轿车要分别实现节能 24% 和 9.7%。但是，由于美国和欧洲出口日本市场的轿车有近 90% 属于 1250kg 以上的范围，即几乎所有欧美轿车都要在日本市场受到更严格的节能要求，而日本车在本国主要是轻型和微型车，所以，本国企业受到修正法案的影响远小于外国企业。

2.1.2 绿色企业形象

企业形象是由企业行为创造的，是由公众舆论评价的，是企业经营运作表现与特征在公众心目中所形成的印象的反映，它表明社会公众对企业经营业绩承认与否及承认程度，在一定程度上也表明社会公众对企业是否支持的态度。企业绿色形象是企业绿色管理运作状况和特征的反映，是社会公众对企业绿色化程度的总体的、概括的、抽象的印象，是通过社会公众的主观印象反映的企业绿色管理的客观实际。企业绿色形象又是一种与社会公众评价相联系的观念状态，是一种不以企业意志为转移的客观存在，一经形成便长时期发挥作用。企业绿色形象还是以企业绿色行为为基础的折射反映，换句话说，企业是否形成了绿色形象关键不在于社会公众怎样看，而在于企业怎样去做，通过什么样的绿色管理具体行动来塑造企业的绿色形象。

绿色企业是指以可持续发展为己任，将环境利益和对环境的管理纳入企业经营管理全过程，并取得成效的企业。绿色企业的衡量标准有：首先，企业领导应树立绿色管理观念，以生态与经济协同发展为己任；其次，企业确立了绿色企业文化，将环境管理作为企业管理的重要职能；再次，企业拥有雄厚的资源，能够保证环境管理工作的实施；然后，企业应推行绿色营销，将环境管理落实到企业营销活动的始终；最后，企业树立了绿色形象，得到社会公众的认可。

绿色企业形象识别系统是由绿色企业理念识别系统、绿色企业行为识别系统和绿色视觉传播系统构成。企业绿色理念包含丰富的内容，包括是否树立创造优质生活于社会的企业理念、是否以绿色观念为指导、在企业的发展目标中是否注重环境保护和资源开发等。企业绿色行为既包括企业内部是否定期对员工进行可持续发展和环境保护方面的教育、加强对企业的环境保护和绿色营销方面的管理和监控以及大力研究开发可替代能源等，也包括企业外部经营和推广绿色产品、利用广告和公共宣传等方式向社会公众传播企业的绿色形象以及积极参与环境保护和有利于可持续发展的社会公益活动及文化活动等。绿色视觉传播系统是企业绿色形象的直接展示，它一方面要求企业的标志及其标准字、标准色等视觉形象的设计必须符合企业绿色形象的塑造，另一方面要求企业的视觉形象的传播必须符合环境保护的要求从而服务于企业绿色形象的塑造。

【绿色故事】

洗发水市场的正面"突围战"

日化行业一直是跨国企业的天下，宝洁以品牌教父的姿态一直把持着我国日化的主流，联合利华、妮维雅、资生堂又咄咄逼人，不断蚕食市场。一时间，日化也成了洋品牌的天下，尤其在洗发护发市场，宝洁公司占据了 50% 以上的市场份额，其中，飘柔以 25.43% 的份额高居榜首，海飞丝和潘婷分别以 15.11% 和 18.55% 紧随其后。联合利华(力士、夏士莲)、日本花王(诗芬等)等跨国企业品牌又占去了约 25%。为了争夺宝贵的市场份额，我国洗发水行业展开了激烈的对攻战，既有洋品牌间的领导争先战，也有国内品牌的突围战。

洋品牌的争先战中，属 2007 年清扬与海飞丝的对决最扣人心弦。多年来，联合利华在与宝洁的对抗中往往处于劣势，联合利华一直没有一个强势品牌在去屑市场与宝洁的海飞丝相抗衡。明显不对称的局面刺激着巨头久被压抑的雄心，厉兵秣马之后，2007 年，联合利华迅速调整战术，开始推出其"十年磨一剑"的专业去屑品牌——清扬，向海飞丝正面宣战。除了在广告宣传上的正面应战，在黄金广告时段用代言人小 S 应对海飞丝的代言人蔡依林，还努力强化差异性，率先提出"男士专用洗发水"的口号，逼迫海飞丝迅速推出男士去屑洗发水。经过一年硝烟战火明刀明枪的战争，清扬顺利在"去屑"市场分得一杯羹。

国内品牌在跨国日化企业所忽略的防脱发等医药保健洗发水领域展开了角逐，武打影星成龙和李连杰自"爱多 VCD"和"步步高 VCD"的荧屏过招之后，2007 年又在防脱洗发水领域兵刃相见——霸王 VS 索芙特，究竟是霸王的中药世家更传统还是索芙特的现代汉方更先进？凭借市场扩展、形象推广和系列产品的推出，霸王成功突围，一举奠定了国内中药洗发水老大地位。

2.1.3 企业绿色组织创新的基本模式

在我国现阶段经济改革过渡时期，根据企业组织创新的动力来源，企业组织创新可划分为三种模式：战略先导型组织创新模式、技术诱导型组织创新模式、市场压力型组织创新模式。

2.1.3.1 战略先导型组织创新模式

从创新的动力源看，战略先导型组织创新的动力主要来自于企业战略导向的变化。企业高层管理者对企业内外环境反应敏感，有较强的预见性。在该种变化下，为了实施企业的战略变革，企业将投入大量的资源，包括企业家的智力和时间资源以及相应的物质和组织资源，分析外部环境和内部条件、确立组织视野、明确目标规划、调整产品结构，实现战略创新。在这个过程中，有两方面的工作：一方面要转变观念、形成新规范、调整人际关系，进行文化创新；另一方面则要着眼于重新配置企业责权结构，使结构创新适应战略创新和文化创新的需要。

战略先导型组织创新具有企业内源性根本组织创新的特点。战略先导型组织创新模式的实现除了要求企业家具有战略眼光和超前决策能力外，还要求企业必须在快速发展的产业环境中具有充分的成长空间，并能够有效利用各种信息源，尤其善于创造性学习借鉴外部组织创新的经验以尽量减少创新成本。此种模式又可以分为两种：即业务流程重组模式和分权制模式。

（1）业务流程重组模式。业务流程是企业为达到一个特定的经营成果而执行的一系列与逻辑相关的活动的总和，而业务流程重组则是企业为达到组织关键业绩（如成本、质量、服务和速度）的巨大进步，而对业务流程进行的根本性再思考和再设计，其核心是业务流程的根本性创新，而非传统的渐进性变革。业务流程重组属于企业内源型的根本性组织创新，创新的动力源来自于企业家精神或企业战略导向变化，强调由战略创新启动，战略、文化和结构创新密切配合，因而，业务流程重组是典型的战略先导型组织创新。

（2）分权制模式。分权制组织是现代企业特别是大企业所普遍采取的一种组织结构形式，也是目前我国企业组织创新中的重要目标模式。对于我国企业来说，实行分权制组织创新是一种战略先导型组织创新，因此，研究这个问题对于我国企业国际化组织创新具有十分重要的意义。首先，我国企业面临着规模扩大、市场竞争加剧、竞争核心环节向研发和营销转移、环境动荡性增加以及人员成长需求增强等趋势，因此从整体看，分权制组织创新是不可避免的趋势。同时，相对与西方企业而言，我国企业的分权基础能力普遍较弱（表2-1），这是造成我国企业实施分权代价过高的根本原因。提高企业的分权基础能力是我国企业取得分权制组织创新成功的关键所在。

表2-1 中西方企业分权基础条件的比较

项目	西方企业	我国企业
责任体系	明确	不够明确
评价手段	比较客观	比较主观
监督机制	比较完善	不完善

（续）

项目	西方企业	我国企业
信息交流	设施先进，管道较多	设施落后，管道不够畅通
文化背景	权与责对应	权与责结合
高层素质	总体较高	有高有低，参差不齐
中层素质	总体较高	总体较低
对权力的约束	客观的调控机制，加上经理市场上自身的名誉资本	上级的监督，以及自身道德的力量

资料来源：常婕. 我国企业国际化组织创新模式的分析和选择[J]. 当代经济，2007(6).

2.1.3.2 技术诱导型组织创新模式

从创新的动力源看，技术诱导型组织创新的动力主要来自于企业新技术的发展，尤其是企业带有根本性的产品创新导致的产品结构的变化。产品结构的变化会引致产生企业的部门设置、资源配置及责权结构的相应改变，并进而引发结构创新。在此基础上，企业价值观念和行为规范会发生潜移默化的转变，达到渐进的文化创新。结构和文化的逐渐变化又会进一步诱致企业战略创新。因此，总的来说，技术诱导型组织创新总是表现为由结构创新到文化创新，再到战略创新的逻辑顺序。

技术诱导型组织创新的最大特点是源自企业内部产品结构的变化，并由此引起的结构和文化的逐步调整，但一般不会导致企业组织在短期内整体变化，因而，技术诱导型组织创新属于企业内源性的渐进组织创新。技术诱导型组织创新是企业中常见的组织创新类型。

当今世界，科学技术的发展日新月异，特别是在有关环境保护、节约能源等方面的技术发展十分迅速。利用这些技术设计出来的新产品更能符合环境保护的要求，能更好的达到人与自然和谐相处的目标，从而发展迅速，这是与传统产品有着很大的区别的。由此，也会要求企业建立适合生产绿色产品的组织结构。

2.1.3.3 市场压力型组织创新模式

从创新的动力源看，市场压力型组织创新的动力主要来自于市场竞争压力。市场竞争给企业造成两种威胁：实际的和潜在的。勒眉特和斯托尼对比利时 12 个不同产业的 41 个大企业的 131 个创新项目的调查发现，64% 的创新项目是反应型的，36% 的创新项目是主动型的。反应型的创新项目是企业受到竞争威胁后进行的。

市场竞争压力迫使企业求生存、谋发展，努力通过战略创新、文化创新和结构创新来保持和提高企业核心能力，靠持续的技术创新赢得竞争优势。对于我国大多数企业来说，市场压力型组织创新更多地表现为由文化创新启动，进而诱发大规模战略创新，最终以反复的结构创新来实现企业组织创新的逻辑顺序。

市场压力型组织创新属于企业外源性创新，它既可能是渐进的，也可能是根本性的，这要视企业具体的内部和外部环境而定。由于我国大多数企业的战略、结构和文化都急需重组，因而，对于国有企业来说，市场压力型组织创新多表现为从文化创新开始的企业根本性创新。而这种转轨或过渡一旦完成，市场压力型组织创新将主要表现为渐进性创新，而且将成为企业日常占主导地位的创新类型。

　　一般来说，表现为企业根本性创新的市场压力型组织创新，要求企业首先要有转变观念的内在需要，上至高层管理人员，下至基层员工，都要意识到竞争的压力；其次，要有进行根本性战略创新的勇气，适应市场的需要重新配置企业资源；再次，要熟悉市场变化、明确竞争来源、及时准确地把握各种内外部创新源的变化，尤其要善于学习外部组织成功创新的经验，以尽量降低创新成本。

2.1.4　企业绿色经营组织创新的界面管理

　　组织创新的主要内容是要全面系统地解决企业组织结构与运行以及企业间组织联系方面所存在的问题，使之适应企业发展的需要，具体内容包括企业组织的职能结构、管理体制、机构设置、横向协调、以流程为中心的管理规范、运行机制和跨企业联系等七个方面的变革与创新。

　　(1)职能结构的变革与创新。组织设计的一个基本原理就是"战略决定结构"。但是，由于种种原因的限制，从具体的组织结构无法推出战略，因此，人们要分析企业及其管理组织实现战略目标所必须具备的基本职能，然后从这些基本职能中寻找对战略目标起着决定作用的关键职能，然后才能设计执行这些职能的机构，战略与组织才能结合起来。建立绿色企业必定要求企业新增职能部门或者对原有职能部门的功能进行改进升级，比如建立环境成本控制系统、环境会计等，这无疑会使企业的职能结构发生改变。

　　目前，我国企业在职能结构上需要解决的主要问题有：①要走专业化道路。把辅助作业、生产与生活服务、附属机构等构成的非生产主体从企业中分离出去，发展专业化社会协作体系，精简企业职能结构。②企业要适应市场经济的需要。首先是加强生产过程之前的市场研究、技术开发、产品开发和生产过程之后的市场营销、用户服务等长期以来的薄弱环节，其次是要加强信息、人力资源、资金与资本等对企业来说至关重要的生产要素的管理，协调好其中的关系，使企业的实力不断得到充实提高。③企业要建立自身的富有特色的职能结构。在当前市场竞争不断加剧的情况下，企业要想获得一席生存之地，就必须积极发展建立自己的特色，而职能结构则是获得特色的基础。

　　(2)管理体制(组织体制)的变革与创新。所谓管理体制，就是指以集权和分权为中心的、全面处理企业纵向各层次特别是企业与二级单位之间的责权利关系的体系，亦称为企业组织体制。管理体制是企业纵向结构设计的重大问题，关系到企业能否既保持必要的统一性，又具有高度的灵活性。绿色企业的建立可能会改变企业的集分权状态，从而造成组织体制的变革。在这方面，我国企业存在的问题就是容易走极端。在经济体制转型之前，我国企业不管具体条件如何，一律实行高度集权；转型之后，不少企业又出现了过度分权、联合企业变成了企业的联合。这两种情况都违背了现代组织设计的权变理论，没有从企业的实际出发，没有根据企业的的具体条件去正确处理集权和分权的关系。

　　(3)组织机构的变革与创新。组织变革不仅要正确解决上述管理体制等企业纵向组织结构问题，还要同时考虑横向上每个层次应设置哪些部门，部门内部应设置哪些职务和岗位，怎样处理好它们之间的关系，以保证彼此间的协调配合，这些都属于企业横向组织结构范畴。长期以来，我国企业横向结构普遍存在分工过细、过死，机构过多，人浮于事，矛盾多、扯皮多、效率低、效益差的现象，问题十分突出。

（4）横向协调的变革与创新。组织变革除了要解决包括纵向和横向结构在内的组织结构问题外，还要解决如何保证这一结构顺畅、高效运行的问题。横向协调所要解决的问题是采取哪些组织形式和办法，使各个部门之间既有分工、又能密切配合。我国许多企业搞组织调整与改革往往仅局限于机构设置，而对机构变化以后如何有效运行缺乏系统设计与优化，这是造成机构调整与改革效果不佳、常有反复的重要原因之一，是我们应吸取的经验教训。

（5）管理流程的变革与创新。管理流程是企业管理制度的核心部分，它是把各个管理业务环节，按照管理工作的程序联结起来而形成的管理工作网络。对管理流程进行设计与优化，实际上就是要建立健全以业务流程为中心的一整套管理制度（广义地说，就是管理规范）。

在流程再造中，我国企业存在的问题主要有：第一，企业内部主要依靠纵向的"行政指挥链"来运转，各个部门只对上级负责，割裂了市场与用户信息的传递；第二，规章制度一般只规定了本部门、本岗位的工作要求，忽视部门之间的协作要求与信息传递要求，造成一个个"管理孤岛"，使流程受阻、扯皮增多；第三，原有流程环节太多、程序复杂、周期过长、成本高、效益差。

（6）运行机制的变革与创新。无论是组织结构，还是横向协调或业务流程，都离不开人在其中起决定性作用，因此，组织变革与创新还必须建立同市场经济相适应的、有利于充分发挥各个环节和全体员工积极性的、具有企业特色的动力机制与约束机制。

（7）跨企业组织联系的变革与创新。上述组织创新的几项内容均属于企业内部组织结构及其运行方面的内容，除此之外，还要进一步考虑企业外部企业相互之间的组织联系问题。在我国，这方面的企业组织创新任务还很重。过去那种具有功能完备、有形实体、集中布局、规模庞大、人员臃肿、高度集权等特征的"大而全"、"小而全"的传统企业组织结构，面对今天的信息社会、知识经济时代，越来越不适应科学技术突飞猛进、市场需求复杂多变的动荡环境，各种弊端日益明显，最突出的就是应变能力差，组织缺乏活力。

2.1.5 企业绿色组织创新的对策

建立和完善自身成长的动力机制，提高企业绿色组织创新的主动性。随着我国市场经济体制的完善，企业的主体地位将得到进一步的确立，企业也将建立起更为规范的现代企业制度，可持续的成长也将成为企业的普遍追求。在这一过程中，企业应通过自身的努力，从建立更加完善的激励与约束机制入手，逐步建立与完善一整套企业可持续成长的动力机制，进而提高企业组织创新行为的主动性。

绿色组织创新的过程中，重视各项活动的配套推进与整合。绿色组织创新活动必须要符合企业的目标和战略，同时，绿色组织创新活动是一个复杂的系统活动，创新的各项内容之间也存在着相互影响和相互作用。在绿色组织创新活动中，既要选准突破口，也要特别重视各项活动的协同配套推进，软硬结合，技术创新和组织创新结合，结构、文化和战略结合，重视绿色组织创新的各项活动之间的整合。

真正明确绿色组织创新活动中的"人本"观念。人的因素是企业成长中的决定因素，一支优秀的企业家队伍是企业可持续成长和成功的绿色组织创新的必要条件；同样，一支优秀的职工队伍也是企业实现可持续成长和成功组织创新的必要条件。

观念创新先行，培育鼓励创新、勇于创新的组织文化与组织气氛。思想观念的创新是企业创新的先决条件，只有在企业中树立创新的理念，培育出鼓励创新、勇于创新的组织文化与组织气氛，才能够最大限度地克服组织创新的阻力，为组织创新创造最佳的环境。尤其是现在的相关的绿色概念属于新兴事物，更需要创新型人才的参与。

加强横向合作，充分利用企业的外部资源。企业在绿色组织创新的过程中，为了弥补自身资源的不足，可以考虑借助外部资源推动绿色组织创新的进程。

2.1.6　绿色企业制度和管理模式创新

(1)目标管理。绿色管理的实施不仅需要相应的组织体系还必须将目标分解，层层分解至每个部门，每个员工，使其明确责任与任务。许多企业的实践表明，实行目标分解有利于绿色战略的落实和整体目标的实现，通过每个人的目标实现最终达到了企业绿色目标和步骤的完成。

【情景案例】

中国石油乌鲁木齐石化分公司在1999年的绿色管理工作中，由公司污染物排放控制领导小组制定污染物排放总量控制目标，并将计划指标以环境保护目标责任制的形式逐级落实到各单位和个人头上，收到较好的成绩。在1999年上半年中国石油天然气集团公司组织的总量控制指标现场检查中，该公司的各项环保指标均达到了总量控制目标值。

资料来源：杭艳秀. 中国企业绿色管理问题研究［D］. 哈尔滨：东北农业大学，2003.

(2)建立责任制。建立有效的内部激励机制和约束机制，促使全体员工为实现绿色管理目标做贡献。

【情景案例】

天冠集团公司采取措施鼓励员工学习技术，围绕资源综合利用和清洁生产展开许多活动，并按为企业增加效益额的5%的比例奖励员工。如其酒精公司围绕清洁生产和综合利用进行技术革新和修旧利废，全年节约支出105万元。热电厂通过小革新、小改造，年节煤3400吨，价值60万元。该企业还实行科技项目招标承包，重奖为企业实现清洁生产做出贡献的科技人员。对于技术项目，投产三年内，以达到设计任务书要求的年份实现利润的1%～5%的比例一次性奖励有关科技人员，对于创造、发明和研究成果以及科技人员自行开发的新技术和新产品，在产品正式上市三年中，以该产品实现利润最高年份的5%～10%的比例进行奖励。对于完不成绿色管理目标的单位或个人，扣发当月全部奖金，并取消年终评先资格。通过实施这些激励和约束机制，极大地调动了全体员工的积极性，保证了企业绿色管理的有效实施。

绿色管理存在于生产过程和销售过程之中，生产过程中的绿色管理包括两方面重点内容，一方面是资源管理，另一方面是环境管理。资源管理要做到节约能源、降低耗费；环境管理是要做到保护环境，降低污染。这两方面相互促进是绿色管理的基本要求。

2.2 绿色组织结构

2.2.1 企业组织结构重构

本书第一章介绍的企业绿色发展战略实施步骤中，企业组织结构重构是其中重要一环，是确保发展战略顺利实现的框架保证。除此之外，绿色组织结构相较于传统组织结构所体现出的优势也是企业进行组织结构重构的重要原因。

传统的组织结构是以亚当·斯密的劳动分工理论为其核心理论基础的，它容易引起沟通上的障碍，造成组织反应缓慢，效率很低。现在，信息成交流量越来越大，市场也变化多端，实施绿色发展战略的企业需要在收集大量信息的基础上保持对绿色需求的敏感性，快速开发出适销对路的绿色产品，实现企业的绿色创新，并通过开展绿色营销树立起绿色企业形象。与传统企业不同，绿色企业不仅要提高效率以求得经济效益，还要保持生态环境以获得环境效益。因此，绿色企业应当以环境效益为导向，确立企业的绿色核心理念，对整个组织进行集成，实施组织结构的高效化、网络化和信息交流的多元化。企业也只有实现组织结构的重构，建立起绿色企业组织的整体集成模式，才能实现战略从"灰色"到"绿色"的实质性变革。绿色企业组织的整体集成模式主要包括企业与客户集成、部门集成、信息集成与共享，它可以用图 2-1 来表示：

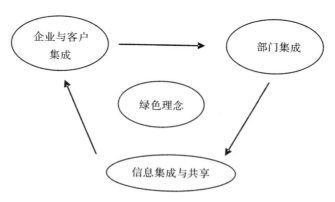

图 2-1　绿色企业组织整体集成模式图

（1）企业与客户集成。所谓企业与客户集成，就是同客户进行交流，让客户参与到企业绿色战略的实施中来。例如与客户一起开发绿色产品等，使其能够满足客户的绿色需求，达到降低产品开发风险和减少损失的目的。作为绿色产品的最终消费者，客户的意见代表了绿色需求，它帮助企业更加明确绿色产品的功能和需求，使绿色产品的商业化与产业化过程更加平稳，减少风险。同时，客户集成还能加深绿色企业对"绿色"概念的认识，强化其绿色核心理念。

（2）部门集成。部门集成就是要求企业各部门之间加强合作和交流，建立网络化的组织结构，减少组织间因各自为政，交流不畅而给组织绩效带来的负面影响，实施组织的高效化。部门集成实际上就是在企业内部各部门之间建立起"虚拟网络"或"战略联盟"。这种联盟可以是临时的，也可以是长期的，但这种合作是基于企业绿色发展战略目标的考虑。绿色产品基本上属于技术导向型或市场导向型，企业应当把技术部门和市场部门作为两个核心部门，设为组织协调的中心。其他部门的工作要同它们进行沟通和交流，从而以这两个部门为节点建立组织的"虚拟网络"。

另外，部门集成还需要企业部门之间建立起一种团队学习关系。因为绿色经济时代是一个不断创新的时代，企业只有在其内部建立起完善的"自我学习机制"，才能通过不断学习、不断创新来提高生存和发展的能力，才能应对绿色变革的挑战。

（3）信息集成与共享。信息集成与共享就是企业对信息进行加工和整理，分发到各个部门，实现信息的共享，同时，组织有关人员对重大信息进行讨论，评价其重要价值，并据此调整其战略。具体地讲，企业可以建立自己的内部网络，连接国际网络，保证能够获得足够的信息，并使各个部门、各个员工都能了解相关知识，为绿色战略的制定和实施提供建议和方案。在这里，信息的范围十分广泛，不仅包括企业内部信息，更重要的是企业外部的市场信息，以及与本企业竞争的其他企业的相关信息等。因此，企业信息集成对于企业及时准确地获得内外信息，把握市场动向，保证组织弹性等方面起了很大作用。

2.2.2　企业建立绿色管理组织的必要性

由于绿色管理是一种人本管理，是一种高效的可持续性管理，而组织结构是企业管理的基础，为了适应绿色管理需要，很有必要建立一个与绿色管理相适应的组织结构。

企业要适应环境要求，要提高经济效益，要维持可持续的发展，就必须建立一个相适应的组织结构。组织结构是企业生存和发展的制度基础，而自然环境是企业生存和发展的物质基础，为了可持续发展，企业必须建立一个与环境绿色管理相适应的绿色管理组织。

随着人们消费水平的提高，绿色产品等越来越受到人们的关注，所以必须要建立一个组织来制定绿色战略或发展绿色技术来满足需要，这就要求对现有组织结构进行变革，来满足绿色技术或绿色战略的要求。

组织结构与企业竞争力密切相关，由于绿色管理是一种先进的管理手段，能够提高企业竞争力，而组织结构与企业竞争力也密切相关，所以在提高企业竞争力的前提下，要实行绿色管理就必须有相适应的组织结构。

2.2.3 企业绿色组织结构性质

由于绿色管理讲求效益，所以绿色组织结构不应该是传统那样的层次性很强的结构，而应偏重于扁平化的组织结构，因为这种结构有利于提高效率。

绿色管理是一种人本管理，注重对人的管理，所以绿色组织结构应该是一种柔性的组织结构。

绿色管理要求企业负起保护环境的责任，这就要求企业内部不管是人员还是制度或是企业文化都要有环境可持续的思想，所以组织结构里的每一个部分都要有自己特定的责任，因此绿色组织结构具有责任管理性质的结构。

2.2.4 企业绿色组织结构模型——以生产型企业为例

为了实现企业绿色管理目标，企业各部门应以绿色管理为合力，形成一个环环相扣的绿色组织结构体系，从图 2-2 中可知，绿色组织各结构层次要以绿色管理为中心目标，并且绿色管理方法及思想也要指导各结构层次，形成一个统一的整体。

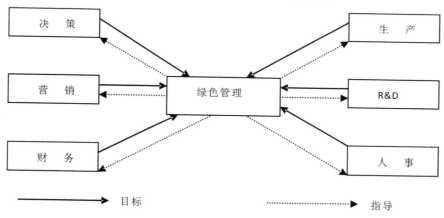

图 2-2 绿色组织关系图

在绿色组织结构中应有一套专门的绿色管理组织，作为一个职能部门来负责企业外部环境有关的事宜，比如绿色标志的认证工作，向社会宣传绿色战略的工作，铸造企业的绿色形象，向员工培训绿色思想，建立绿色管理文化等。从这个角度来说（图 2-3），企业的专门绿色职能部门就相当于企业的"外交部＋环保部"，负责与企业有关的环境保护利益相关者进行沟通，使企业及时获得最新绿色信息和绿色资源，并以适时的绿色产品来满足市场需求和达到政府要求。

作为一个企业，在短时间内可能无法完成新技术突破，单靠一个绿色职能部门也难以完成所有工作，这就要求企业在现有技术基础上，加强责任管理。在建立绿色组织结构时要考虑责任管理，或者是以责任管理为手段或依托。

绿色组织结构可以划分为若干责任中心。为了适应柔性管理方法，企业应采用充分分权

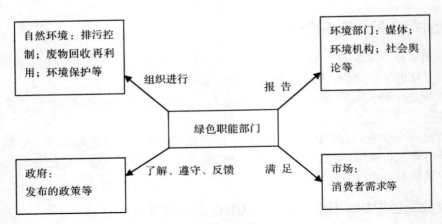

图2-3　绿色管理部门职能构成图

的模式。假设只生产一种产品的某企业或一个项目组（图2-4），由于考虑到充分授权，其决策部门将主要是收集反馈信息；绿色责任中心则成为各部门的目标，它是各部门交换资料，反馈信息的中心，首先财务部门通过它向其他部门传递责任预算，其他部门通过绿色利润中心的目标向财务部门反馈信息，绿色责任中心充分考虑企业经营的目标不是利润最大化，而是"企业—社会—环境"三者的可持续性发展；绿色职能部门通过与环境的相互作用与企业绿色利润责任中心相互反馈。

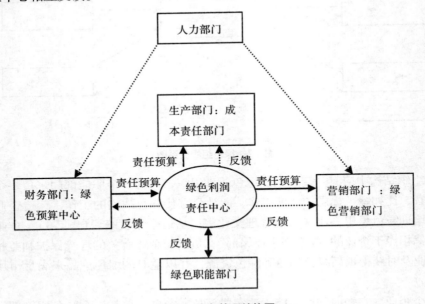

图2-4　绿色管理结构图

通过以上组织结构，将责任管理、目标管理、柔性管理充分运用到绿色管理中，从而达到组织结构能够在绿色管理中充分发挥作用。

2.3 绿色人力资源管理

绿色人力资源管理的提出，主要是针对一些企业中存在大量"非绿"问题，例如不遵守诚信原则；没有质量意识，产品粗制滥造，甚至危害人体健康；员工的工作环境较差甚至存在安全隐患等。要解决这些问题，必须提高人的综合素质，使其心态更加和谐。

就目前的人力资源管理状况来看，不能充分理解人力资源与一般资源的区别，一些企业缺乏对人的能动性、自主性的思考；把人视为单纯的手段，而不是手段与目的的结合体；注意企业成长的需求，忽略员工的成长；着重员工工作技能技巧的培训，忽略道德伦理的作用等是较为普遍的现象。这就要求有一种全新的人力资源管理理念来指导人力资源管理实践，构建更为合理、健康、面向未来的管理模式，更好地满足员工、企业和社会的发展需要。而随着人力资源管理理论和实践的发展，人们对"绿色"理念的认识逐步深入，绿色人力资源管理应运而生。

2.3.1 绿色人力资源管理概况

2.3.1.1 绿色人力资源管理的概念

绿色人力资源管理是指将"绿色"理念应用到人力资源管理领域所形成的新的管理理念和管理模式。其主要任务是通过采取符合"绿色"理念的管理手段实现企业内部员工的心态和谐、人态和谐和生态和谐的三大和谐从而为企业带来经济效益、社会效益和生态效益相统一的综合效益，实现企业和员工的共同、持续发展。

其中，心态和谐指员工自身的和谐，包括良好的思想品质和职业道德、较高的科学文化知识技能和审美要求、良好的自我调节能力、对自己与他人和自然的关系做出合理性判断等；人态和谐包括人企和谐和人际和谐两个层面的内容，即企业与员工的共同发展，管理者与员工之间、普通员工之间的关系和谐；生态和谐是指人或企业与自然的和谐相处。

2.3.1.2 绿色人力资源管理的管理职能

与传统的企业人力资源管理所具有的人力资源规划、人力资源获取、人力资源开发、纪律和惩戒相比，绿色人力资源管理在具有以上四种管理职能的同时，还具有了新的管理职能：

（1）实现"大和谐"。在这里"大和谐"指实现企业员工的心态和谐、人态和谐以及生态和谐。

（2）生态位回归。生态位回归是企业绿色人力资源管理的基本职能之二，生态位是物种经过长期的生物进化所形成的资源格局、空间位置、功能机制以及作用表现等。与生物物种类似，企业也是一个具有物能交换功能的有机体，其生存发展过程充满了复杂性、变动性和曲折性。人和组织都是基于一定社会关系而存在的社会的人和社会的组织。在自然和社会这个复杂的系统中，人和企业都是其中的一个子系统，在大和谐的基础上实现政府部门的生态回归是企业绿色人力资源管理最重要的职能。

企业生态位的演化是其内部结构要素间及与外部系统催化互动的过程。要使政府部门组织与其人员实现生态位的内部结构要素有机协调和在发展演化中处理好与外部环境的关系，关键在于模式、方法和手段的选择。企业绿色人力资源管理就是为了逐渐消除企业存在的非平衡关系，达到管理学上所说的"管理就是使组织内部要素组合与外部环境、变化达到动态平衡"，实现企业生态位各维度层面以及与外部环境之间关系联结的相对平衡和正常有序，促进人力资源生态位的调整优化，加速企业生态位的优化升级。

2.3.1.3 绿色人力资源管理的管理原则

要实现企业人力资源管理的全面"绿色"，需要做大量而细致的工作，企业绿色人力资源管理应该遵循以下六项管理原则：

(1)经济原则。"绿色"主张对能源的节约利用、杜绝浪费。人力资源的浪费比物质资源浪费具有更高的机会成本。所以，绿色人力资源管理主张对人力资源的经济、合理利用。避免人浮于事、大材小用等浪费现象，将人力资源发挥到最大效用。

(2)健康原则。《辞海》对健康的描述是：人体各器官系统发育良好，功能正常，体质健壮，精力充沛，并具有健全的身心和社会适应能力的状态。将企业人格化以后的健康共有两层含义，管理过程的健康和管理结果的健康。过程健康是指在管理过程中，管理者能够秉承"公平、公正、公开"的原则，杜绝歧视、任人唯亲、徇私舞弊等现象。结果健康是指在绿色人力资源管理下的员工个体健康和企业机体健康。企业机体健康是企业内部运转正常、外部交往符合伦理要求的状态。而员工是企业行为的执行者。所以说，企业机体的健康是以员工个体的健康为基础的，同时，二者又都以过程健康为保证，以健康的企业文化为约束。

(3)成长原则。绿色人力资源管理必须关注员工的个人成长，以员工的成长促进企业的发展。这要求人力资源管理者能够了解员工的发展需要，为员工制定职业发展规划，提高员工的雇佣能力、创新能力和综合素质。

(4)和谐原则。和谐是"绿色"概念中的应有之意。绿色人力资源管理要通过"两大和谐"实现三大和谐的目的。"两大和谐"一是系统—环境和谐，人力资源管理系统是企业整体系统的一个子系统，更是社会这个大的复杂系统中的一部分。人力资源管理工作必须要与社会的发展、企业的成长协同演进，否则将制约企业和社会的发展；另一个是要素—结构和谐，"和实生物，同则不继"，绿色人力资源管理要在企业内部实现人才的多样性、人力资源结构的合理性。

(5)民主原则。权力向企业高层领导集中则可能忽略员工的利益。绿色人力资源管理追求企业和员工利益的统一性，与员工共享企业信息、鼓励决策分权化、扩大员工参与、向员工授权。

(6)个性原则。绿色人力资源管理主张"以人为本"，突显员工的利益需要，依据员工个性特征的不同和员工多方面、多样性的需求进行管理。

2.3.1.4 绿色人力资源管理的意义

(1)企业进行绿色人力资源管理，可合理配置资源，实现企业可持续发展。企业通过建立绿色人力资源管理模式，从绿色管理和经济发展的角度去规范员工的生产和管理行为，最大限度地实现资源的合理配置，通过实施绿色人力资源管理体系可以有效地规范企业的活动、产品和服务，从产品的绿色采购、绿色研发设计、清洁生产、绿色营销到最终废弃物的处理进行全过程控制，充分调动和合理利用人力资源，减少浪费和对环境的污染，满足环境保护和经济可持续发展的需要。

（2）企业进行绿色人力资源管理，可提高员工的绿色意识，实现安全生产。企业的安全生产能否顺利实现不仅取决于工作场地的安全条件、安全保障措施和预警措施等客观条件，更依赖于企业生产管理方式方法、安全文化以及生产人员的心理因素和综合素质等多项主观因素。在相同的客观条件下，如果企业人力资源的配置与使用不佳，劳动者素质低下，就会造成劳动者自我保护意识缺乏；维护安全自觉性不够，发生安全事故的概率增大；如果劳动者心理上有某种程度的不适应、不满意，甚至有严重的抵触情绪，加速疲劳的出现，逆反心理的产生则更会增加事故发生率。而通过绿色人力资源管理，对员工进行绿色意识方面的培训，加强员工的职业道德教育，使员工对安全问题、安全法律法规和安全生产控制有基本的了解和认识，有利于员工在生产和生活中自觉地对自己的行为进行约束和控制，从而降低企业的事故发生率。

（3）进行绿色人力资源管理，是企业转变经济发展方式，实现经济又好又快发展的客观要求。我国许多企业的经济增长方式相对于发达国家来说不容乐观，全员劳动生产率低、科技贡献率和机械化程度也有很大差距，严重制约着企业甚至是我国经济的可持续发展。实施绿色人力资源管理既能实现企业集约型增长，又能实现企业生态型、科技型经济发展，从而极大提高企业发展的生态科技含量，这正是提高企业发展质量的重要组成部分，从而构成企业经济、科技、文化、资源环境、生态和谐统一与协调发展，进行绿色人力资源管理是转变经济发展方式，实现经济又好又快发展的客观要求。

（4）有利于促进社会环境的优化。一家企业通过实施绿色人力资源管理，实现员工个人的心态和谐、人际和谐和人企和谐，三者相互促进，实现企业内部的绿色和谐。在对外交往中，企业能够秉承诚实、守信的原则，得到顾客、供应商和压力集团的支持和赞誉，这将对其竞争者和潜在市场进入者施加一定的压力，迫使他们也实施绿色人力资源管理，从而达到整个行业的绿色和谐发展。一个行业的和谐发展必将对其他行业产生刺激和带动作用。如此以来，将带动各行各业采取绿色人力资源管理，努力塑造和谐的员工，实现企业和员工的共同发展，从而达到和谐社会的目的。

（5）有利于人的主体性建设。随着社会的发展，人们的思维方式、生活态度、价值观念发生了巨大的变化，尊重人才，解放思想，勇于创新，自主、进取、创造等自我意识越来越深入人心。绿色人力资源管理主张满足人的合理而正当的需求，满足人更高层次的发展需要；造就一种尊重人、关心人、人际和谐、有利于人发展的工作环境；引导员工增强主体意识，自我管理，自我成长。绿色人力资源管理这种新的管理理念把握了新形势下社会发展趋势，能够顺应人的主体性的发展要求，有利于人的主体性建设。

2.3.2　绿色人力资源管理的内容

绿色价值取向是指人力资源管理的深层价值导向是绿色的。绿色人力资源管理要求管理者在员工的招聘、配置、激励、开发、考核、处理劳工关系等各个环节，都能遵循"绿色"理念，关心员工的需求、成长与发展。要做到这一点，企业必须树立新的价值追求。

绿色招聘与配置的目的是"在合适的岗位上找到合适的人"，避免人浮于事、大材小用等浪费现象的发生，使人力资源价值实现最大化。

职业生涯管理就是指一个组织根据自身的发展目标和发展要求，通过咨询和指导等手段，强化组织员工对个人能力、潜质和个人终生职业计划的认知，加强对组织目标与个人发展之间联系的认识，以鼓励员工在达成组织目标的同时实现自己个人的职业发展目标。

绿色绩效管理是强调通过加强对员工的管理来促进企业的发展。定期对员工进行考核，将考核的信息及时反馈给他们，一方面，可以让员工了解自己的工作情况；另一方面，也有利于企业有针对性地对员工开展各类培训工作，培养他们的工作兴趣，确立自己的职业目标。

绿色薪酬福利是指在保证员工的薪酬在具备外部竞争力及内部公平性的前提下，关爱员工的身心健康，以促进企业的健康发展。由于不同员工具有各自的独特特点，再加上外部的激励、人才竞争和高新诱惑或内部分配不公等原因，这都很容易造成企业员工队伍的不稳定，企业员工在工作之余还可能会经受来自家庭、社会等其他方面的压力而造成他们心理的波动。因此，企业应制定具备外部竞争力及内部公平性的薪酬制度，重视企业员工的心理需求，一方面引入心理福利管理体制，将员工的心理福利需求视为企业激励体系的重要组成部分，消除实习生的心理失衡现象，增强他们自我保护的心理承受力。另一方面推行员工援助计划（EAP），彰显以人为本的人文理念。企业可以通过定期对员工进行心理健康状况的调查，开展心理健康讲座等活动，对员工进行心理疏导，减轻他们的工作压力，建立和睦的人际关系，以防患于未然。

绿色劳动关系关心的是企业员工的"双和谐"——心态和谐和人态和谐。因此，企业应为员工提供安全、健康、富有竞争力的和谐环境，优化企业的人态环境。管理者要与员工结成"合作伙伴关系"，跳出传统的单向控制型思维模式，双方形成沟通与共识、尊重与自主、合作与支援、授权与赋能的互动关系；员工与实习生要做到相互包容、相互合作、求同存异。只有这样，企业才能得到和谐发展。

对企业员工进行绿色人力资源管理，加强绿色招聘与配置、绿色绩效管理、绿色薪酬福利、绿色劳动关系等方面的工作，充分发挥员工的能动性，促进员工的"双和谐"，更好地吸引、使用、激励和留住优秀的员工。

2.3.3　实施绿色人力资源管理的途径

（1）树立绿色价值取向。企业与员工并重是企业绿色人力资源管理的价值追求，也是企业绿色人力资源管理的核心，员工相对于企业一直处于弱势地位，传统企业人力资源管理是服务于企业而不是服务于员工，员工的需要受到压抑，员工的成长和发展需要不能得到满足。企业要实现真正的绿色管理目标就要确立绿色价值观，重视人在企业中的重要地位，在社会发展中的主体性地位，把人视为自身劳动成果的享用主体和创新主体，把人的全面发展作为社会发展的根本目的，切实尊重人的尊严、权力、价值和愿望，与员工建立伙伴关系，而不是纯粹的雇主与雇员的关系，员工才会产生归属感，为组织发展付出努力，促进组织的可持续发展，实现政府组织在社会生态系统的平衡发展。

（2）绿色招聘与配置。企业在招聘时，关键是做好工作性质的分析和岗位胜任能力的分析，确定适合各个岗位的人选。在面谈时，真诚地向应聘者介绍本公司的实际情况和薪酬福利，不过度美化或吹嘘自己，避免应聘者产生不切实际的愿望。只有做到"人尽其才"，才能充分发挥员工的特长，调动他们的积极性。

（3）指导员工制定绿色职业生涯计划。做好员工的职业生涯管理，要求管理者对自己的下属要有一定的了解，然后在企业职位晋升制度和任职资格体系等基础上，针对员工的能力特点，帮助员工做好职业生涯规划，让员工感到企业在关心自己的发展，看到自己在企业的发展前景，员工的工作积极性将得到很大提高，就会朝着企业的发展方向去努力工作。

（4）建立企业绿色激励机制。绿色人力资源管理追求企业和员工利益的统一，员工共享企业信息，鼓励决策分权化，扩大员工参与，向员工授权；绿色人力资源管理主张以人为本，依据员工个性特征的不同和员工多样性的需求进行管理。企业传统的人力资源管理是以劳动契约为主的人力资源管理，片面追求物质层次的激励而忽视了对员工精神层次的激励，无法满足员工的各种绿色需求，即身心健康和人生幸福，更无法实现员工的健康持续发展要求，这是造成人才流失的重要原因之一。因此，企业要建立绿色激励机制，要公平确立薪酬体系，薪酬体系必须坚持以公平、客观的绩效评价体系为基准，以能力和业绩为导向的分配原则，同时要建立公平竞争的晋升制度，并辅以多种形式的激励方式。

（5）建立企业多层次的绿色沟通渠道。沟通按功能和目的可分为工具式沟通和满足需要的沟通。这里所指的沟通主要是指后者，其目的是表达感情，消除内心的紧张，以求得到对方的同情、支持、友谊和谅解从而确立和改善与对方的人际关系，以满足个人精神上的需要。

为了保证企业成员之间、领导者与被领导者之间沟通的有效性，企业的人力资源部门要着重建立多层次的沟通渠道：下行沟通（自上而下的沟通），上行沟通（自下而上的沟通），平行沟通（同一级之间的相互沟通）。多层次沟通渠道的建立有助于上下级之间、平级之间促进了解，增进感情，从而满足绿色人力资源管理人态和谐的需要。

【案例应用】

济三煤矿绿色发展

兖矿集团济三煤矿位于山东省济宁市境内，是国家"八五"期间重点工程建设项目，是我国第一座立井开拓设计年生产能力为 5Mt 的特大型矿井，也是我国第一个集煤、电、港于一体的现代化综合性企业。

济三煤矿绿色发展战略的总体目标定位于提高煤炭资源优化配置和合理开发、利用水平，在最适度范围内有效满足市场对煤炭资源需求的基础上，努力降低煤炭开采所造成的环境代价，全面提高资源效益、环境效益和社会效益，做到与经济效益协调、同步发展，向大型煤炭企业、现代化矿井迈进。其重点发展内容如下：

1. 循环型矿井发展

依托煤炭资源基础和现有产业优势，坚持"以煤为主，煤与非煤并重"的可持续发展战略，以勘查、开采、洗选、加工一体化的煤业为基础，以非煤产业做大做强为发展方向，以公用事业发展为辅、作保障，按照煤、电、港、机制化工、商贸旅游五业并举的多元化发展模式，建设现代化矿井，形成循环经济型发展模式。

①煤主业。加大勘查力度，合理确定开采规划，依托煤矿区，提高煤炭资源回采率，节能降耗；提升原煤入洗率，加大煤炭洗选加工力度，以市场需求为导向，提升低灰、低硫、低磷、高发热量的"绿色煤炭"产品比重。

②热电业。对现有热电厂进行全面升级改造，突出热电厂的燃煤原料来源优势，推进煤炭一次性能源向电力二次能源的转化，转换能源消费形式；将洗选加工煤用作电厂原料，降低能源转换过程中再次造成环境污染强度。同时，加大煤矸石、煤泥参与发电力度，减少煤主业生产产生的废弃物总量。

③建材业。延伸煤基产业链，深度纵深发展，与周边地区建材企业全面合作，利用煤主业产生的煤矸石制砖、利用热电业产生的粉煤灰（及上述煤矸石）生产建工材料，变废为宝，减少污染物排放，增进企业总体效益。

④环保业。转变观念，重视环境、生态保护工作，妥善利用、处理生产中产生的废弃物，降低环境侵害系数；实施生态恢复工程，有规划、有步骤、有重点地治理矿区已被污染、破坏的生态环境。

⑤旅游业。解放思想，大胆创新，以现代化大型矿井特色吸引国内外企业和个人；以现有养殖业为基础，发展矿区旅游业，接待国内外的参观、学习者，扩大自身影响力和知名度，走一条与济三煤矿发展战略相符的别具特色的发展道路。

2. 生态矿区（煤炭）发展

根据周边产业发展状况，在矿区及周边地区，依照生态链理论，以济三煤矿为核心，通过联合周边相关企业或配置缺失产业链条，合理延伸产业链，形成一条能量梯级利用，上游企业（产业）废弃物为下游企业（产业）所利用，污染物少排放或零排放，经济效益显著提高的生态产业链条。在生态矿区（煤炭）中，着重配置以下产业链的发展：

①煤矸石（煤泥）—热电（粉煤灰）—建材业

②矿井水（地下水）—分级处理—生产（采煤、热电）、生活用水

③煤炭开采（煤矸石）、热电（粉煤灰）—塌陷土地—土地复垦

④煤炭开采—共伴生资源的开采利用

⑤生态环境治理—环保产业

另外济三煤矿重视合理开发煤炭资源，促进企业内部循环经济发展。济三煤矿坚持煤炭资源开发与节约并重，把节约煤炭资源放在首位；坚持煤炭资源与生态环境建设相统一，既满足社会需求，追求企业经济效益，又重视社会效益和生态效益，实现煤炭资源的可持续利用。济三煤矿在循环经济实践中着重注意做好以下几个环节的工作：

（1）煤炭资源开采环节。依托兖矿大集团战略，济三煤矿着力提高煤炭产业集约化水平，最大限度地提高煤炭资源回采率，定位于培育和发展成为大型现代化矿井，优化资源配置，提高市场竞争和调控能力。

（2）煤炭加工环节。煤炭加工环节技术能力、产品结构组成状况，会直接影响到煤炭企业的经济效益，同时也与生态环境污染有着密切关联。济三煤矿重视实施洁净煤战略，发展煤炭洗选加工转化技术，在大力推广成熟技术的基础上，积极开发与引进先进技术，推进洁净煤技术产业化。通过洗选加工，济三煤矿有效地控制了煤炭在利用之前可能排放的污染物，提高了煤质，响应了市场需求，减少了煤炭运输过程中的能源消耗，达到了提高煤质、增效、减排的目的。

（3）废弃物排放环节。煤炭企业生产加工过程中排放的废弃物会对环境造成严重的污染，济三煤矿注意采取有效措施综合治理，减少污染，确保煤矿安全生产。针对"三废"排放情况，济三煤矿采取积极主动的措施加以综合利用，变废为宝，最大限度地循环使用煤炭开采加工过程中的一切物资资源，实现废弃物资源化。如大力推进煤矸石资源化综合利用，用矸石充当热电厂原料，用于土地复垦、回填等领域，减少土地压占量，解决环境污染问题；循环利用矿井水、洗煤水，对井下生产、地面洗选、防尘灭火系统、绿化施以有效的水源补给等。

资料来源：孙磊．煤炭企业循环经济发展模式与评价体系研究［D］．济南：山东科技大学，2007.

问题：

通过分析济三煤矿的绿色发展，讨论企业绿色组织发展的实施要素。

【国际经验】

美敦力的企业文化变革

在新的经济环境下，人才是决定企业生存发展的重要资源，人力资源管理发展到今天已开始向人力资本管理转变。

组织文化未能协同一致、公司业绩连年未能达标、员工流失率远高于行业平均……一个个严峻的挑战摆在 2006 年新上任的美敦力大中华区总裁李炳容面前。

作为美敦力全球未来发展的重点区域，大中华区必须通过建立协同一致的组织文化，吸引并留住人才，从而实现业务增长。在新任总裁的领导下，美敦力强化企业文化建设、优化组织结构、开发系统长效的人才模式、创立一流的员工沟通平台，从而显著提升了员工凝聚力和运营有效性，促进了持续高速的业务成长。美敦力在企业文化建设和组织结构优化方面实践如下：

（1）通过年会等公司大型活动突出企业文化。美敦力视公司年会为统一思想、凝聚人心的至关重要的活动，也是承载企业文化转变和推广年度战略新举措的关键沟通途径。每年，美敦力都会举办为期三天的年会。大中华区总裁亲自挂帅，回顾上一财年业绩，宣传新财年的发展方向和对全体员工的期望。在贯穿年会期间的部门分会上，各部门结合新的战略指示、根据自身的实际情况，确定新财年各部门与组织方向协同一致的工作重点，制订全年执行具体计划。此外，大中华区司歌、公司制服，以及业界重大展会上风格统一的展台，不仅让美敦力人以崭新的、整体划一的形象出现在客户和合作伙伴面前，更在员工心目中树立了自豪感和归属感。

(2)领导层和管理层上下齐心。在企业文化的转变中，领导层和管理层首先深入理解文化转变的意义，并且身先士卒、发挥承上启下的关键作用。配合每年公司的业务发展侧重点，人力资源部开发了针对核心领导团队的领导力训练营(Leadership Development Camp，LDC)和针对管理层的管理训练营(Management Development Camp，MDC)。美敦力每年的LDC和MDC都由公司内部高层管理人员主讲，发挥"领导带教领导"的作用。此外，LDC和MDC每年的主题都契合公司当年年会的主题，并安排在年会前进行，因此在年会中管理层能够清晰地向所有员工沟通公司的方向，有效贯彻和落实会议精神和规划后续行动，使公司的领导层、管理层和一线员工拥有统一的语言，向同一个方向迈进。

(3)优化组织架构，发挥内部资源协同效应。美敦力大中华区由中港台三个区域市场及七大业务部门构成。要想发挥各区域及业务的合力，确保整体增长，需要跨区域及部门的运营优化、经销商管理、战略客户发展、业务模式和市场创新，以及销售团队有效性来驱动。但直至2006年，美敦力各部门仍独立运营且都希望发展自己的全职能部门，不但产生资源需求巨大的问题，更无法在部门内部发展核心能力，在处理同类问题上的方式也可能五花八门。在此背景下，美敦力大中华区成立了业务运营部，实现了跨部门的资源整合。业务运营部通过成立跨部门委员会和推广统一的流程和最佳实践，帮助各部门运营能力得到均衡发展。各委员会由各部门的相关职能员工构成，主要职能是统一运营的方向、政策及流程，优化资源并确保执行。

凭借企业文化建设和组织结构优化方面的持续实践，公司在人才发展、领导力发展和业务战略、日常执行方面的不懈努力，美敦力自2007年起连续5年获得20%以上的年销售额增长，员工敬业度和满意度在外部和内部的调查中逐年提升，员工离职率连续数年远低于同行，书写了美敦力大中华区发展史上的辉煌篇章。

资料来源：商业评论网

参考文献

[1] 常婕. 我国企业国际化组织创新模式的分析和选择[J]. 当代经济，2007(6).

[2] 豆丁网：http://www.docin.com/p-372319478.html.

[3] 豆丁网：http://www.docin.com/p-286824959.html.

[4] 顾国维. 绿色技术及其应用[M]. 上海：同济大学出版社，1999：27~29.

[5] 郭巧梅. 论政府部门绿色人力资源管理[J]. 辽宁行政学院学报，2011，13(3).

[6] 杭艳秀. 中国企业绿色管理问题研究[D]. 沈阳：东北农业大学，2003.

[7] 李冰. 企业绿色管理绩效评价研究[D]. 哈尔滨：哈尔滨工程大学，2008.

[8] 刘文辉. 企业绿色经营创新研究[D]. 青岛：中国海洋大学，2009.

[9] 孙磊. 煤炭企业循环经济发展模式与评价体系研究[D]. 济南：山东科技大学，2007.

[10] 魏锦秀，李山由. 绿色人力资源管理：一种新的管理理念[J]. 管理科学，2006，35(2).

[11] 张庆生，毕雪梅，王斌. 企业建立绿色管理管理组织结构模式初探[J]. 商业经济，2010，(6).

第3章 绿色领导

3.1 绿色激励

绿色激励与过去传统的激励模式具有相同的理论前提，企业之所以要实施激励，是因为人是需要全面发展的，企业必须遵循人的全面发展的规律。激励对象是分层次的，不同层次的对象需求具有差异性并且需求是随环境的动态变化而变化的，企业需要随着需求的变化灵活地实施合理的激励措施。然而，随着知识经济的不断发展，激励的对象逐渐转变成为知识经济背景下的知识型员工，因此，在此基础上，提出了既遵循人的全面发展规律，又具有长期激励效力，有效推动企业在多变的市场环境里可持续发展的激励模型，即绿色激励理论，以指导企业的激励实践。

3.1.1 绿色激励的背景

3.1.1.1 绿色激励的前提

绿色激励是以"绿色人"假设为前提、以满足员工的各种绿色需求为目的，并最终实现员工的健康持续发展为结果的激励理念。

"绿色人"假设是在职场压力的环境下使员工身心健康受到严重损害的背景下提出的。美国著名管理学家和心理学家亚伯拉罕·马斯洛1943年在《人类动机理论》一书中提出了"人类需要层次理论"及"自我实现人"的理论假设。他指出人类需要的最高层次就是自我实现，即人都需要发挥自己的潜力，表现自己的才能。只有人的潜力充分地发挥出来，人才会感到最大的满足。

☞ **绿色链接**

频发的"过劳死"

近年国内有关机构对职场白领们进行了大范围实际调查。调查结果表明，由于各种压力导致的慢性疾病发病率逐年上升。卫生专家预测，如不采取有效的措施，今后十年将有大批职业病病人出现，其危害程度远远高于生产安全事故和交通事故。据《中国企业家》杂志对252位企业家调查，90.6%的人处于"过劳"状态。我国许多企业在近几年也不断爆发员工"过劳死"事件。

林海韬从中山大学信息科学与技术信息安全专业毕业后，成为百度公司的一名技术研发人员，他在前往上海准备参加独立游戏开发者大会过程中，在睡梦中因突发性心脏衰竭猝死，在仅工作五个月之后为自己年轻的生命画上了令人惋惜的句号。

潘洁从上海交通大学毕业后进入普华永道上海办事处的初级审计员，自 2010 年 10 月进入普华永道后，潘洁经常在微博中流露出工作很忙，睡眠不足的信息，较之过去，其微博更新速度不仅明显下降，内容也大多变成与工作和健康有关，比如又加班了、在柳州出差、两脚发飘、肺都快咳出来了等等，最终因过劳于 2011 年 4 月 10 不幸逝世。

目前频繁出现的"过劳死"事件，引起人们对自身最高追求的新思考，员工开始关注自己的身心健康，追求有益于身心愉悦、和谐发展的工作环境和工作方式。"自我实现人"正在发展成为追求身心和谐、健康和人生幸福的"绿色人"。

3.1.1.2　绿色激励对象

在知识经济社会里，人力资本决定企业竞争优势，智力资本决定一个人的财富，全面发展是其对人的客观要求。在绿色管理的背景下，知识型员工由于具有一定的知识和专长，对自身价值的实现具有更高的要求。他们的需求层次较高，希望有一个良好的工作和生活环境，更希望能够不断学习，创造出比别人更多的价值，他们追求权力、声誉、成就以实现自我价值。因此，知识型员工具有更加强烈的全面发展意识，更加渴望得到全面发展，是绿色激励的主要对象。

绿色激励对象具有层次性，企业内部的知识型员工又是绿色激励的最主要对象，假定企业是处于完全竞争市场状态下的现代企业，即企业产权明晰，所有权与经营权规范分离；建立了规范的法人治理结构；具有扁平化的组织结构，能适应市场的瞬息变化；建立了以顾客为中心，以作业活动为基础，以生产服务流程为核心，以自主管理为准则，以利益共享为动力的团队生产组织模式；经营者是胜任工作的，具有人力资本增值潜力。在以上假设基础上，可以把激励对象划分为权益层和经营层两大层次。

（1）权益层是指以金融资本或人力资本等形式投资，进而获得企业所有权的群体，即企业的投资者和剩余价值索取权、分配权的拥有者。从传统激励的意义上讲，权益层是激励的主体，是委托代理合约中的委托方，是激励的决策者。知识经济条件下，随着现代企业制度的逐步完善，权益层的内涵和外延发生了根本性的变化，特别是随着资本市场流动性的增强，权益层也将呈现出高流动属性。

（2）经营层是指在企业里进行生产管理和经营服务的群体，是企业实际的控制者和企业剩余价值的创造者。一般而言，企业的决策、计划、组织、领导和控制，企业的技术创新和生产经营等都是由经营层完成。特别是在知识经济的条件下，经营层能否制定出正确的企业发展战略以把握机遇、赢得市场，能否创建和保持企业持续的核心竞争力，是权益层获得剩余索取权的关键所在。

3.1.2　绿色激励的形式

由于日益灰色的工作环境和员工不断增长的绿色需求，绿色激励的核心内容应该是建立起帮助员工缓解工作压力、保持员工身心健康的激励方案。其主要涉及以下几个方面：

3.1.2.1　绿色环境激励

环境对人的心绪、思想观念、行为方式的影响是很明显的。和谐、优越的工作环境可以使员工身心愉悦、缓解压力。绿色管理中的环境因素主要包括工作环境与沟通机制。

绿色工作环境。首先，要营造明朗、舒心、轻松惬意的工作环境。《职业》杂志联合搜狐，亚商在线和中青在线启动了 2005 年白领"办公室综合症"的调查结果表明：大部分职场白领都患有职业病，其中与企业恶劣的工作环境有很大的关系。根据人体工程学原理，在办公场所内努力营造轻松惬意的环境是至关重要的，如柔和的灯光照明、合适的桌椅设计、室内植物绿化、轻松的背景音乐等。企业应针对员工需求和职业的特殊情况，设置不同的工作环境，帮助员工缓解紧张情绪。

绿色沟通机制。其次，应健全和谐、绿色的沟通机制，建立新型的企业人际关系。建立健全有利于人际沟通的绿色体系，提倡管理者与员工之间，员工与员工之间的双向沟通，通过心灵沟通和感情认可的方式，使员工产生归属感，心情得到释放，心理压力得以缓解，提高工作的积极性和创造性，高效率的完成工作。

3.1.2.2   绿色制度激励

绿色制度是企业为了满足员工新需求而建立的一套符合员工身心健康发展的工作制度。它主要涉及绿色工作方式和绿色工作时间制度两方面。

绿色工作方式是指在完成规定工作任务的前提下，员工可以灵活地、自主地选择适合自己的工作方式。据一项市场调查显示，国内有过半数以上的白领工作者不愿拘泥于传统的"朝九晚五"的工作方式。首先，从心理学上讲，绿色工作方式给予员工更多的自主权和责任感，顺应了员工成长的需要；其次，"自由"是绿色工作方式的核心，员工在"自由"的心理状态下可以更轻松的投入到工作中去。因此，绿色工作方式是员工新需求的衍生物。

绿色工作时间制度是指消除令员工身心疲惫的加班制度并增加能缓解员工疲劳的"休息工作时间"。首先，应合理规划加班时间。许多企业只考虑自己的经营状态，漠视员工的生活，让员工超负荷的工作，从长远来看，这样不仅不利于健康，也不利于员工激励与企业发展。其次，建立"运动时间制度"。每天给员工半个小时的休息时间，定时定点的播放温柔的音乐，让员工的心情得到放松或舒展。

3.1.3   绿色激励的发展

3.1.3.1   绿色激励的发展模式

绿色激励模式是指能够充分适应现代企业发展环境的变化，最大限度满足现代企业员工的普遍需要，有效激发企业员工的主动性和创造性，从而持续保持企业竞争优势的激励模式。

图 3-1 是企业绿色激励模式的框架图，它主要设计了相互联系的 5 种激励因素，构成了现代企业的激励平台。其中，薪酬待遇、工作内容、性质和工作条件通常是短期激励因素，产权、个人发展环境和企业文化是长期激励因素。现代企业重视激励平台的再造，构建绿色激励模式能够发掘人力资本的增值潜力，吸引、留住优秀的人力资源，同时使激励对象充满活力，人力资本得到增值，这又意味着企业创新能力得到增强，企业核心竞争力得以保持。以人力资本的持续增值为发展动因的绿色现代企业与以人力资本的持续增值为根本目的的绿色激励的良性互动，使企业的可持续发展成为可能。

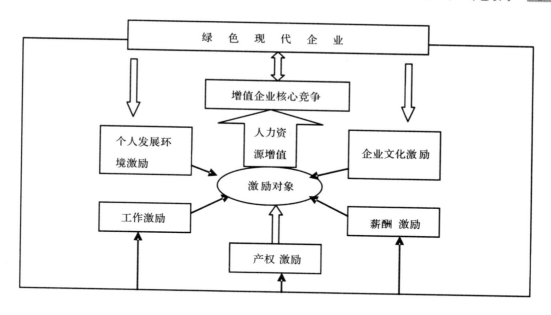

图 3-1 企业绿色激励模式的框架图

3.1.3.2 绿色激励的长效机制

绿色激励是员工新需求的衍生物，是大势所趋。但由于企业绿色激励目前还刚刚起步，在建立的过程中往往会遇到来自意识、经济、技术等多方面的障碍，存在短期经营意识，不重视员工的身心健康，没有真正做到"以人为本"等。要真正建立起一套健全、高效绿色激励机制应该综合考虑企业各个方面。

确定绿色激励管理理念。目前，相当一部分企业提出的以人为本、人性化管理只是停留在口号上，而在观念上有时甚至和人性化管理南辕北辙。要建立绿色激励机制，企业应该从根本上转变激励管理理念，意识到员工是企业的一部分，是企业的核心资源，员工的身心健康与员工的缺勤率、离职率、事故率、工作满意度等息息相关，直接影响工作效率，影响企业的效益及以后的发展。只有真正建立起关注员工身心健康、和谐发展、帮助员工缓解工作压力的激励措施才能提高员工工作效率，使企业得到长足发展。

进行绿色成本收益分析。目前的调查结果表明，一些没有执行"绿色激励"的企业人力资源经理由于执行困难大，付出的成本高等原因，并没有把部分绿色激励方案纳入到执行日程。通过绿色成本收益分析我们可以看出：从长远来看，绿色收益远远大于成本的支出。企业为了取得长足的发展进步，根据员工的绿色需求建立起绿色激励机制是大势所趋。

☞ **知识介绍**

绿色成本收益

企业在实施绿色激励的过程中付出的绿色成本包括：货币成本(硬性环境条件的改善、健康知识讲座、心理咨询等需要支出的费用)、隐性成本(领导者真心投入关怀)。绿色激励所带来的绿色收益包括：显性利润（避免因病假旷工、误工导致工作效率的降低和工作日程的正常进行及其带来的相应经济损失；保持创收利润；同时还节省了员工治疗疾病时产生的不菲医药包销费）、隐形利润（企业的人文关怀鼓舞员工士气、增强凝聚力、提高工作效率、增强企业的生命力等）。

引入健康奖励制度。健康奖励制度是指绿色激励方案中的鼓励员工主动增强自身身心健康的措施。对于有意识的关注自身健康、身心愉悦的员工给与特殊的奖励。这是一项引导员工主动缓解自身压力的方法。首先，建立咨询机制。为员工提供免费或低价的职业咨询和心理咨询可以给处于压力下的员工提供忠告和安慰。其次，由组织出面，举办各种活动丰富员工生活。

☞ **绿色链接**

员工压力缓解模范——百事可乐公司

百事可乐公司把倡导健康生活方式作为帮助员工缓解压力的主要方法，举办这方面的讲座、研讨会、体检相应的医疗保健活动。具体开展了饮食与体重管理、戒烟、压力管理、健身舞学习班、专题讲座、慢跑小组、体重控制等项目。员工压力管理中心还配备了健身、桑拿、旋流温水浴池等设施帮助员工缓解压力。

尝试菜单式福利制度。菜单式福利是一种"自助福利"，是指员工在规定的时间和规定的现金范围内有权按照自己的意愿组合自己的一揽子福利计划。他们享受的福利待遇将随着他们生活的改变而改变。它是一种个性化和可选性的弹性福利方案。菜单式福利项目可以很好地满足员工的需求。

菜单式福利的方式也在不断创新，除了让员工参加到自身的福利设计以外，还可以按照员工福利需要推出"福利组合"（表3-1）。其中包括：健康咨询、心理咨询、健身运动、特色保险、购房卡、出国旅游等，员工可以根据自己拥有的额度自由选择弹性工作。菜单式福利能满足员工不同阶段的需求，可以缓解员工不同时期的经济、生活压力，保证员工热情、轻松地投入到工作中去。

表3-1　福利组合"菜单"

类别	内容举例
现金补贴类	住房援助、企业年金、交通补贴、工作餐补贴等
服务类	免费通勤班车、免费工作餐、免费托儿所、免费照顾老人等
工作时间、地点类	四天工作制、家庭办公等
休假类	各种假期、带薪休假等（法定带薪休假除外）
保险类	视力保险、牙科保险、人寿保险等

资料来源：宋超英，贾亚洲. 菜单式弹性福利制度及其设计[J]. 中国人力资源开发，2010：57～59.

3.2　绿色文化

3.2.1　绿色文化的内涵

从广义上来说，绿色文化是指人类与环境的和谐共进，使人类实现可持续发展的文化。它包括持续农业、持续林业以及绿色产业、生态工程、绿色企业，也包括有绿色象征意义的生态意识、环境美学、生态伦理学等诸多方面。在绿色管理的背景下，绿色文化是指企业及其员工在长期的生产经营实践中逐步形成的为全体员工所认同和遵循的具有本企业特色的、对企业成长产生重要影响的、对节约资源和保护环境及其与企业成长关系的看法和认识的总和。它强调人们通过共同努力为我们生存的地球环境而负起责任并付诸行动，它具有丰富的内涵和强大的生命力。

绿色文化要求企业既要重视经济效益，又要重视社会效益、生态效益，满足现代消费者追求绿色产品的要求，提高企业产品的生态含量，树立良好的企业形象。绿色企业文化必须回答这样几个核心问题：第一，如何看待顾客；第二，如何看待员工；第三，如何思考和定义竞争；第四，如何考虑对社会和环境的责任；第五，如何考虑合作与竞争；第六，如何认识成本和利润。绿色企业文化的特征突出表现在：

树立"企业是经济人、社会人、生态人的统一体"的绿色价值观。企业价值观是经营活动的指导思想，是企业适应市场环境，为求得生存和发展，在长期的管理实践中，由企业的经营者倡导并为企业的员工所认同的一系列理念。企业价值观是现代企业文化的核心，在绿色文明时代来临之际，树立绿色价值观是企业推行绿色管理的关键。

强调消费者绿色需求的全面性。为实现生态、经济和社会的可持续发展，企业的可持续经营，企业的经营活动需要重新梳理需求观。为实现人类生活质量的全面提高，企业经营活动必须关注消费者绿色需求的全面性，这包括对健康、安全、无害的产品需求，对美好生存环境的需求，对安全、无害的生产和消费方式的需求，对和谐的人际关系的需求。绿色企业使企业在从事经营活动时不仅要发现需求、满足需求，而且要引导需求。

建立绿色的竞争观念。地球的整体性，自然资源的有限性和相互依存性，把整个人类连在一起，这要求人类必须采取共同的联合行动，才能在全球范围实现可持续发展。生态系统的整体性和联系性，把整个企业的命运连在一起，企业之间除了竞争的一面，还有相互合作与联系的一面，所有企业都是经济体系的命运共同体，更是整个生态系统的命运共同体。因此，建立绿色的竞争观念至关重要。

☞ **绿色链接**

沃尔玛与供应商的"绿色合作"

作为一低价著称的世界零售业巨头，沃尔玛在 2008 年推出了"绿色供应链"策略，鼓励供应商降低包装成本，从绿色供应链开发过程掘金。沃尔玛还对供应商提出了节能目标，要求以 2007 年能耗数据为基准，2009 年年底能耗下降 7%，2012 年能耗下降 20%。沃尔玛表示，过去供应商的选择一般是对价格、按时交货、品质控制等进行要求，供应商是否履行社会责任、是否开展节能措施将成为重要考核标准，对于达不到节能目标的企业，沃尔玛将取消订单。此外，沃尔玛还制定一项措施，要求供应商在其产品上标注"碳足迹"、水使用量和空气污染指数，使消费者对其节能减排努力一目了然。

强调企业对环境和社会的责任。作为经济活动主体、市场活动主体、环境问题的主要责任者，企业要正视环境问题，关注人类对环境质量的需求，将其贯彻到企业的整个经营活动中。绿色企业文化要求企业把环境纳入供应链决策系统之中。从原料供应、产品开发、制造、生产、运输、分销整个物流过程均不对环境产生影响或者对环境所产生的影响控制到环境可以吸纳和自净的程度。这就要求企业所有员工树立绿色价值观，提高环保意识，并将其付诸行动之中。而且，绿色企业文化要求企业将供应链扩展至消费者，一要生产安全、健康、无害的产品，二要对消费过程和消费之后环境不产生影响。

强调经济效益、环境效益和社会效益的统一。绿色企业文化要求企业在从事经营活动时要正确处理和协调经济效益、环境效益和社会效益三者之间的关系，使三者达到统一。经济效益、环境效益和社会效益三者之间的关系是对立统一的，经济效益与环境效益是相互依赖、相互制约的。而强调经济效益和环境效益目的是为了社会效益。为了使社会各方面得到发展和改善，提高社会的整体福利，必须把三者统一起来，这就是绿色企业文化的效益观。

3.2.2 绿色企业文化建设

我们可以从三个层面来理解绿色企业文化。外层是企业物质文化，包括表层的物质文化（如企业的绿色产品、绿色技术、绿色风貌等），以及由此折射出的深层企业形象（如企业经营者的特点、风格和作风等）；中层是企业行为文化，包括企业的规章、规范以及员工共同遵循的道德观念、行为准则、团队意识等；内层是企业精神文化，包括企业的经营哲学、企业精神以及由此体现的企业员工对的共同追求、共同意志、共同情感等。

绿色企业文化的三个层次是紧密联系的，物质层是企业文化的外在表现和载体，是行为层和精神层的物质基础；行为约束和规范着物质层和精神层的建设，没有严格的规章制度和正确的企业行为，企业文化无从谈起；精神层是物质层和行为层的思想基础，是绿色企业文化的核心和基础，如图 3-2 所示。

企业建设绿色文化，要求使企业全体员工形成一种共同的节约和有效利用资源，保护和改善环境的意识，并将它贯彻于企业经营管理实践的全过程中，做到在发展生产中保护环境，在保护环境中发展生产，实现经济、社会、环境三个效益的统一与协调发展，坚定不移地走可持续发展之路。从企业实践来看，建设企业绿色文化一般从其结构层次入手，包括以下三个方面：

3.2.2.1 绿色企业文化的精神层建设

其要求企业的领导和员工应以"绿色"作为共同信守的基本信念、价值标准、职业道德和精神风貌。精神层是企业文化的核心和灵魂，是形成物质层和制度层的基础和原因。企业文

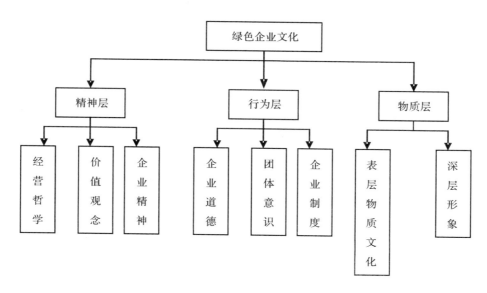

图 3-2 绿色企业文化结构图

化中有无精神层是衡量一个企业是否形成了自己的企业文化的标志和标准。绿色企业文化的标志是在企业的最高目标、企业哲学、企业精神、企业风气、企业道德和企业宗旨等方面处处体现绿色。

企业领导层观念意识的"绿"化。在企业价值观中，领导层的观念意识起着先导性和决定性的作用。企业家的倡导过程就是企业文化的建设过程。企业文化集中体现了企业家的管理风格。绿色企业文化作为一种群体文化，在企业中主要是靠领导的积极倡导，逐渐培养教育并身体力行贯彻到企业实际行动中去，才能最终形成的。因此，建设绿色企业文化，企业领导层首先要树立绿色价值观。

绿色价值观的建设。企业内部员工是企业的主体，是企业生产与服务的执行者，是企业生产经营得以延续的根本原因，企业精神层面的"绿化"光靠企业领导意识绿起来还不够，而必须使上下级全体员工拥有共同的绿色意识观念，共同实践绿色价值观。因此价值观应通过对职工进行教育培训和加强宣传两方面建设。

【绿色故事】

河南天冠集团的绿色企业文化建设

河南天冠集团公司的绿色企业文化建设是先从领导层开始的，并取得了良好效果。首先，公司领导层认真学习可持续发展理论，认识到天冠集团作为大型国有企业，应具有长远的发展眼光，不应为追求当前利益最大化而使公司失去发展前途。公司领导意识到绿色管理必将成为现代企业面向二十一世纪、适应可持续发展战略的主导生产方式，积极地推行绿色管理，在未来世纪竞争中抢先一步，为企业下一步改制上市创造良好条件。天冠公司由于领导层观念的更新，为企业建设绿色企业文化奠定了坚实的基础。

此外，天冠公司还关注对员工的超前培训，公司教育中心组织对企业各类经营管理人员进行比较系统的清洁生产和可持续发展理论的培训，先后多次举办有关环保知识和政策法规的培训班、酒精清洗生产工艺技术研讨班、可持续发展理论学习班和ISO14000管理体系培训班等。同时，公司通过开展合唱、体操、植树等各类绿色教育活动，注意培育员工的"绿色消费""绿色产品"和珍爱人类生存环境的意识及其敬业、奉献精神，培养"实现自我，奉献自我"的价值观念，逐步形成以"消除污染、改善环境、清洁生产、可持续发展"为核心的绿色企业文化。

3.2.2.2　绿色企业文化的行动层建设

从行动层面上，企业绿色文化的建设必须从严格的规章制度开始。绿色管理制度的形成和落实过程也是绿色文化的形成过程；同时，企业绿色文化的建立需要在团队意识的指导下进行，只有通力合作才能实现绿色文化的顺利建立和普遍接受；除此之外，企业绿色行为文化离不开企业绿色制度、团队意识和企业道德，而其中团队意识和企业道德在很大程度上又受到企业制度合理性的制约。

理顺领导机制，建立绿色企业文化建设的职能部门。绿色企业文化建设是一项系统工程，需要设计运营活动的各部门，最高管理者应为工作班子提供相应的时间、资金、办公条件、配合部门、信息及人力等，并负责协调绿色企业文化建设过程中各部门之间的关系。企业的绿色职能部门应成为企业的检查机构，并应具有一定的权威性。

进行初始环境评审和规划。初始环境评审是建立规章制度的基础，其主要分为以下几个步骤：调查企业的环境状况，评价企业的环境质量，提出企业的绿色管理目标，制定绿色管理的战略措施，制定企业的年度绿色计划。除此之外，在"绿化"现有业务的同时，应逐步淘汰高污染、高耗能的夕阳业务，发展新兴的绿色业务。

编制系统性的规章制度。绿色企业文化的故障制度的编制工作是一项非常重要且技术性较强的工作，它要结合组织的特点，充分考虑组织的环境状况、现有机构和其他资源状况，具体的绿色规章内容应包括环境管理规则、专业技术规程、环保业务管理制度、环境保护责任制度、绿色规章制度等。

3.2.2.3　绿色企业文化的物质层建设

物质层建设是绿色企业文化的表层部分，它是企业创造的物质文化，是形成企业文化精神层和行动层的条件。从物质层中能折射出企业的经营思想、管理哲学、工作作风和审美意识。

绿色企业文化的表层物质文化是企业文化最直观的外在表现，是社会大众和企业内部全体员工能够直接体会和观察到的。然而，它需要企业的仔细经营，需要企业主动地以合理的方式适度的进行宣传扩展，从而使企业主动得进入社会公众和其它利益相关者的视野。

企业绿色成绩公开化。企业通过将其环境信息公布于众，使广大职工对企业的环境状况和奋斗目标心中有数，对企业所做出的成绩感到自豪，从而加深职工对企业绿色文化的理解；企业也自然地让消费者、社区居民、利益相关者、社会公众了解了企业的资源和环境管理情况，理解企业的绿色文化，同时也便于社会监督；除此之外，反馈回来的批评、建议等信息还是企业推进绿色企业文化的重要依据。环境信息公开既有利于树立良好的企业形象，还是一个企业负责任的表现。日本企业就对此很重视，日本环境厅每年还组织评比优秀环境报告。

树立绿色的企业形象。企业可以通过取得绿色认证、争取绿色环境标志、发表绿色宣言等方式，建立良好的绿色企业形象，提高企业的信誉度与知名度，为企业带来良好的效益。

紧扣绿色主题，导入 CI 系统。绿色企业文化的物质层包括企业名称、标志、标准字、企业外貌，产品的特色、样式、外观和包装，技术工艺设备特性，企业的文化传播网络等。上述这些工作可以利用 CI 系统，构建绿色企业形象识别系统来解决。

3.3 绿色领导力

3.3.1 绿色领导力的内涵

绿色领导力是企业绿色管理的一个关键因素，它们之间的关系是部分与整体的关系。同时，由于绿色领导力作为企业绿色管理的软件部分，又具有一定的特殊性，它在企业的绿色管理体系中发挥着不可替代的作用。随着知识经济的迅速发展，绿色领导力的内涵也在不断丰富，但其主要包括企业绿色价值观、企业绿色精神和企业绿色形象。其中，绿色价值观是绿色领导的核心，绿色精神是绿色企业领导的灵魂，绿色形象是绿色领导的表现。

3.3.1.1 企业绿色价值观

实施绿色管理是企业的一项战略决策，是企业适应经营环境和消费者需求的产物，是企业贯彻可持续发展思想的具体体现。绿色管理是全员的管理，需要由全体员工的参与并形成共识。绿色管理的成败将以企业的"绿化"程度作为依据，因此，"绿化"也应该是企业全体员工评价事物的共同依据，这些也都是企业绿色价值观的具体体现。

企业绿色价值观的纵向系统。从纵向来看，企业绿色价值观由员工个人绿色价值观、群体绿色价值观和企业整体绿色价值观构成。员工个人绿色价值观是企业绿色价值观的最基本层次，它是指员工在企业生产过程中处理各种关系时所形成的一套以环境保护为标准的价值观念。绿色管理观念通常都是由上至下传递的，而绿色管理的真正实现却是由下至上反映的，是在一点一滴中体现的，因此，只有当员工都接受绿色管理并且都形成了个人的绿色价值观，才能形成绿色企业文化，才有可能实现企业的绿色管理。

☞ **知识链接**

群体价值观是指正式或非正式的小群体所拥有的价值观。群体绿色价值观对于个人行为和组织行为的影响力是非常大的。具有绿色价值观的正式的小群体有计划设计的组织层次，它强烈地反映出企业管理者的绿色思想和绿色信念，反映出企业整体的绿色价值观。而具有绿色价值观的非正式的小群体本身就是基于"绿色"的共识而形成的，它的带动和波及效应是非常巨大的，是传统的宣传教育无法比拟的。

企业整体绿色价值观反映了企业的长远利益和根本利益，包含了企业远大的价值理想，它是对企业生产经营目标、社会政治目标、员工全面发展目标以及生态平衡目标的一种综合追求，具有综合性和高层次性的特点。员工个人绿色价值观和群体绿色价值观受企业整体绿色价值观的指导和统帅，员工和群体只有树立了企业整体绿色价值观，把企业目标变成自己的目标，才能使企业变成员工追求自我实现的场所，才能使员工爆发出无穷的动力和惊人的创造力。同样，企业整体绿色价值观也离不开员工个人绿色价值观和群体绿色价值观，它是二者的概括和升华。可见，这三个层次之间是相互联系、相互依存、相互影响、相互作用的整体。

企业绿色价值观的横向系统。从横向来看，企业绿色价值观由企业经济价值观、企业社会价值观和企业环境价值观构成，三者之间的和谐统一是构成企业绿色价值观的基础。

绿色价值观强调企业在追求经济效益的同时，不能以牺牲社会效益和环境效益作为代价，要实现经济效益、社会效益和环境效益的和谐和统一。企业经济价值观包括效益观念、质量观念、市场观念、竞争观念、创新观念、信誉观念，这些观念分别从不同的角度体现着企业的绿色价值观，如市场观念，消费者的绿色需求加速了企业的绿色管理，而绿色管理的实施迎合了市场的同时必然给企业带来更多的经济效益，二者之间是相互影响、相互促进的关系。可见，企业的经济价值观与企业绿色价值观不但并不矛盾，并且是绿色价值观的基础。企业社会价值观是企业绿色价值观的重要组成部分，是人本管理在企业价值观体系中的具体体现，是企业绿色管理中人态和谐的具体体现。企业社会价值观包括以人为本的观念、整体观念、奉献观念、义务观念、服务观念等。传统的企业单纯追求经济效益，不注重与员工进行情感交流和企业内部和谐氛围的营造，不关心企业对周边群众日常生产、生活的影响和周边群众对企业的评价，不追求良好的社会效应，这是现代企业管理不能回避的一个重要问题，是企业绿色管理的一个重要方面。

企业经济价值观是企业绿色价值观的主体部分，是绿色价值观的基础。企业社会价值观是企业绿色价值观的重要组成部分，是人本管理在企业价值观体系中的具体体现，是企业绿色管理中人态和谐的具体体现。企业环境价值观是企业绿色价值观的核心部分，是现代企业贯彻可持续发展思想的具体体现。其要求企业树立环境价值的意识，降低资源和能源的消耗、加强资源和能源的合理配置和综合利用，减少或消除污染物的排放，实现企业生产与生态环境的和谐统一。

3.3.1.2　企业绿色精神

不同的企业环境，塑造了不同的企业精神，体现企业价值观念的企业精神主要有以下四种类型：第一，以对国家和社会多作贡献为特色的企业精神；第二，以顾客第一、服务至上为特色的企业精神；第三，以人才至上、以人为本为特色的企业精神；第四，以创新开拓为特征的企业精神。

企业绿色精神是一种复合精神，是上述四种企业精神的整合，或者可以说上述四种企业精神分别反映了企业绿色精神的不同侧面。在不同的企业中，企业绿色精神的突出表现会有一定的侧重，如有的企业可能在创新开拓方面体现企业的绿色精神，而有的企业则是突出表现在顾客至上方面。也就是说，不同企业的绿色精神在表现形式上是存在差别的，是具有该企业特色的。

☞ **知识链接**

企业精神是指企业基于自身特定的性质、任务、宗旨、时代要求和发展方向，并经过精心培养而形成的企业成员群体的精神风貌。可以说，企业精神是企业的灵魂。例如北京西单商场的"求实、奋进"精神，体现了以求实为核心的价值观念和真诚守信、开拓奋进的经营作风。

企业家精神是形成企业精神的基础。一方面，作为企业家要有敏锐的眼光和洞察力，他是一位思想大师，善于把握高度抽象的思维逻辑，能够将绿色管理凝练为企业精神，并将这种精神在企业中进行推广；另一方面，作为企业家还要有实干精神，他还是一位行动大师，善于处理世俗、琐碎的实际事物，能够在点滴小事中体现企业绿色精神，通过身体力行来延续企业精神的言传身教。因此，企业家应该是企业精神的第一设计者、第一宣传者、第一践行者。海尔集团 CEO 张瑞敏就充当了这样的角色，它不仅是海尔企业精神的主要创立者，还是一位锲而不舍的"布道者"，更是一位"如履薄冰"的率先示范者和实践者，他的精神境界对海尔"敬业报国，追求卓越"的企业精神的形成起到了巨大的推动作用。

企业家精神在企业绿色精神的创立和实践中作用巨大，主要表现在：第一，启示作用，企业的广大员工表现出了各种各样的精神，但是，这种表现是具体而分散的，要使广大员工接受绿色精神并将其变成全体员工共同遵守的思想和行动的精神准则，必须经由企业家进行高度提炼和概括；第二，教育作用，企业绿色精神一经确定，对全体员工开展各种形式的教育活动，使绿色精神成为全体员工共同的行为准则是必不可少的；第三，示范作用，企业家既是企业绿色精神的倡导者，更是企业绿色精神的实践者。企业家在实际工作中身体力行绿色精神能极大地促进绿色精神在全体员工中的落实和贯彻；第四，推动作用，企业绿色精神的提出必然会受到传统企业精神观念和习惯的冲击，这就需要企业家通过各种活动宣传企业绿色精神，大力推进企业绿色精神的传播和落实。

除此之外，企业精神还通过企业员工风貌表现出来。员工的举止、待人接物的方式、工作中的行为方式以及对待工作的态度等，都体现着员工风貌，也都体现着企业精神。企业精神不仅仅是一种实践和行动，更重要的是由企业全体员工参与的实践和行动，只有回到实践中去，经过广大员工身体力行，实践锤炼，才能形成、发展并不断升华。离开了广大员工的积极参与和实践，企业精神就失去了赖以生存的土壤，就不能成其为企业精神，更谈不上发扬光大了。而企业绿色精神可以体现在每名员工日常工作的每一个细节中，节约原材料、节约水电、保持工作环境的清洁、降低废品率、构建和谐的人际关系等等都是企业绿色精神的具体表现。因此，企业绿色精神是需要全体员工共同构筑的。

3.3.2　绿色领导的影响

3.3.2.1　凝聚功能

绿色领导是企业的黏合剂，企业家通过自身的绿色影响力可以把员工紧紧地粘合、团结在一起，使他们目的明确、协调一致。企业员工队伍凝聚力的基础是企业的根本目标。企业的根本目标选择正确，就能够把企业的利益和绝大多数员工的利益统一起来，企业就能够形成强大的凝聚力。否则企业凝聚力的形成只能是一种幻想。绿色领导力是企业家贯彻绿色管理的措施；树立绿色形象，实现企业绿色目标的保证。企业实施绿色管理，加强绿色领导力建设，其目的在于促进社会经济可持续发展中实现企业可持续成长，达到经济效益、社会效益、环境效益的均衡。为此企业要通过科技进步和管理改进、节约资源、改善环境，并树立绿色企业形象，把环境效益和社会效益转化为竞争优势，进而提高经济效益。这些都离不开广大职工的绿色意识和积极参与。这一过程正是绿色企业文化起着凝聚作用。

3.3.2.2　导向功能

导向功能包括价值导向和行为导向。企业价值观和企业精神能够为企业提供具有长远意义的、更大范围的正确方向，为企业在市场竞争中基本竞争战略和政策的制定提供依据。企业文化创新尤其是观念创新对企业的持续发展而言是首要的。

绿色领导既是绿色管理的重要内容，也是企业实施绿色管理的前提，它在整个绿色管理体系中起有导向功能。企业要指定绿色管理战略、进行科学的环境资源管理，首先取决于员工特别是管理者是否具有绿色意识。企业要开发绿色产品、进行绿色设计，研究开发人员有没有树立绿色价值观就是前提。企业要开发绿色市场、进行绿色营销，其营销人员对企业与自然社会关系的认识就起着决定性的作用。

许多企业文化"绿"不起来的根源在于这些企业存在着利润最大化的功利主义和实用主义性质，受这样的意识支配，企业一切工作均以当前的利润为中心，即使有资金也要投入到马上就能见效的项目中去。这样的企业虽可能得到一时的利润，但归根到底是不可能持续成长的。企业要开展绿色管理，首先企业家就必须克服这样的观念，加强绿色领导建设，让整个企业文化"绿"起来。

3.3.2.3　约束功能

绿色领导力为企业确立了正确的方向，对那些不利于企业长远发展的不该做、不能做的行为，常常发挥一种"软约束"的作用，为企业提供"免疫"功能。所谓绿色发展，就是在生态环境容量和资源承载力的约束条件下，走低消耗、低污染、低排放的发展之路。而企业家的绿色领导力在概念设计和战略决策上对企业资源浪费与环境污染起到约束作用，强调企业承担相应的社会责任，使企业能够取得社区、社会和公众的好感。

3.3.2.4　塑造功能

绿色企业形象是高素质企业形象的象征。以人类社会可持续发展为目标，注重环境保护、注重社会公益的绿色企业形象的树立，是企业及其经营者注重社会效益、注重企业社会责任、注重企业和社会长远发展的高尚的思想境界的体现。追求绿色形象的企业，其理念和行为符合现代社会发展的根本利益，是现代企业的楷模。企业的绿色形象必将成为现代社会的最佳企业形象。

在绿色领导影响力的塑造下，企业的绿色形象向社会大众展示着企业成功的管理风格、良好的经营状况和高尚的精神风貌，从而为企业塑造良好的整体形象、树立信誉、扩大影响，成为企业巨大的无形资产。企业形象的可控性使企业形象的塑造具有一定的选择性，不同的企业可以选择不同的特色作为自己独特的企业形象，而绿色企业文化的内涵是以绿色作为最佳的企业形象，成为高素质企业的象征，从而使企业获得独特的竞争优势。

【案例应用】

绿色领导力培训项目

民间环保 NGO 的产生和发展开启了中国公众参与生态环保事业的历史，近 30 年来中国的环保 NGO 蓬勃发展，已经形成一个初具规模的行业部门。然而占到这些机构 50% 的民间自发组织和大学生组织，还处于一个发展的初级阶段。中华环保联合会在 2006 年的调研显示，有近 30% 的民间环保组织中只有兼职人员，在全部 22 万从业人员中兼职人员占到将近 70%。

随着中国经济文化的不断发展，公众对环保事业的理解和认同不断扩大，更多社会资源进入生态环保公益事业，使得环保 NGO 在人力资源数量和质量上出现了极大的挑战和机遇。

"绿色领导力"培训正是在这样的背景下，由阿拉善 SEE 生态协会和大自然保护协会联合出资，旨在为环保 NGO 培养未来的高层管理人才，推动中国草根环保 NGO 的现代化进程。

组织邀请国内外专业机构持续开发针对本土人才培养的教材和课程，并长期实施培训课程，培训采用短期封闭式认证培训方式，以案例教学和学员互动为主要培训手段，不仅为现有 NGO 管理者提供培训资源，同时也为更多的来自商业社会、立志加入环保 NGO 事业的高级管理人才提供专业知识和经验培训，并服务于学员间的长期伙伴关系。

GLTP 特色：

（1）案例教学：以国际和本土项目、机构为研究样本，形成案例教材，采用互动式案例教学手段。

（2）实战导向：教材和课程均根据中国环保 NGO 现实问题和发展需求量身定制，并进行长期持续更新，直接提升实战能力。

（3）个性化教学：小班授课，在培训前、中、后均与学员进行个性化深入沟通，协助学员进行实战应用。

（4）奖学金申请/自费：以高于 50% 淘汰率的奖学金形式来接受 NGO 申请，同时向社会开放缴纳学费（教学成本）的名额，有效避免 NGO 传统中免费培训不被珍惜的弊端。

（5）学分制：课程、论文和实践报告均以学分计算，根据学员所得学分情况颁发认证。

（6）相关资源：以两年一届的"SEE·TNC 生态奖"和"SEE 环保公益资助基金"为伙伴项目，与"绿色领导力"培训互相输送优质项目资源和人力资源，使对民间环保组织的支持效率最大化。

资料来源：http：//see.sina.com.cn/news/2009/0227/1766.html

问题：

"绿色领导力"培训项目是在怎样的背景下提出的？此项目在实施过程中怎样体现绿色领导这一理念？通过分析项目的内容与特色并结合本章内容，说说你的观点。

【国际经验】

从内心寻找领导力

年逾九旬的弗朗西斯·赫塞尔本(Frances Hesselbein)是一个活着的传奇。

她在1976年至2000年间担任美国女童子军CEO，把这个摇摇欲坠的组织建成了美国最成功的组织之一。其后，她成为德鲁克非营利管理基金会(领导与领导研究会前身)的CEO，后来担任董事会主席至今，同时在多个企业和非营利组织担任董事，致力于提高社会部门、企业和军队管理者的领导力，在美国的管理者心中享有无与伦比的地位。

被德鲁克称为"可以管理美国任何一家公司"的她，对领导力有独到的见解和实践。她认为，领导事关"如何做人"，而不是"如何做事"，因此一个领导者必须有高尚的价值观，并且只有在自己的内心才能找到"身先士卒"的勇气。换句话说，一个人的领导力源自他的内心。

她认为，虽然我们把生命当中的大部分时间用来学习如何做事，然后教别人如何把事情做好，但是最终决定绩效、决定结果的因素，是品格和性格。因此，领导力的来源是领导者的品格、性格和价值观。领导者应该言出必行，从不违背诺言；要尊重每一个人；要树立"活着就是为了服务社会"的观念。

她推崇并践行德鲁克的思想——领导者的任务不是提供能量，而是释放能量。因此，我们要学会彼此尊重，尊重每一名员工，为他们提供机会，帮助大家为建设一个更加健康的社会做出贡献，并且学会关爱所有的人。

"让社会变得更加美好"是她至今孜孜不倦的追求，她与德鲁克一样对非营利组织寄托了莫大的希望，认为"有能力挽救民主的，不是政府，也不是私营部门，而是非营利部门"。不过她也指出，无论是在哪里，除非政府和企业把非营利组织当作平等的合作伙伴，否则非营利组织就永远不可能取得应有的成效——也只有那样，所有三个部门才能取得本来可以取得的成效。

社会部门的发展程度，不仅跟这个社会的富足程度密切相关，而且跟这个社会的健康程度密切相关。社会部门要成为政府和企业的平等合作伙伴，只能用实际工作来证明自己的成效，通过服务他人来赢得认可。社会部门如果成为平等的合作伙伴，一个国家以及这个国家的政府效率就会变得更高。

资料来源：商业评论网

参考文献

[1] 陈飞翔，石兴梅. 绿色产业的发展和对世界经济的影响[J]. 上海经济研究，2000(6)：33~38.

[2] 杭艳秀. 中国企业绿色管理问题研究[D]. 沈阳：东北农业大学，2003.

[3] 何小琏，李小聪. 绿色激励–激励发展的新趋势[J]. 科技管理研究，2007(1).

[4] 邱尔卫. 企业绿色管理体系研究[D]. 哈尔滨：哈尔滨工程大学，2006.

[5] 宋超英，贾亚洲. 菜单式弹性福利制度及其设计[J]. 中国人力资源开发，2010：57~59.

[6] 王平. 再造激励平台[J]. 科技进步管理，2003(12).

第 4 章　绿色控制

4.1　绿色制造

4.1.1　企业绿色运营系统

企业的运营系统包括与企业生产产品或提供服务直接相关的所有活动，对任何一个企业来说，运营系统是其核心内容，企业产品的生产或服务的提供正是通过运营系统来完成的，企业战略的实施和政策的贯彻落实也是通过运营系统来达成的，企业目标的实现和企业使命的履行以及企业形象的传递更是通过企业运营系统来实现的。所以，为了确保企业绿色管理的顺利进行，必须建立一个绿色运营系统，在整个过程各个阶段进行绿色控制，并对问题进行及时信息反馈以决定是否需要做出调整。

与一般运营系统不同的是，在绿色运营系统中，还需要特别关注一项特殊产出，即企业整个运营系统可能产生的废弃物和副产品，企业需要通过绿色处理来确保这些产出不会对环境、社区和社会产生消极影响。

首先，运营系统的投入环节是对企业绿色管理的前馈控制，企业的绿色运营和企业绿色战略的实现需要建立在绿色投入的基础之上。众所周知，企业系统的运营需要有资源的支持，而企业资源几乎都来自于企业外部。透过具有渗透性的组织界线进入组织系统，如果进入组织的资源本身不具备绿色，那么企业运营系统的转换环节和产出环节则更难以实现绿色。所以企业绿色控制要先对投入过程进行绿色把关，对待进入企业的各种资源进行检查，这些绿色前馈控制主要是表现在有关资源获取的活动和部门，例如采购、人力资源部门、技术部门和财务部门等。

其次，运营系统的转换过程是对企业绿色管理的"现场"控制，输入企业的绿色资源能否最终成就企业的绿色管理和绿色目标的实现取决于企业的转换过程是否绿色，包括企业的研发、产品的设计和生产等等。

再次，运营系统的产出过程是对企业绿色管理的"现场"控制和反馈控制的结合，绿色控制的特点就是要关注企业的特殊"产出"，即废弃物、生产副产品等，然而这些产出往往是伴随着转换过程同时发生的，所以从这个角度来看，企业需要进行现场控制，通过先进的废弃物回收利用和污染物处理技术来最大限度的减少这类产出流出企业或降低其对环境的消极影响，这不仅能够提高企业资源的利用率、降低采购成本，还有利于树立良好的绿色企业形象、促进企业绿色目标的实现；在对特殊产出进行特别关注的同时，还需要对企业的正常产出进行绿色控制，包括绿色营销、绿色核算等。

4.1.2　企业绿色制造内涵

从管理者的视角出发，以企业制造过程作为切入点来寻求企业制造活动与生态环境的协调一致，绿色制造虽然只是在制造活动前冠以"绿色"来修饰，但其内涵却发生了重大变化，改变了由传统制造生产出来的产品为企业创造经济效益的单一目标。这里只是做简单的介绍，详细内容见本书第五章。

绿色制造相较于传统制造而言具有着丰富的内涵：第一，绿色制造是多问题领域的集成，主要涉及三大领域：一是制造领域；二是环境领域；三是资源领域。绿色制造就是这三大问题领域内容的交叉和有机集成。第二，绿色制造中的"制造"涉及到产品使用过程以外的整个生命周期，是一个"大制造"概念，同计算机集成制造、敏捷制造等概念中的"制造"一样，绿色制造体现了现代制造科学的"大制造、大过程、学科交叉"的特点。第三，由于绿色制造是一个面向产品生命周期全过程的大概念，绿色设计、绿色工艺规划、清洁生产、绿色包装等可以看成是绿色制造的组成部分。第四，资源、环境、人口是当今人类社会面临的三大主要难题，绿色制造是一种充分考虑资源与环境问题的一种现代制造模式；第五，绿色制造实质上是人类社会正在实施的可持续发展战略在现代企业中的体现。因此，绿色制造是企业可持续发展的必由之路。

4.1.3　企业绿色制造结果评价

4.1.3.1　环境属性指标

环境属性主要是指在企业在生产制造过程中所引起的有关环境问题，体现为由于人的因素，致使环境的化学组成和物理状态产生了变化，造成环境质量恶化，扰乱和破坏了人们的生产和生活条件的各种行为。环境属性的指标涉及的范围非常广、种类非常多，大体包括大气环境指标、水体环境指标、固体废弃物指标等。这里主要介绍几种各类工业企业经常参照的环境属性指标。

大气环境指标。大气是人类赖以生存的最基本的环境要素。进入 21 世纪以来，大量矿物燃料燃烧产生的污染物和气体排放以及城市化人口的急剧增加，造成了大气污染物排放量的进一步迅速增长，空气污染严重危害了人类健康和生态平衡，并危及着人类的生存，制约着人类的发展。被企业较多采用的环境评价指标主要有单位产出 SO_2 排放量和单位产出烟尘排放量，通过这两个指标来反映产品生产过程中对大气的污染程度。

☞ **知识介绍**

单位产出 SO_2：排放量 ＝SO_2排量/有效增加值(单位：t)

单位产出烟尘排放量 ＝烟尘排放量/有效增加值(单位：t)

其中：有效增加值＝劳动者报酬＝生产税＝息税前营业盈余，下同。

水体环境指标。工业化水平的不断提高和人类生活水平的不断改善，致使大量的工业废水和生活污水排入水体，使地表水和地下水受到不同程度的污染，造成了饮用水的危机。行业不同，产生的工业废水中所含污染物的成分也有很大的差异，这里主要选择单位排水 COD

含量、单位产出污水排放量、废水排放达标率三个指标来反映企业生产过程中对水体的污染程度以及对污水的治理程度。

☞ **知识介绍**

> 单位排水 COD 含量＝COD 总量/排水总量×100%（单位：mg/L）
>
> 单位产出污水排放量＝污水排放量/有效增加值×100%（单位：t）
>
> 废水排放达标率＝达标废水排放总量/废水排放总量×100%

固体废弃物指标。随着国民经济的发展、人口的增加和人民生活水平的提高，工业固体废弃物的产生量与日俱增。对大量的固体废弃物不加以控制和适当的管理，不仅会造成自然资源和其他原材料的浪费和损失，而且会进一步增加固体废弃物的产生量，对生态和生活环境造成更严重的污染，对人体健康造成危害甚至会制约经济的发展。固体废弃物包括有机污染物、无机污染物等大类，具体又可以根据有害的元素及其化合物分别设置，这里选取固体废弃物处理率指标来反映企业对固体废弃物的处理程度。

4.1.3.2　资源属性指标

这里所说的资源是广义的资源，它包括企业在生产制造过程中使用的材料资源、设备资源和人力资源等，是企业绿色制造所需的最基本条件。其中材料资源指标是体现绿色制造绿色性的主要指标。

材料资源指标。材料资源指标反映了企业在生产制造过程中材料流的有效利用程度。材料选择是产品设计的第一步，材料的绿色特性对制造系统的绿色性能有重要影响。传统设计中材料选择的不足主要体现在：企业生产制造过程中材料利用不充分、材料加工或处理过程中会产生有毒、有害物质、产品使用后材料不易回收等问题。因此，绿色产品评价指标中以原料投入产出率、可再生原料使用率、原料回收率、原料回收利用率、有毒有害原料使用率、环保供应商比重等指标来表示，其中环保供应商比重指标从绿色采购角度来设置。

☞ **知识介绍**

> 原料投入产出率＝有效增加值/原料投入总量×100%
>
> 可再生原料使用率＝可再生原料投入量/原料投入总量×100%
>
> 原料回收率＝回收原料总量/产品中原料总量×100%
>
> 原料回收利用率＝回收原料投入使用量/回收原料总量×100%
>
> 有毒有害原料使用率＝有毒有害原料投入量/原料投入总量×100%
>
> 环保供应商比重＝环保供应商业务额/供应商业务总额×100%

设备资源指标。设备资源指标是衡量绿色制造生产组织和理性的重要方面，包括设备利用率和设备资源的优化配置等。较常采用的有设备资源利用率和先进、高效设备使用率两个指标。

人力资源指标。对绿色制造系统而言，人力资源包括管理人员、掌握绿色技术的技术人员、参与绿色生产制造的所有工作人员。人力资源指标反映了企业的人员素质和对绿色知识的掌握情况，与下文绿色文化的评价指标相协调，这里主要介绍专业技术人员比例一个指标。

能源属性指标。能源是人类赖以生存和发展的重要物质基础。节约和充分利用能源是绿色制造的又一重要特性。在生产制造过程中，要尽量使用清洁能源和可再生能源，采用合理的生产工艺来提高能源的利用率。从另一个侧面来说，能源利用率越高，也就越节约资源，当然也越减少环境污染。企业通常采用的能源属性指标主要有能源综合利用率、可再生能源使用率、能源投入产出率、清洁能源使用率。

☞ **知识介绍**

能源综合利用率＝有效产出能源使用量/能源使用总量×100%

可再生能源使用率＝可再生能源使用量/能源使用总量×100%

能源投入产出率＝有效增加至/能源使用总量×100%

清洁能源使用率＝清洁能源使用量/能源使用总量×100%

经济属性指标。绿色制造的经济性是面向企业生产制造全过程的。由于长期以来，我国实行的是商品高价、原料低价、资源和环境无价的政策，因此，传统评价的经济性指标只选择企业成本部分，而不考虑用户成本和社会成本对总体经济性的影响。绿色制造的经济性分析必须要考虑上述因素，包括上述与环境有关的各种成本。

企业的生产制造过程给企业带来成本，而消费者对产品的消费又会给产生相应的成本，同时在生产和消费过程中又会形成一定的社会成本，因此，按照时间顺序将相应指标划分成企业成本中的设计成本、资源成本、制造成本，用户成本中的使用成本和维护成本，社会成本中的废弃物处理成本、污染防治成本和职业保健成本。

综合各方面的企业绿色制造结果评价可以绘制成图4-1。

4.2 绿色质量控制

4.2.1 质量环境与质量演化

质量环境是相对于质量系统的界定而存在的，是一切影响着质量系统内部结构和系统功能特性的外在因素的总和。质量环境属性的变迁，影响着质量观念的变化，质量的概念经历了从"符合性质量"到"适用性质量"再到"顾客及相关方满意"这样一个逐渐的演化过程。从中可以发现，质量概念随着质量环境向着复杂化、多样化并且越来越不稳定的方向变迁，有具体的、孤立的、客观的和解析式的概念逐渐发展成为抽象的、系统的、主观的和综合式的概念。与质量概念的演化历程相似，质量管理的发展历程也是与质量环境密切相关的演化过程。从质量检验到质量控制再到全面质量管理，管理的对象从实物产品到系统的过程再到整个系统的所有相关事物。新经济时代与传统的工业化时代不同，发生了根本性的转变，质量系统与传统质量系统不同，质量管理不仅仅是作为一种企业组织内部的管理职能，已经上升到关注环境变化、面向未来决策的战略层次，融入到综合性的企业经营活动之中。

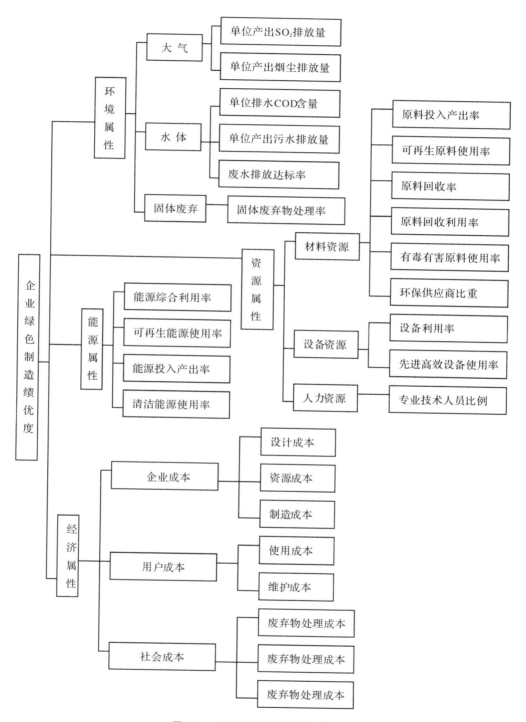

图 4-1 企业绿色制造结果评价图

资料来源：邱尔卫. 企业绿色管理体系研究[D]. 哈尔滨：哈尔滨工程大学，2006.

4.2.2 绿色质量管理体系

　　将绿色质量管理体系与传统的全面质量管理环境下的质量管理体系对比研究。体系也成为系统，是由相互作用和相互依赖的组成部分结合而成的、具有特定功能的有机整体是互相联系诸要素的综合体。绿色质量管理体系是一种复杂系统，其范畴已经超出了传统质量管理的组织系统，发展成为超越企业组织边界的立体网络型复杂系统。而复杂系统因其内部众多的组成元素或单元之间的相互作用，并且系统与环境之间的相互影响，使系统的整体功能和外在属性表现出绿色和谐特征。传统企业追求自身利益的最大化的同时，希望能以更高效率、更低成本与外部企业及组织合作，建立具有共同利益及价值追求的共同体或合作伙伴。这种利益伙伴关系系统，在绿色管理视角审视下，质量系统的优化发展前景应是成为具有同一命运的绿色质量系统，其生存和发展具有统一的利益基础，共同关注可持续发展的和谐性。绿色质量系统的建立，促进伙伴企业之间的绿色合作，有利于社会的经济发展、自然环境的生态保护，有利于整个社会的可持续发展。

4.2.3 绿色质量保证体系

　　质量保证分为内部质量保证和外部质量保证。内部质量保证是为了使企业领导确信本组织所提供的产品或服务等能够满足质量要求所进行的活动，由此建立的体系称为质量管理体系。外部质量保证是为了使用户或第三方确信本企业所提供的产品或服务等能够满足质量要求所进行的活动，由此建立的体系称为质量保证体系。质量管理体系的建立是质量保证体系建立的基础，同时质量管理体系的内涵、范围要较质量保证体系的更丰富。绿色质量保证体系可以以在绿色质量管理体系建立的基础上，结合质量、职业安全健康、环境的一体化标准管理体系，为用户或第三方提供充分的证据，以证明组织有足够的能力满足相应的质量要求。

4.2.4 绿色质量集成管理与控制

　　现代制造业环境下，对产品质量管理与控制应该是一个综合性管理概念，局部质量管理的最优与达标是整体质量管理的基础，但并不能保证产品的整体质量。因此，绿色质量管理应该是一个集成化的管理过程，其中，对与质量管理相关的物料流、工作流与信息流的管理需要实现在质量管理中的全方位集成。与现代制造系统模式相适应的绿色质量管理应该能够实现企业管理层次的纵向集成管理，又能够实现覆盖产品全过程的横向集成管理。"纵向集成"是层次型集成，即与质量形成有关的信息流和工作流在企业质量保证体系中的决策层、管理层、实施层和执行层之间的自上而下和自下而上的集成。"横向集成"是过程型集成，即与产品质量形成有关的物料流、工作流、信息流围绕产品对象在起始于获取用户和市场需求分析。纵向集成与横向集成不是相互割裂的，它们分别从企业的管理组织机构和产品质量形成过程这两个不同的角度描述企业集成化的质量管理系统。纵向上每个层次内存在着横向关系；横向上的每个环节也都与纵向上的相应环节存在着纵向关系，在纵向和横向两个角度上同时保证集成的实现可以有效地保证质量系统能够与企业整体环境真正融合在一起，形成一个有机的整体，实现质量信息在企业各层次间顺畅地上传下达、质量活动在产品形成过程中的有序进行、质量目标和计划在企业范围内的有效贯彻。

4.3　绿色绩效管理

4.3.1　绿色管理绩效的概念及特殊性

企业绿色管理绩效是指绿色管理活动在企业发展、生态环境和社会影响等方面所达到的现实状态，是在绿色管理过程中所获得的全部经济性收益（如利润的增加）、非经济性收益（如企业绿色形象的提高、生态环境的改善）同全部支出（如环保产品的设计、废弃物的处理）的对比关系。

企业绿色管理不同于传统管理，对其的绩效评价也具有自己的独特性，企业绿色管理绩效的特殊性主要体现在以下几个方面：

形成的长期性。绿色管理绩效不可能在短期内形成，而是取决于企业长期绿色管理活动的强度和广泛性，也取决于企业所处的生态环境和社会环境。

功效发挥的持续性。企业的绿色管理活动一旦形成良好的绩效，就能持续存在较长的时间。企业与企业之间的博弈、企业和消费者之间的博弈，在政府的引导下，最终向帕累托状态发展，随着绿色消费市场的发展、完善，绿色管理绩效将得到不断的提高和强化。

内容的丰富性。绿色管理绩效表示在某一时刻，绿色管理活动在社会环境、生态环境和企业自身发展等方面的状态；描述和表示某一时段绿色管理绩效各个方面的变化趋势；描述和表示绿色营销绩效的各个方面的协调程度等等。

内涵的多维性。内容的丰富性决定其内涵的多维性，绿色管理绩效既取决于企业管理活动的绿化程度，管理资源的配置效率、效果，又取决于消费者、消费市场对绿色产品及其管理活动的认可程度，既表现为企业自身的发展潜力、可持续发展能力，也反映在对社会、自然环境的影响效果上。

结构的多层性。内容的丰富性和内涵的多维性决定其结构的多层性，如绿色管理对环境友好这方面的绩效可分为对绿色管理的社会环境绩效和生态环境绩效，而生态环境和社会环境绩效又可进一步细化和分层等等。

☞ **知识介绍**

帕累托最优状态

帕累托最优状态是资源分配的一种理想状态，即假定固有的一群人和可分配的资源，从一种分配状态到另一种状态的变化中，在没有使任何人境况变坏的前提下，也不可能再使某些人的处境变好。

4.3.2　绿色管理绩效评价

企业绿色管理绩效评价就是评价者运用一定的技术和方法对企业绿色管理活动的过程和结果进行的一种价值判断。

（1）绿色管理绩效评价的功能。绿色管理绩效评价是企业管理的重要组成部分，它是企业绿色管理实现高效的前提和基础，绿色管理绩效评价功能与普通管理绩效评价功能类似，主要有认知功能、考核功能、引导功能、促进功能和挖潜功能。

（2）企业绿色管理绩效评价的主体和客体。从理论上讲，利益相关者是企业绿色管理绩效评价的源主体；从实践上看，企业相关部门、政府相关部门、社会评价机构是企业绿色管理绩效评价的执行主体。

从绩效评价的客体来看，企业绩效评价可划分为企业整体绩效评价、企业部门绩效评价、企业员工绩效评价等不同的层次。另外，还有超越单一企业边界的集团企业绩效评价、供应链企业绩效评价等。企业绿色绩效评价的客体包括企业整体和企业部门。

（3）企业绿色管理绩效评价的价值取向。在进行绩效评价时必须明确绩效评价的价值标准，不同的价值判断标准会导致不同的绩效评价方法，也会产生不同的绩效评价结果。传统的企业绩效评价大多以股东利益为取向，进行的是以财务指标为主的经济评价。在这种情况下，企业绩效评价模式表现为以利润为目标的"股东利益至上"评价模式。

其实，企业的核心不仅仅是股东，还包括其他利益相关者，企业应该关注利益相关者的利益，这一点在开展绿色管理的企业中表现更为明显。

绿色管理的观念就是坚持可持续发展思想，将企业置于环境大系统之中，通过有效管理实现企业经济效益、社会效益和生态效益的协调和统一。公司的目标不再是唯一地追求股东利益最大化，而是按照可持续性和协调性的原则，为利益相关者创造持续发展的价值，实现利益相关者价值最大化和均衡化。在利益相关者价值取向下，企业以经济效益、社会效益和生态效益协调统一的可持续发展为根本目标，企业绩效评价模式是一种以"利益相关者财富最大化和均衡化"为目标的"利益相关者共同利益"评价模式

4.3.3　绿色管理绩效的评价指标体系

企业绿色管理绩效评价指标的选取需要根据不同企业绿色管理设计的原理与框架进行选择，不同行业、不同企业有自身的生产、经营、管理特点，它们的指标体系也必然会有极大地不同，只能根据自身的特点进行针对性的选择。

按主体的不同，绿色管理的效益可分为企业效益、企业外效益（包括生态效益和社会效益）；按时间长短的不同，绿色管理的效益可分为：短期效益（直接效益）、长远效益（间接效益）；按是否能有金钱来衡量，绿色管理的效益可分为：经济效益、公共效益。为方便起见，本书仅以不同的主体作为绿色管理效益评价的线索。

4.3.3.1　企业效益

企业效益中既包括可以定量的企业经济效益，又包括只能定性的企业竞争力效益。

企业经济效益指企业从事绿色管理所获得的经济效益同传统管理所得的经济效益的比较，主要表现在利润率上的比较，最常采用的评价指标有资金利润率和资源的集约（包括材料的利用率；材料的回收率；再生能源的使用量；能源利用率；资源替代率）。

企业竞争力效益指企业从事绿色管理所获得的竞争力的提高与所增加的成本之间的比较，这虽是一项定性的指标，但对于企业来说相当重要，特别是在竞争异常激烈的今天，有

时候企业甚至不惜牺牲一部分经济利益来换取竞争力效益，因为这里蕴含着企业发展的动力。它主要包括企业市场占有率的扩大、企业美誉度、企业内部企业文化的形成（包括企业工作环境的改善，职工的绿色意识和管理人员责任感的加强）。

4.3.3.2 企业外部效益

绿色管理的最大贡献就在于在整个管理体系中引入了对生态环境的关注与保护，因为要创造企业自身的可是促性，就必须依赖环境不断提供企业经营所需资源的能力，以及能持续吸收经营过程的产物的能力，所以必须关注企业外部的生态效益和社会效益。

生态效益指生态系统内的物质循环、能量转化效率，具体来讲，生态效益的内容有环境状况指标、污染减少指数（包括水污染减少指数、大气污染减少指数、固体废料污染减少指数、工业"三废"减少指数和土壤污染减少指数等）。

社会效益指企业绿色活动对社会结构、社会状态、社会过程、社会消费观念、社会福利、教育、社会秩序、社会参与等方面的收益率。最常采用的评价指标有企业进行的公益活动对社会的收益率、消费者高层次的需要得以满足率、公民绿色意识的强化（包括身体素质的提高、绿色消费观念的深入）。

☞ **知识介绍**

国际经验：ISO14000 环境管理体系

ISO14000 环境管理体系是实施绿色管理的一套系统化、规范化、程序化的运行机制，涉及到环境管理体系、环境审核、环境标志、生命周期评价等国际环境领域内的诸多焦点问题。ISO14000 环境管理体系通过 5 大环节（即环境方针、体系策划、实施与运行、检查与纠正措施、管理评审）、17 个环境要素的环环落实、层层控制，使企业的环境因素得到全过程的有效控制，达到改善企业环境表现的目的。企业只要遵循这一体系，就能使自己的管理水平得到明显的提高。

【案例应用】

神华集团绿色质量管理

神华集团是于 1995 年组建的国有独资公司，是以煤炭生产和销售、电力生产和供应，煤制油及煤化工，相关铁路、港口等运输服务为主营业务的综合性能源企业。为适应走向国际化经营与发展的需要，神华在发展之初，就坚持"开发建设与环境保护并重"的原则，探索以煤炭发展带动生态环境改善的良性发展之路。神华集团坚持和谐企业、绿色循环经济、可持续发展等科学发展理念，在发展模式、运行管理、科技进步等方面不断创新，依靠科技进步，以绿色产业、绿色环境、绿色产品为核心，立足煤炭，发展煤、电、油一体化绿色循环经济，走出了具有"神华"特色的煤炭企业发展之路。

（1）坚持技术创新，积极推行绿色开采。通过技术创新，将煤矿的主要污染源进行源头治理。"出煤不见煤，采煤不见矸，污水不外排"成了神东三大看不见的奇观。"出煤不见煤"是因为从井下到地面，煤炭的生产、运输、储存、洗选、装车全在井巷、栈桥、煤仓的封闭运行状态中，杜绝了煤炭落地、装卸等造成的煤尘污染。"采煤不见矸"是因为通过煤层巷道布置，巷道直接开在煤层上，打出的基本都是煤炭，减少了每年数百万吨的矸石外排，从根本上杜绝了对环境的污染，即使少量的煤层夹矸，洗选后也被用于矸石发电，烧过的炉渣又成为绝妙的水泥添加材料，既不污染环境、破坏生态，又变废为宝成了好资源。而"污水不外排"则是因为创新了保水采煤技术，通过自发研制的井下采空区过滤净化技术，实现了污水复用，日复用量13580m³，不仅解决了生产、生活用水问题，节约了几亿元的水源建设费和一年几千万元的水费与排污费，而且解决了矿井大规模生产带来的污水排放问题。

(2)加强环保管理机构制度建设，落实环境保护目标责任制。在组织结构体系方面，企业内部各职能部门(生产、研究开发、营销、环保等)的协调一致和有机衔接是企业实现经营战略目标和综合效益的前提和保证。为此，神华集团在人力、物力和财力上重点加强了环保机构的建设，在集团公司不仅成立了专门的领导小组——环境保护管理委员会作为环境管理的最高决策机构，还成立了环境管理的日常办事机构——安全健康环保部，所属各子(分)公司也都成立了环保管理专职机构，并指定一名分管领导具体负责环境保护工作。在制度保障方面，加强环境保护目标责任管理，建立了层层负责的环境保护目标责任制，落实决策、生产、营销、服务等环节的环保负责人，进一步加强和推动了环境保护管理工作。除此之外，还不断健全规章制度，先后颁布了《水土保持管理办法》、《环境保护管理办法》等制度，各子(分)公司也结合自身特点先后制定了各种环保规章制度，为环保工作全面走向制度化管理轨道奠定了基础。

(3)积极推行ISO14001环境管理标准体系和NOSA安全健康环保管理体系。目前，煤炭企业存在的环境问题，多数是由于管理不善和管理不严造成的。因此，针对煤炭企业的实际，必须积极推行企业环境管理体系。神华集团大胆学习国际上先进的管理体系，与企业自身实际相结合，通过引进、消化、吸收、利用和创新，形成具有自身特色的理念、模式和体系。一方面，神华集团的所有新建、扩建和改建项目都严格执行环境影响评价制度，坚持防治污染的设施必须与项目的生产主体工程同时设计、同时建设、同时投产的"三同时"制度。另一方面，在企业内部积极推行ISO14001环境管理标准体系和NOSA安全健康环保管理体系。目前，神华集团下属的许多企业积极推行ISO14001环境管理体系和NOSA安全健康环保管理体系，以强化环境保护监督管理，积极与国际化大企业的环境保护管理模式接轨。

资料来源：袁泉. 中国企业绿色国际竞争力研究[D]. 青岛：中国海洋大学，2007.

问题：

"神华"特色的煤炭企业发展之路是一条怎样的发展道路？神华集团在发展过程中实施了怎样的绿色管理措施？通过分析神华集团绿色发展之路，讨论企业绿色控制的体系构成与实施要点。

【国际经验】

沃尔玛的绿色供应链管理

随着环境保护的重要性越发凸显，越来越多的企业认识到自然是人类生存和发展的基础。企业要想长期可持续发展，必须实施绿色管理绿色生产，从传统的"黑色发展"转向"绿色发展"，避免欧美和日本等西方发达国家靠以资源，特别是不可再生资源的高消耗来支撑经济的高速增长。从一些企业广告中，也能看出企业绿色意识的觉醒，譬如"环保'袋'回家""环保购物 力行力倡""只有一个地球""地球是我们共同的家园"等等。

在绿色思想的影响下，人们的绿色意识不断增强，促进了绿色需求。越来越多的生产制造企业开始自觉实施绿色供应链管理，深知企业对环境和全人类应承担的责任，不可以为追求企业短期利润目标而损害社会利益，应与环境和社会协调发展。

1. 采购管理

采购是沃尔玛供应链管理中十分重要的一个环节。沃尔玛能够做大做强，依靠就是标准化的供应链管理采购管理，其标准的采购流程大致要经过六个过程。第一，沃尔玛在采购的时候首先由各地门店的买家搜集产品的信息，对信息进行分类整理，对外进行发布，让供应商进行报价，并向采购中心提供相应的样品。第二，沃尔玛在对供应商提供的商品进行选择之前，还要经过另外一个程序，就是筛选供应商。第三，在初步审查供应商的资格后，沃尔玛采购中心的人员首先要和全球主要店面的买手们进行充分的沟通，确定各地买手大致需要的商品。第四，当买手们确定要采购的商品后，便要针对采购商品的价格和采购办公室的人员进行初步商讨，并确定具体的采购的数量。第五，谈判结束后，供应商会被要求提供采购商品的详细信息，内容包括具体的价格清单和采购产品的目录等等。把整理好的资料提交采购中心审核。第六，沃尔玛的采购中心对供应商的状况随时跟踪检查。

2. 供应商关系管理

在选择供应商时，沃尔玛看重的不仅仅是供应商的产品价格低廉，其他方面的要求也很严格。因为采购是沃尔玛最重要的环节，产品的质量和沃尔玛的信誉都是依靠和优秀的供应商合作为前提的。所以，零缺陷的供应商是沃尔玛希望合作的对象。在与供应商进行合作的时候，会强调三个"原则"：①坚持与供应商长期合作，建立友好的伙伴关系，通过透明公平的合作使商品的成本得到降低。②任何商品都不允许由一家供应厂商独家提供，沃尔玛方面的人员绝不允许接受供应商的任何可能的形式的礼品或馈赠，以保证竞争的公正公平。③遵守供应商所在国的各项法律，尤其要注意劳工法在工时、薪酬、工作环境、禁用童工等方面的规定。

3. 配送管理

沃尔玛拥有高效运作的配送中心，也是沃尔玛最大的储存仓库。供应商根据各分店的订单数量将货品统一送至沃尔玛的配送中心，由配送中心负责完成商品的筛选、包装以及分检工作。目前沃尔玛 85% 的商品都是靠自己的仓储运输系统进行配送，把货物从配送中心运送到商店的成本占总成本的 3%，和同类竞争对手相比要低 1% ~ 1.5%，原因总结如下：①高端设备，不间断服务；②先进系统，安全运输；③快速补货，节省费用。

4. 顾客服务管理

顾客服务宗旨的标语在沃尔玛的经营场所可以经常看到：第一条顾客永远是对的；第二条如有疑问，请参照第一条。顾客在沃尔玛始终是第一位的，这是沃尔玛的经营管理要遵守的首要原则。沃尔玛之所以把顾客服务宗旨的标语贴在其经营场所的显著位置，是为了让广大消费者表明这绝对不是一句空话，而是落实到行动之中。

5. 信息管理

信息共享是实现供应链管理的基础。供应链主体之间没有高质量的信息传递与共享，供应链体系就无法协调运行。沃尔玛拥有一套包括商用卫星在内的庞大的计算机信息系统，仅次于美国联邦政府。沃尔玛是第一家也是唯一一家独立拥有卫星通讯系统的大型连锁超市。20 世纪 80 年代初，在信息化的重要性还没有突显，互联网还没有进入商用领域的时候，沃尔玛就以 2400 万美元的价格，购买了一颗人造卫星，并委托休斯公司发射升空。1987 年，沃尔玛顺利完成它的卫星网络构建，成为美国迄今为止最大的私有卫星系统，并正式实现了全球联网。至此之后，沃尔玛又陆续追加了多达 6 亿美元的投资，改进原先的系统，升级为基于 Internet 的全球性系统，提高了信息系统的运行效率。

资料来源：邓稳健. 绿色供应链的构建环境和绿色度分析[D]. 南京：南京林业大学，2012.

参考文献

[1] 李冰. 企业绿色管理绩效评价研究[D]. 哈尔滨：哈尔滨工程大学，2008.

[2] 刘永涛. 从绿色管理思想的兴起看可持续发展[J]. 科学管理研究，1997(6)：9 ~ 12.

[3] 邱尔卫. 企业绿色管理体系研究[D]. 哈尔滨：哈尔滨工程大学，2006.

[4] 隋丽辉. 企业绿色质量管理体系的构建与过程控制研究[D]. 哈尔滨：哈尔滨工业大学，2007.

[5] 温素彬. 基于可持续发展的企业绩效评价研究[M]. 北京：经济科学出版社，2006.

[6] 袁泉. 中国企业绿色国际竞争力研究[D]. 青岛：中国海洋大学，2007.

第2篇 绿色管理过程

【引例】

中国绿色公司年会

"2011 中国绿色公司年会"在山东青岛举行，青岛本土企业在以绿色创新引领国内经济结构转型方面所取得的成就引发全国范围高度关注。以青岛泉佳美硅藻泥壁材有限公司为代表的"隐形冠军"，在绿色家装材料创新方面的成就在这些企业中独树一帜，其国内独有的"无胶硅藻泥"正在国内墙壁装饰市场掀起一股"健康风暴"。

一直以来，硅藻土作为民用功能性装饰材料的应用却始终是全球范围内一个难以攻克的技术壁垒。青岛泉佳美硅藻泥壁材有限公司科研人员经过几年时间的自主研发，用物理方法的高新技术，替代了国外技术中的"树脂胶"物质，跨越了国际老牌企业难以攻克的难关，全新推出中国也是全球惟一的无胶上墙硅藻泥和海贝泥产品，并获得了国家发明专利，一举实现了硅藻泥在功能性装饰材料环保应用领域的重大国际突破。

经过国家权威部门检测，泉佳美硅藻泥、海贝泥本身不含甲醛、苯、二甲苯、重金属、放射性等有害物质，对室内空气中游离的甲醛、苯等有害物质消除率高达95%以上，杀菌消毒率高达96%以上。泉佳美由此成为拥有国家质检颁发的防伪蓝标的企业。

由于硅藻泥、海贝泥突出的环保性、功能性，已越来越深受消费者喜爱。短短几年内，泉佳美硅藻泥就在全国各地掀起了环保装修的"硅藻泥风暴"。而国内一些利益熏心的商家，都想借这一潮流浑水摸鱼，以劣质硅藻土加腻子粉加白水泥加色浆和胶黏剂来冒充硅藻泥来欺骗消费者。不但没有给消费者带来健康的家装环境，更是严重扰乱了年轻的硅藻泥市场。

对此，业界专家提醒，一旦应用了任何的化学胶黏物质，硅藻泥的这些功能都会大大降低，不仅不能起到绿色环保的作用，反而因含有胶粘剂而释放更多的甲醛、苯等有害物质，导致更大的污染和健康危害。而无胶上墙的硅藻泥，其呼吸功能完备，可充分发挥硅藻附消除甲醛、调节湿度、除臭消味、杀菌消毒、墙面自洁、防火阻燃、隔热降噪、释放负氧离子的功能，属于可反复使用的纯天然装饰材料。

第 5 章　绿色研发

5.1　绿色设计

5.1.1　绿色设计的背景

"绿色设计"的理念最早是由设计师提出的。20 世纪 60 年代，设计理论家维克多·巴巴纳克就在《为真实世界而设计》一书中呼吁，设计应为保护环境服务。自此以后，人们根据自己的理解对绿色产品和绿色设计提出了多种定义，但迄今为止还没有统一的权威定义。

目前，绿色产品主要是指在其生命周期全过程(包括原材料制备、设计、制造、包装、运输、使用、回收再用或再生)中，能经济性地实现节约资源和能源，对生态环境无害或危害极小，且对劳动者(生产者和使用者)具有良好保护性的产品。

与此相对应的绿色设计是指以环境资源为核心概念的设计过程，即在产品的整个生命周期内，优先考虑产品的环境属性(可拆卸性、可回收性等)，并将其作为产品的设计目标，在满足环境目标的同时，保证产品的物理目标(基本性能、使用寿命、质量等)。绿色设计是一种综合了面向对象技术、并行工程、寿命周期设计等的一种发展中的设计方法，包含了产品从概念形成到生产制造、使用乃至废弃后的回收、再用及处理的各个阶段，即涉及到产品的整个生命周期，是从"摇篮到再现"的过程。

5.1.2　绿色设计的内涵

5.1.2.1　绿色设计的内容

绿色设计的内容主要包括绿色产品设计的材料选择与管理、产品的可回收性设计以及产品的可拆卸性设计三个方面。

一是绿色材料及其选择与管理。绿色材料是指在满足一般功能要求的前提下，具有良好的环境兼容性的材料。绿色材料在制备、使用以及用后处置等生命周期的各阶段，具有最大的资源利用率和最小的环境影响。

二是产品可回收性设计。要求产品在初期设计时考虑其零件回收及再生的可能性，即在其他新产品中，可以利用使用过的或废弃产品中的零部件及材料。针对零部件的再使用和材料的再使用提出了几种设计策略：可回收材料及其标志、可回收工艺与方法、可回收经济评估、可回收性结构设计。

三是产品的可拆卸性设计。可拆卸设计是一种使产品容易拆卸并能从材料回收和零件重新使用中获得最高利润的设计方法学。可拆卸性是绿色产品设计的主要内容之一，也是绿色产品设计中研究比较早而且比较系统的一种方法．可拆卸性设计的主要策略有：减少拆卸的工作量，预测产品构造，减少零件的多样性。

5.1.2.2   绿色设计的方法

DFA/DFD 方法是指为安装而设计(Design For Assembly)和为拆卸而设计(Design For Disassembly)的一种简化结构的方法，在绿色设计方法中占有重要地位。该方法通过削减螺钉、插销和其他种类的固定器的数目，达到既能降低安装费用又便于拆卸回收的目的。现在美国许多公司都运用新兴的计算机技术来分析和简化将成为产品内核的所用零件，软件的开发已被广泛运用，福特汽车公司也曾用此减少了车门装配的零件。

【绿色故事】

通用公司的绿色设计

当时，国际通用机器公司采用了 DFA 的设计方法。该方法使印刷机的装配时间缩短为原来的10%，零件相对于以前减少了55%，开发出新一代的 Proprinter 产品，从而打败了竞争对手——日本精工爱普生公司。同样通用公司还将往复式结构改为旋转式结构使其电冰箱的压缩机的零件数目由51个降到29个，旋转式压缩机效率高、体积更小，使冰箱有了更大的食物储存空间，这一新的设计降低了公司的成本，提高了产品的成功率。

"零废物"设计方法是指在设计过程中的各个阶段，各个层次注意与环境的关系，把对环境的影响控制在最小的范围，并遵循可持续的原则利用、使用可再生资源，以维持生态的平衡与发展。在此前提下，进行资源的优化配置，节约资源，降低消耗，促进经济持续增长，从而不断改善和提高人类的生活质量，满足人类自身全面发展的需要，促进社会稳定、健康的发展。

【绿色故事】

Interface 公司的"零行动"计划

Interface 公司总裁安得森在 1994 年就提出了环保目标：废物为零，石油消耗为零。他的"零行动"计划促成了新的地毯制造方法，减少了地毯的尼龙含量，他们对环保意识也吸引了许多客户，使公司的利润大增。随后，安德森又改售卖为出租地毯，将地毯替换和回收利用，将产品的污染降为零，实现了资源的可再生利用，走出了一条可持续发展之路。

模块化设计方法是指在一定范围内不同功能或相同功能的不同性能、不同规格的产品在进行功能分析的基础上，划分并设计出一系列功能模块，通过模块的选择和组合可以构成不同的产品，以满足生产的要求。模块化设计要求设计师在设计中使用标准化的功能部件，充分利用产品各部件的有效分离特性，使产品各部件易于安装、拆卸和互换，提高产品各部分的重复利用率。

具体来说，照相机的设计就是一个很好的模块化设计。在原有机身的基础上，根据需要可更换不同的镜头或添加不同的附件，这样既保留了原有产品的功能又增加了新的功能形式，既减轻了消费者所承担的经济能力，又减少了资源的浪费和对环境的污染。世界上许多大集团公司开始把模块化设计作为产品开发的策略之一。德国宝马汽车公司 20 世界 90 年代所生产的 BMWZ1 型汽车采用模块化设计，整车可在 20 分钟内全部拆卸，提高了产品资源的利用率，实现了资源的可持续发展。

计算机辅助绿色设计旨在将计算机技术应用于绿色设计的全过程。绿色设计的知识和数据多呈现一定的动态性和不确定性，用常规方法很难做出正确的决策判断，而且还要求产品设计人员在设计过程中具有一定的环境知识和环保意识。因此绿色设计必须有相应的设计工具做支持，于是计算机辅助设计成为目前绿色设计的研究热点和重点之一。

虚拟现实技术是继 PC 机、Internet 之后的又一数字时代热点，也是绿色设计方法中的新领域。虚拟设计（VirtualDesign）是利用虚拟现实技术在计算机辅助技术基础上发展而来的一种设计手段，它可以在设计某些阶段来帮助设计人员进行设计工作，它与 CAX（CAD/CAM/CAE 等）结合，实现设计、生产、工程的虚拟化。这项技术不仅能缩短产品开发周期，节省制造成本，而且还可以减少生产过程中不必要的浪费，对有效节约资源具有重要的意义。它可以将消费者也纳入设计过程，产品愈来愈变为消费者与设计者共同设计的产物。因此，运用虚拟设计的产品更贴近消费者，更能满足消费者的需求，减缓产品的过快淘汰。

5.1.3　绿色设计的特点

绿色设计是为适应当今生态建设和环境保护而提出来的。绿色设计具有的独特的优点已成为最近几年先进技术领域的研究热点之一，特别在美国、日本及西欧等一些发达国家，研究十分活跃，并且已取得了不少的成绩。

绿色设计相对于传统设计而言，有许多鲜明的特点。首先，在设计理念上，绿色设计除把传统设计中以需求为主要设计目的外，还把环境保护作为自己的设计目标，而且需求和环境并重；其次，在设计目标上，一般传统设计仅考虑产品功能、性能、质量、成本等方面，绿色设计还把整个生命周期过程中与环境和人的友好性纳入目标；再次，在设计流程上，绿色设计是并行闭环的设计思想，由它设计的产品废弃后并不是作为垃圾排入环境，而是考虑通过重用、修理、再加工、回收等手段重新应用于新产品的制造过程中，从而使理想的绿色产品可以接近现实对环境的零排放；最后，在设计技术上，除传统设计中设计方法外，绿色设计还引入可拆卸设计、可回收设计、模块化设计等新的设计思想和方法。

除此之外，在设计评价上，绿色设计需从整个生命周期出发，以对环境造成的总负荷最小化为基准，全面考虑从原材料提炼、材料加工、零部件制造、产品装配、产品运输、产品使用、产品废弃后的回收、重用和处理等各方面因素；在设计原则上，绿色设计需遵循资源最佳利用、能量消耗最少、"零污染"、"零损害"、技术先进、生态经济效益最佳等要求。

☞ **知识介绍**

"零损害"原则与生态经济效益最佳原则

"零损害"原则是指绿色设计应该确保产品在生命周期内对劳动者(生产者和使用者)具有良好的保护功能。在设计上不仅要从产品制造和使用环境以及产品的质量和可靠性等方面考虑如何确保生产者和使用者的安全,而且要使产品符合人机工程学和美学等有关原理,以免对人们的身心健康造成危害。总之,绿色设计力求损害为零。

生态经济效益最佳原则是指绿色设计不仅要考虑产品所创造的经济效益,而且要从可持续发展的观点出发,考虑产品在生命周期内的环境行为对生态环境和社会所造成的影响,及其带来的环境生态效益和社会效益的损失。也就是说要使绿色产品品生产者不仅能取得好的环境效益,而且能取得好的经济效益,即取得最佳的生态经济效益(eco-efficiency)。

5.1.4 绿色设计的发展趋势

目前绿色设计主要有以下几种发展趋势,其主要体现在产品寿命期限和相对材料的选择两个方面。一是使用天然的材料,以"未经加工的"形式在家具产品、建筑材料和织物中得到体现和运用。二是怀旧的简洁的风格,精心融入"高科技"的因素,使用户感到产品是可亲的、温暖的。三是实用且节能。四是强调使用材料的经济性,摒弃无用的功能和纯装饰的样式,创造形象生动的造型,回归经典的简洁。五是多种用途的产品设计,通过变化可以增加乐趣的设计,避免因厌烦而替换的需求,升级、更新,通过尽可能少地使用其他材料来延长寿命,以及使用"附加智能"或可拆卸组件。六是产品与服务的非物质化。七是组合设计和循环设计。

我们并不可以简单地认为采用明显的可回收材料的产品就一定是"绿色产品",因为产品可回收性有可能成为加快产品废弃速度的借口,人们对可回收材料的外观的认可程度也可能会对产品的销售产生影响。当"绿色设计"渐渐融入主流产品的设计时,设计师所面对的不只是少数的"绿色狂热分子",而是普通消费者。如果设计仅注重功能性,而忽视用户的审美需求,则无法延长产品寿命。

5.2 绿色标准

【情景资料】

中新网2012年3月20日电 作为行业龙头企业,辽宁盼盼集团日前在防盗门领域首次采用了硅藻土安全环保新材料作为填充材料,提升了门类产品的"绿色安居"标准。中国质量万里行促进会秘书长陈传意对此评价说,此一创举意味着防盗门将进一步环保轻便,加大创新是企业长远发展的重要基石。

　　以硅藻土为原料研发环保新材料作为防盗门的填充材料，是盼盼为提高"绿色安居"标准的一种新尝试，也是中国防盗门业革命，这意味着防盗门将进一步环保轻便。

　　盼盼集团董事长兼总经理韩国贺介绍说："防盗门原来使用的填充材料太重，而且不可降解。为了改进制造技术，盼盼做了很多尝试，但不是遭遇国外专利，利润将被大幅拆分，就是材料腐蚀金属，降低防盗门使用寿命。"在不断的探索中，盼盼发现以硅藻土环保新材料作为门体的填充材料，不仅使防盗门重量减掉30%，防火、防潮性能也大大增强，成本更能降低近15%。

　　为了严格把握产品质量，实现"绿色安居"标准的提升，在硅藻土环保新材料的开发利用上，盼盼不仅成立了自己的科研院所，还加大技术合作力度，通过高校科技成果产业化来促进产品结构的转调升级。2011年4月，盼盼联合中国建筑材料科学研究总院、中科院长春应用化学研究所、中国矿业大学、东北大学、云南大学、东京大学、韩国首尔大学等国内外知名院校共同组建的产学研联盟——盼盼硅藻土科技公司在辽宁营口挂牌成立，韩国贺亲自担任该公司的董事长。投资5.4亿多元的硅藻土项目，被盼盼视为了提升产品"绿色安居"质量的利器。

5.2.1　绿色标准的背景

　　绿色经济是以生态经济为基础、知识经济为主导的以人为本的可持续发展的表现形式与形象体现，是环境保护和社会全面协调发展的物质载体，是经济再造的一场伟大革命。发展绿色经济作为经济可持续发展的代名词，将漠视自然的社会经济形态转变为以尊重绿色为主要特征的生态文明(绿色文明)形态，这也是绿色转型、绿色经济所追求的目标。其中，如何制定实施绿色标准是发展绿色经济必须关注的主题和重要内容，绿色标准是支撑绿色经济的骨架。

　　绿色标准是指由权威机构所制定颁布实施的一切有利于实现可持续发展，有利于生态环境保护，有利于改善人类生存环境的各类绿色管理认证标准、产品质量认证标准、环保认证标准等方面的制度准则。

【绿色故事】

食品的绿色准则

　　A级绿色食品的农药准则中明确禁止了剧毒、高毒、高残留或具有三致毒性(致病、致癌、致突变)农药的使用，还规定许可使用的部分低中毒有机合成农药在一种作物的生长期内只允许使用一次的要求。A级绿色食品的肥料准则要求化肥必须与有机肥配合使用，有机氮与无机氮之比不超过1：1，同时禁止使用硝态氮肥。

　　为了突出绿色食品的特点，一系列保证食品无污染、少污染的要求和措施在各类准则中都有不同程度的体现。在建立《绿色食品　产地环境技术条件》时，编制者以现有国家大气环境、农田灌溉水、渔业水质、畜禽饲养用水等质量标准为基础，全面调查了包括大气、水、土壤中污染因子对农业生产的影响，结合各地环境监测站对绿色产地环境监测的近 2600 组数据的统计分析，进行了反复修改。为了促使生产者在生产中提高土壤肥力，标准中还提出了绿色食品的产地、土壤肥力分级和土壤质量的综合评价方法。

从根本上来说，绿色标准是通向环境与经济双赢之路的有力措施。同时，推进实施绿色标准，还要建立更加有效的绿色标准促进系统。需要强调说明的是，绿色标准体系除了包含环境与经济双赢理念外，重在追求人与自然的和谐统一，重在实践科学发展观，重在实施可持续发展战略。要将绿色标准与绿色经济思想转化为绿色理念，并且与我们的工作实践融合为一体，升华我们的境界，因而产生推动绿色转型事业迅猛发展的巨大动力。

5.2.2　绿色标准的内容

5.2.2.1　绿色标准的分类

按照对标准实施主体约束力的不同，绿色标准可分为三大类。第一类是指由各国政府及权威部门、国际相关专业组织机构等制定的硬性技术性法规性标准，如由农业部门制定的"无公害农产品标准"、由环保部门制定的"环境标志使用标准"，由国际标准组织制定的 ISO14000 环境管理认证标准。此类绿色标准可称之为钢性标准；第二类是区别于钢性标准，具有弹性的一些软性标准，如绿色形象大使推选标准、生态标志认证标准等，还包括绿色资本评估标准、绿色财富评估标准、人力资本评估标准、绿色手机标准、绿色驾驶标准等等，这类标准往往是孕育钢性标准的母体，是催生钢性标准的"试验田"；第三类是指钢性和弹性标准相融汇的复合性标准，如为创建绿色城市、绿色园区（如经济开发区、高新技术绿色产业园区）、绿色社区等而制定的相关标准，还有绿色建筑标准、绿色医院标准、绿色饭店标准、绿色商场标准等等。

按照国际环境协议的分类标准，绿色标准可分为三类。一是保护臭氧层类，如 1985 年的《保护臭氧层维也纳公约》，1987 年的《关于消耗臭氧层蒙特利尔协议书》等主要用于对氟利昂等物质的生产和使用实行限制，直至淘汰。二是，保护生物多样性类。如 1973 年的《濒危野生动植物物种国际贸易公约》，1989 年的《禁止象牙贸易公约》，1992 年的《生物多样性公约》等。三是，控制危险废物越境转移类。如 1989 年的《控制危险废物越境转移及处置的巴塞尔公约》。

除此之外，就整个环境标准而言，它可分为二大类。环境技术标准，即产品及其加工过程中使用的工艺、技术和方法必须满足环境技术条件。环境管理标准，即 1996 年 9 月 15 日正式实施的 ISO14000 系列环境管理标准。它包含了环境管理体系及其审核、环境标志实施、产品从设计、制造、使用、报废到再生利用的全过程，即从摇篮到坟墓的生命周期评估等。它规范了企业的环境行为。

5.2.2.2　绿色产品标准体系

绿色产品的质量标准主要是基于 ISO9000、ISO14000 系列标准。

ISO9000、ISO14000 系列标准是世界上许多发达国家多年来质量管理及环境管理经验的科学总结，具有通用性和指导性。它以系统的观点，将用户的需求转化为质量和环境标准，并确保以高质量的产品和全程服务满足顾客和环境的要求，以最低成本获得最大的利润，以最有竞争力的价格和功能先进的环保型产品占领市场。绿色产品质量保证活动须在产品的多生命周期中同时遵循上述两个标准，才能确保产品符合绿色产品的质量要求。

【绿色故事】

日本 IT 行业的绿色标准体系

日本在消费环节实行能效标识制度和生态积分制度，促使消费者购买高能效环保产品。在制造环节推行"领跑者计划"，为不断改进最新产品的能源转换和性能标准，日本推行了"领跑者计划"。"领跑者计划"是世界上最为成功的节能标准标识制度之一，着力于提高机器和设备的能效，它将目前市场上的最高能效水平设定为产品的能效目标值，当目标实现后新的目标能效值又将被重新设定。

不仅如此，日本绿色 IT 推进协会成立于 2008 年 2 月，致力于与 IT 相关的行业团体、研究机构、大学、政府部门以及其他团体共同推进绿色 IT 计划，加强产业界、学术界和政府之间的合作，提高日本在绿色 IT 领域的领导力。日本绿色 IT 推进协会的活动主要包括：展开国际合作，举办论坛研讨会；对开发创新技术提供支援；促进节能技术和产品的推广普及；对环保贡献评估进行标准化等。

综上所述，绿色产品质量保证既具有传统产品质量保证的内涵，同时在绿色产品的多生命周期中又遵循环境管理体系，通过对产品设计、原料选购、生产过程、产品检测、包装运输、直至最终产品的使用、回收及报废处理等过程实施全面控制，以大大地减少环境污染或无环境污染，节省资源，降低能耗，减少环境治理和废物处理的开支，提高企业环境管理水平，减少环境责任事故的发生，帮助企业满足有关环境法规的要求。

5.2.3　绿色标准建设

5.2.3.1　建设方向

虽然绿色标准建设取得了巨大的成绩，但它毕竟只有十几年的历史，没有多少可以借鉴的经验，因而存在着很多问题和不足。近几年，绿色事业的发展十分迅猛，标准建设如何尽快适应事业发展的形势，确定未来的建设方向，也是摆在我们面前的难题。

绿色标准体系仍需继续完善。绿色产品标准体系的科学性、系统性得到了社会各界的广泛认同，但是该体系中产品标准的分类、涵盖范围等还需要细化。绿色产品几乎涵盖了所有类别，如何科学地划分和制定各类产品标准需要深入研究，只有迅速完善产品标准制定工作，才能适应事业发展的需要。

标准方面的基础性研究工作。绿色食品标准体系建设是一项全新的系统工程，需要借鉴发达国家科学合理的标准体系构架和丰富的标准制定经验，需要分析国内产品生产现状，需要总结绿色食品自身的经验并且创新、提高，只有通过加强基础研究，才能提高绿色食品标准的科学性、先进性和实用性。但是，受资金和经验所限，绿色产品的基础研究工作还很薄弱。

标准内容有待完善。现有标准内容特别是产品标准，主要指标的确定参照现行有关国家或行业标准及有关技术资料作为依据，标准内容没能全面反映国内外市场的需求，缺乏根据生产实际而进行的必要试验，科学技术成果不能迅速转化成实用标准。

标准宣传力度有待加强。新的绿色产品标准颁布后，往往标准宣传工作跟不上，宣传力度不足。很多企业，甚至绿办、监测单位都对产品标准了解不够，在执行过程中更是存在掌握尺度不一的问题，给绿色食品标准的实施带来了困难，也影响了绿色产品的总体形象。

5.2.3.2　发展建议

切实抓好标准的实施与示范。绿色产品标准，只有通过示范、推广和实施，才能转化为实用成果和现实效益。要在健全完善标准体系、强化宣传培训的基础上，坚持用标准规范产品生产行为，评价产品质量优劣，引导生产经营，保护传统产品特色，培育标准品牌。实施绿色产品标准，关键在于推广示范，通过推广示范引导业主自觉接受标准、应用标准。

加强绿色食品标准的基础研究工作，全面与发达国家的先进标准接轨。一是加强标准体系如何与国际接轨的研究，为标准体系的完善提供科学依据。二是加强国际标准和技术法规趋势研究以及相关国家、行业标准的研究，为标准制定或标准修改提供科学依据。三是加强对绿色产品标准制修订和标准执行(如企业生产、产品检验)等工作中遇到的问题进行总结和研究，为提高标准的实用性和科学性提供依据。

加强标准实施与监督的力度。要把标准的制定与实施有机地结合起来，引导绿色食品生产企业用标准组织生产，促进绿色产品质量和安全水平的提高。同时，要加大标准实施的监督力度，对绿色产品检查员、绿色产品监测机构和绿色产品制造企业在认证、检验工作和生产过程中严格执行绿色标准进行监督，将绿色标准落实到各项相关工作中。

5.3　绿色专利

5.3.1　绿色专利的提出

全球环境危机的一个重要原因是由于不顾环境因素、发展技术创新而引起的。人们通常强调创新技术的创造性和实用性但却忽视了其对环境的影响。一般来说，一项技术仅满足下列三个标准即可被授予专利：创新性，新颖性和实用性。这种专利制度的结果是人们在进行创新性活动的时候可能不会过多的考虑环境因素，通过创新活动而取得的专利技术就有可能对环境产生威胁或者潜在的威胁。

要对技术创新引发的环境问题进行规避，同时需要环境规制所形成环境创新技术的需求和技术创新制度所推动的环境创新技术供给。而对技术创新活动的规制中起主要作用的就是专利制度。因此，我们应该在专利审查时对创新的环境影响进行评价，逐步建立"绿色"专利制度，也就是在专利三性审查标准之外增加一个新的审查标准："绿色"。将环境影响评价整合到专利审查中，专利体系就会引导创新的实际情况，在此基础上得出的虚拟团队构建与管理的策略也更加合理。

从法律层面来看，对个体创新活动进行引导和促进的最主要的制度是专利制度。因而，在专利立法中增加必要的环境因素考虑，使得环境技术创新的供给层面能得到很好的引导，是解决以上问题的一个途径。在立法中对环境因素进行考虑，属于"法律生态化"问题的一部分。从 20 世纪 70 年代起，随着全球环境问题的升温，"法律生态化"的观点在各国立法中受到广泛重视。在我国，"法律生态化"的观点最早由金瑞林教授在《环境法学》提出。随着著名学者徐国栋教授《绿色民法典草案》的推出，我国也开始了法律制度"生态化"或"绿色化"的进程。考虑到专利法是直接为技术创新服务的，而技术创新对环境的影响又是难以估量的，因此专利法的"生态化"对全球环境的影响尤为重要。

要规避非环保的创新技术产生，需要将环境因素纳入到专利审查中来，增加环保性审核的要求，这样我们可以将环境政策和技术政策融合在一起，解决前述的相关矛盾。具体而言，"绿色专利"制度是在原来的三性标准即新颖性，创造性和实用性的基础上，增加一个附加的"绿色"这一审查标准或者将环境因素考虑在实用性之内，对申请专利的创新技术实施环境影响评价的实质审查制度。通过这种审查标准而取得的专利称为"绿色专利"。

5.3.2　绿色专利的设计

5.3.2.1　设计者的绿色理念

早在 20 世纪 60 年代末著名的工业设计师及教育家维可多·佩帕尼克就曾提出了在当时与众不同的观点，他认为我们周遭的事物都是由设计师创造的，设计师在市场销售和用户满意度方面不单单只是起到'美化'的作用，同时应强调设计师的社会及道德的伦理价值。

【绿色故事】

设计界的绿色潮流

"绿色设计"是 20 世纪 80 年代末出现的一股国际设计潮流。早在 20 世纪 60 年代末著名的工业设计师及教育家维可多·佩帕尼克就出版了在设计界引起强烈反响的著作《为现实生活而设计》，在书中提出了在当时与众不同的观点，他认为我们周遭的事物都是由设计师创造的，设计师在市场销售和用户满意度方面不单单只是起到"美化"的作用，同时应强调设计师的社会及道德的伦理价值。这本书的深远影响一直延续到今天。

设计师作为产品的主要策划者和创造者，对产品的各个阶段所产生的环境问题都会有直接和间接的影响。设计师要为人类的利益而设计，这个利益是指长远的、全面的、而不是片面的、短暂的。或者是顾及到这一面却又忽视另一面，或是当代人受益将来人遭难。目前市场上大量销售的一次性商品，从设计角度来看是可取的，因为它为人的生活带来了方便，同时也给企业带来利益。但是从"绿色设计"来看，从人类长远的利益考虑，从人类未来的生存环境考虑，一次性的消费品又是有害的。

5.3.2.2 建立绿色专利的专门审查程序

专利审查必须遵循审查标准。在审查人员的确定方面，考虑到对创新技术的绿色审查需要具有较强的专业性和技术性，可以由专利行政部门在政府环境保护部门的协助下进行环保性审核，由专利行政部门会同环保部门成立联合审查机构，对创新技术的绿色性进行审核。国家环境保护部门环保管理方面所具有的专业性及丰富的经验可以使专利技术的绿色性审查权威和迅捷，专利部门熟知专利审核流程，两个部门各取所长，达成环境保护的一致目标。

☞ **知识介绍**

"绿色标准"的审查步骤

第一步，由专利申请人在专利说明书中写明其创新技术对外界环境所产生的影响。第二步，在初步公开期间和专利授权公告后，鼓励企业或他人对虚假陈述进行揭发，经审查如果确实存在虚假的陈述，对该技术则不授予专利权或者专利权宣告无效。第三步，如果该发明没有同类先前可以比较的技术，属于史无前例的发明，那么推定其环境评价自行生效；如果该技术是在先前技术基础上的改进，则需要将该技术的环境陈述跟在先技术的环境陈述进行比照，该技术的环境陈述在任意一项上比在先技术存在劣势，则不被授予专利权。第四步，如果一项发明通过创新性，新颖性，实用性及绿色性这四个标准的审查，即可以授予专利权，审查人员将根据专利说明书，权利要求以及创新和环保的进程来决定专利的范围。

5.3.2.3 建立绿色专利的激励与监督机制

减免绿色专利申请和维持费用。专利申请需要缴纳费用，专利被授权后为维持有效性，专利权人要向专利行政部门缴纳年费。绿色技术由于研发成本比普通技术要高，对绿色专利的申请和维持费用给予一定程度的减免，既可以激励该类技术创造完成后及时申请专利保护，也能够为尽早进行绿色专利的推广提供资金上的支持。

5.3.3 绿色专利的意义

5.3.3.1 对发明者的价值

确立"绿色"标准之后，创新者如果想要获得专利的保护就必须努力提高创新的环保性。对于目前的一些非环保专利，发明者为了申请到新的专利都会积极地提高其环保性来超越以前的技术。即使是对一个完全创新的技术（专利审查标准并没有要求"绿色"），它们的发明者也会想方设法提高其环保性，以期减少被替代的危险。这样以来大家都会提高对技术的环境影响的关注，因为在技术进行专利申请时要进行环境的自行评价，因此会加快绿色环保技术创新的扩散，同时会增加《环境影响评价法》的制度利用率。

【绿色故事】

"多功能绿色染料"专利技术喜获多次转让

近年来，人类大量燃烧煤炭和普通的汽油、柴油、液化气、乙炔气等污染产品，由此产生的一氧化碳、二氧化碳和氮氧化物温室气体正是全球变暖的元凶。为了避免气候变暖带来的严重隐患，节能减排、发展低碳经济刻不容缓。

针对上述状况，科易网会员张先生的专利项目"多功能绿色染料"应运而生。该项目产品绿然牌绿色燃料可分为民用型、车用型、焊割型等三大系列产品，具有安全环保、灌装方便、节能减排、用途广泛等优势，符合低碳新能源的要求。张先生告知，该技术非常成熟，已经和全国各地区 60 多家的企业建立了合作关系，其中以山东的合作企业居多。

5.3.3.2　对专利审查人员的价值

实施"绿色专利"后，由于除了之前的新颖性、实用性和创造性的审查外，还要对申请技术进行环境影响评价，因此，要求审查员必须在了解技术领域的专业知识外，还应了解技术与环境相关的知识。这虽然增加了审查的难度，但随着审查员环境信息的积累，整个专利审查体系中将逐步形成象现在技术信息来源一样的信息源，审查员的环境意识也会逐步提高。

5.3.3.3　对社会整体的价值

基于专利信息公开的特性，"绿色"标准经过一定时间运行，不仅可以减少非"绿色"技术创新的产生，而且还能使技术的环保性指标不断提升。同时，随着创新技术相关生态信息的积累，专利的相关环境信息对相关政府部门和各社会创新个体有重要的参考和指导价值，对我们的环境影响评价体系也有所帮助。

【案例应用】

GreenLine 绿色设计 畅行世博

低碳环保成为时下最热门的话题。续新明锐上市不久，2010 年 7 月，上海大众斯柯达品牌宣布新明锐 GreenLine 正式亮相。作为国内倍受青睐的品牌，斯柯达本次推出的 Greenline 并不是一个车型，而是一个贯穿斯柯达整个车型系列的完整环保车系，Greenline 作为斯柯达的子品牌，不仅是低碳环保的主力军，更承担起斯柯达品牌贯彻和推广绿色汽车生活的重任。GreenLine 车型的低碳环保设计理念，开发出专门适合中国市场的绿色环保车型。在设计理念上，明锐 GreenLine 表现出浓厚的欧洲风格，不把节能寄托于混合动力和电力驱动技术，而是在汽车的机械性能方面进行深一步的探究，以求通过更高的机械效率达到降低油耗的目的。

以绿色为品牌主标识的斯柯达品牌一直致力于开发高效节能的汽车产品、倡导高品质的低碳生活。继 2008 年北京奥运会中，斯柯达明锐护航奥运火炬传递后，全新登场的明锐 Greenline 在上海世博会上为指定酒店承担免费接驳车服务的任务。通过线上推广"绿色科技，畅行世博"试驾活动，让更多消费者和世博观光者关注并体验活动，倡导 Greenline 绿色环保理念，开启世博绿色之旅。然而，如何在线上生动展现 Greenline 世博接驳车服务，体现 Greenline 绿色环保代言人传递环保概念，也是斯柯达最具难度的挑战之一。

在市场策略方面，公司借助 Greenline 线下世博接驳活动，运用网络强大的传播力和影响力，在线上建立 minisite，吸引更多消费者参与关注；不仅如此，公司还借助以"绿色科技，畅行世博"为主题，将 Greenline 车系、世博免费接驳服务、指定酒店信息以及特色地标完美融合，通过互动 flash 全方位展示绿色世博之旅。

除此之外，在宣传推广上方面，公司以网络传媒作为主力军，将参与活动的受众面更为扩大化。不仅消费者从中受益，成为世博免费接驳的服务对象，也让体验者真实感受 Greenline 的产品性能、动力与绿色环保魅力。通过活动，非常自然且直接的将斯柯达整个品牌所推崇的绿色、低碳环保的理念带给消费者。

问题：

斯柯达是怎样推行低碳环保理念，开发并推广新型的绿色产品？而 GreenLine，作为低碳环保的新产品，在绿色设计方面具有那些特点？通过分析该案例，并结合本章内容，谈谈你的看法。

【国际经验】

普利司通着力轮胎翻新事业 打造低碳企业典范

一条新卡客车轮胎使用 1～2 年后，轮胎的花纹便会出现不同程度的磨损，在中国，每年约会产生 2 亿条废旧轮胎，且此数目随着汽车数量的急速增加也不断上。一条轮胎从制造到被废弃的全过程将产生大量的二氧化碳排放。

在全球环保意识不断增强的现今，轮胎制造业也致力于实现企业的低碳环保。作为轮胎行业技术革新的领军企业，普利司通以"向客户提供可节省能源消耗的绿色产品和服务，实现社会可持续发展"为己任，致力于环保产品的开发和生产，为全世界的环境保护，"低碳社会""可循环社会""自然共生社会"的实现做贡献。普利司通力求从产品开发直至废弃的每一步过程，都努力减少温室气体的排放，控制产品产生的环境影响。普利司通于 2007 年收购了全球翻新轮胎领域第一品牌"奔达可"公司，将轮胎翻新事业作为企业环保体系中的重要一环。

翻新轮胎即指除去旧轮胎表层已被磨损胎面，代之以新胎面，以此延长胎体的使用寿命。制造一条翻新轮胎可以节省 1/3 的资源，所需橡胶量不到新胎的 1/2，可减少 165 千克二氧化碳的排放。一条轮胎大约可进行 3～5 次翻新，通过轮胎胎体的重复利用，普利司通轮胎的消费者因此可以大大削减轮胎使用的成本，同时也为地球节能减排作出了贡献。

普利司通一直致力于"将最好的产品带到中国"，在轮胎翻新率远远低于世界平均水平的中国，于 2009 年初正式成立了"轮胎翻新开发部"，自此，普利司通在华轮胎翻新事业开始全面启动。近年来，普利司通不断加快轮胎翻新工厂的建设，截至目前，普利司通在中国已拥有 12 家规模不同的轮胎翻新工厂。

"心手相连 只为地球"，普利司通作为一个有社会责任心的企业，自在华投资伊始就将集团先进的环保理念引进中国，致力于中国的环保事业。2010 年，普利司通集团开始战略全面转向环保领域，转型后的普利司通加快了在华发展环保事业的步伐，将诸多领先环保技术与环保产品落户中国，并将"零排放"标准引入在华轮胎生产基地，致力于打造绿色工厂。在刚刚结束的"新·绿时代 2011 低碳·可持续发展论坛"，普利司通中国投资有限公司一举摘得了"2011 中国低碳企业典范"的称号，当属名至实归。

普利司通始终奉行以"最高品质贡献社会"的企业方针，面对日益严峻的地球环境问题，普利司通的"品质"不仅在于高性能的产品，更高的"品质"在于积极地履行企业社会责任，为地球环保事业做贡献。普利司通作为带领中国企业迈向"低碳时代"的典范企业，也是中国汽车产业实现产业转型、走向环境友好型产业的绿色驱动力。

资料来源：http://news.mycar168.com/2011/11/250640.html

参考文献

[1] 陈琼娣，胡充银."绿色专利"制度设计[J].中国科技论坛，2009，(3)：106～109.

[2] 郭从彭.绿色产品·绿色标准·绿色壁垒[J].标准化报道，1997，(2)：3～9.

[3] 胡爱武，傅志红.论产品的绿色设计[J].株洲工学院学报，2003，17(5)：21～23.

[4] 吕长征，薛丹丹.浅谈绿色设计的发展趋势[J].广西轻工业，2007，23(11)：74～75.

[5] 苗瑞，王东鹏，姚英学，等.基于 ISO9000、ISO14000 绿色产品质量保证体系研究[J].计算机集成制造系统，2002，8(2)：166～168.

[6] 吴霖.提倡绿色设计走可持续发展之路[C].中国环境保护优秀论文集，2005：134～137.

[7] 熊英，张超，别智.构建我国"绿色专利制度"建议[J].科技与法律，2012，(2)：17～19.

[8] 杨辉.完善我国绿色食品标准体系的探讨[J].农产品质量与安全，2011，(S1)：19～22.

[9] 周守维.顺应绿色潮流 迈向绿色世界——工业设计中的绿色设计[C].2004 年国际工业设计研讨会暨第 9 届全国工业设计学术年会论文集，2004：410～413.

第 6 章 绿色生产

6.1 绿色采购

6.1.1 绿色采购特征

绿色采购除具有一般采购所具有的特征外，还具有学科交叉性、多目标性、多层次性、时域性和地域性等特征。

学科交叉性特征。绿色采购涉及环境科学、生态经济学、循环经济学等理念，必须结合环境科学、生态经济学和循环经济学的理论和方法对采购活动进行管理、控制和决策，这也正是绿色采购研究方法复杂、研究内容广泛的原因所在。

多目标性特征。绿色采购的多目标性特征体现在采购活动要顺应可持续发展的战略目标要求，注重对生态环境的保护和对资源的节约，注重经济与生态的协调发展，追求经济效益、消费者利益、社会效益与生态效益 4 个目标的统一。从可持续发展理论的观点来看，生态效益目标是前 3 个目标的保证。

时域性和地域性特征。时域性指的是绿色采购活动贯穿于产品的生命周期全过程，包括绿色产品的生产、物流手段到采购程序的确定、购后服务以及报废产品的回购等全部过程。地域性特征体现在两个方面：一是指采购活动早已突破地域限制，具有跨地区、跨国界的特性；二是指绿色采购需要采购业务管理机构、采购机构、供应商的共同参与和响应。

6.1.2 绿色采购的影响因素分析

绿色采购的影响因素很多，综合国内外学者对于此领域的研究成果，一般可以划分为采购商内部因素和采购商外部因素。

内部因素主要包括采购组织结构与采购人员。对来自内部因素进行分析有助于管理人员把有限的资源投入到最关键的部分，使资源利用的效率最大化。合理设置组织机构和人员对采购成本和采购效果是至关重要的。此外采购人员数目也要科学合理设置，最大限度地减少采购活动中人为造成的成本。

外部因素一般包括供应商、消费者、政府、市场等。对来自外部的因素进行分析有助于管理人员了解外界对采购商的要求并对此做出适当的反应。供应商管理是绿色采购的重要保证。很多采购者与供应商的关系已经从原来的简单交易发展到现在的供应链联盟关系，成为进行采购决策的一个主要方面；而供应商的表现也是政府绿色采购是否能达到预定目标的关键之一。

☞ **绿色链接**

沃尔玛企业的绿色采购

面对消费者绿色消费浪潮，大型企业特别是大型零售企业会立即作出反应。沃尔玛 CEO 李·斯科特宣布公司接下来针对商品包装的一项改革计划。这个计划 2008 年开始正式执行，目的是当年减少 5% 的包装材料。为执行这一绿色采购计划，沃尔玛设置了全球采购道德标准部，并以此与世界各地的供应商相对接，通过这个部门，沃尔玛将把关于企业社会责任的各种决定传导到包括中国在内的世界各地，凭借其在世界范围内建立起的庞大的销售网络体系，沃尔玛将采取终止订单的方式，向供应商表明执行企业道德标准的重要性。在企业社会责任方面，沃尔玛与各地供应商发生对接的部门是全球采购道德标准部，在中国有部门经理 104 位，而其在世界所有其他地方的部门经理总和不过 78 位。部门经理的一项重要任务就是验厂———检验为沃尔玛提供产品的工厂是否符合沃尔玛的企业职业道德标准。

随着可持续发展观念不断深入人心，消费者对环保的要求越来越高，污染使人们对环境问题越来越敏感。人们普遍关注生态环境，环保消费心理逐步增强，绿色消费浪潮的兴起，使传统的消费模式正在发生历史变革。市场的主体消费者在关注自身消费安全与健康的同时，关注人类整体生活质量而理智地选购绿色产品。生产与消费在社会经济活动中是相互依赖、相互制约的。消费取向和消费行为对企业生产的方式和内容有决定性的影响。对环境友好型产品的消费选择可以向企业发出绿色需求的信号，刺激企业进行绿色采购与生产，推动企业向可持续、再循环的绿色生产经营策略转变。

☞ **绿色链接**

消费者的绿色需求

据有关资料统计，77% 的美国人表示，企业的绿色形象会影响他们的购买欲，94% 的意大利人表示在选购商品时会考虑绿色因素。在欧洲市场上 40% 的人更喜欢购买绿色商品，那些贴有绿色标志的商品在市场上更受青睐。欧共体的一项调查显示，德国 82% 的消费者和荷兰 67% 的消费者在超级市场购物时，会考虑环保问题。在亚洲，挑剔成癖的日本消费者更胜一筹，对普通的饮用水和空气都以"绿色"为选择标准，罐装水和纯净的氧气成为市场的抢手货；韩国和香港的消费者，争先购买那些几乎绝迹的茶籽，作为天然的洗发剂；我国 40% 城市居民倾向选购绿色商品。人们再不是以大量消耗资源、能源求得生活上的舒适，而在求得舒适的基础上，大量节约资源和能源，即人们的消费心里和销费行为向崇尚自然、追求健康转变，从而为国际市场带来一股绿色消费潮。随着绿色潮流的不断高涨，国际国内市场消费需求出现变化，绿色消费已成为一种新的时尚。

政府会通过经济、法律、行政等措施影响绿色采购。例如，政府利用财政、税收等优惠减免政策激励绿色产品的生产与消费，对有损环境的生产经营行为进行惩罚，扶持绿色产业发展；通过产品质量标准和环境标志，规范绿色产品；通过不断完善法律、标准等管理手段来引导、规范、维护和激励生产者、经营者和消费者向绿色市场迈进。政府还可以通过实施政府绿色采购，对企业绿色采购进行示范和引导。

☞ **绿色链接**

消费者的绿色需求

2005 年 6 月 28 日至 29 日，由国家环境保护总局主办，国家环境保护总局环境认证中心承办的"政府绿色采购国际研讨会"在北京召开。本次研讨会是国家环境保护总局在财政部、商务部、国务院机关事务管理局、北京奥组委、中国消费者协会等有关单位的支持下，为落实科学发展观，以可持续消费促进循环经济发展和构建环境友好型社会为目的召开的。政府绿色采购对于全社会的可持续消费具有强大的示范和推动作用，运用这一政府手段不仅可以促进企业环境行为的改善，还可以推动国家循环经济战略及其具体措施的落实。

现实市场中的资源配置并不是处于最优的状态，而是对绿色采购的实施造成了限制。市场的竞争有利于采购商付出比较低的采购成本，也会迫使供应商采取各种手段以最低成本进行生产。如果企业进行环境管理，势必会造成成本上升，企业最理性的选择就是直接将"三废"排放出去，让内部成本最小化，但却把环境成本强加给社会，对整个社会造成巨大的负外部性，同时阻碍了绿色采购的实施。

6.1.3　绿色政府采购的基本内涵

绿色政府采购，是指政府部门在政府采购过程中，购买和使用符合国家绿色认证标准的产品和服务的活动。绿色政府采购是政府在购买商品、服务、工程过程中重视生态平衡和环境保护的体现，内含了"构建和谐社会"的科学发展观。一般来讲，绿色政府采购主要包含以下两方面的内容：

一是绿色办公用品的采购。这包括购买各种办公自动化设备、办公用品和交通运输工具等。办公自动化设备包括电话、电脑、打印机、复印机、传真机、碎纸机、吸尘器、照明设备、空调等等。这些产品都应当符合国家绿色认证要求。

二是绿色公共工程和绿色装修工程采购。公共工程如政府投资修建的工路、铁路等交通设施；政府投资修建的学校、医院、公园等公益性设施；政府出资建造的水库、放洪大堤等保障性公共设施；政府出资修建的供国家机关、各党派和社会团体使用的办公场所等。

6.1.4　绿色政府采购的意义及作用

政府采购制度是国家控制直接支出的基本手段，足以影响产品的市场份额和消费者的消费取向。政府通过绿色采购行为带动企业生产符合环境保护要求的产品，在保护生态和自然环境、促进经济转型、维护可持续发展、维护社会成员环境权益、实现人与自然和谐相处等方面将发挥极其重要的示范作用。这种作用具体表现在以下几个方面：

政府绿色采购将引导、促进企业绿色采购，对节能减排工作起到积极的推动作用。

政府绿色采购作为一项具体的财政政策，具有宏观经济调整的功能，可以促进产业结构、产品结构的调整。

政府绿色采购可以促进公民以及全社会环保意识的提高，加快绿色消费市场的形成。

实施政府绿色采购制度能够通过绿色标准、绿色认证和绿色清单等措施的引入，将国际最新绿色产品信息和动向及时传递到国内相关企业，引导企业加速产品的升级换代，提升国内企业在国际市场的竞争力。

实施政府绿色采购，有利于实现经济社会的可持续发展，并树立中国政府良好的国际形象。

6.2　清洁生产

6.2.1　清洁生产的内涵

6.2.1.1　清洁生产的概念

联合国环境规划署对清洁生产的定义为："清洁生产是一种新的创造性思想，该思想将整体预防的环境战略持续应用于生产过程、产品和服务中，以增加生态效率和减少人类及环境的风险。"清洁生产从本质上来说，就是对生产过程与产品采取整体预防的环境策略，减少或者消除它们对人类及环境的可能危害，同时充分满足人类需要，使社会经济效益最大化的一种生产模式。具体措施包括：不断改进设计；使用清洁的能源和原料；采用先进的工艺技术与设备；改善管理；综合利用；从源头削减污染，提高资源利用效率；减少或者避免生产、服务和产品使用过程中污染物的产生和排放。清洁生产是实施可持续发展的重要手段。

清洁生产的观念主要强调三个重点：

(1)清洁能源。包括开发节能技术，尽可能开发利用再生能源以及合理利用常规能源。

(2)清洁生产过程。包括尽可能不用或少用有毒有害原料和中间产品。对原材料和中间产品进行回收，改善管理、提高效率。

(3)清洁产品。包括以不危害人体健康和生态环境为主导因素来考虑产品的制造过程其至使用之后的回收利用，减少原材料和能源使用。

根据经济可持续发展对资源和环境的要求，清洁生产谋求达到的目标是，通过资源的综合利用，短缺资源的作用，二次能源的利用，以及节能、降耗、节水，合理利用自然资源，减缓资源的耗竭，达到自然资源和能源利用的最合理化。减少废物和污染物的排放，促进工业产品的生产、消耗过程与环境相融，降低工业活动对人类和环境的风险，达到对人类和环境的危害最小化以及经济效益的最大化。

清洁生产是生产者、消费者、社会三方面谋求利益最大化的集中体现，它是从资源节约和环境保护两个方面对工业产品生产从设计开始，到产品使用后直至最终处置，给与了全过程的考虑和要求。它不仅对生产，而且对服务也要求考虑对环境的影响。它对工业废弃物实行费用有效的源削减，一改传统的不顾费用有效或单一末端控制办法。它可提高企业的生产效率和经济效益，与末端处理相比，成为受到企业欢迎的新事物。它着眼于全球环境的彻底保护，为人类社会共建一个洁净的地球带来了希望。

6.2.1.2 清洁生产的必要性

目前，我国工业正处于快速发展阶段，污染程度不断加剧，工业污染主要呈现出以下特点：技术水平较落后，原料加工深度不够，资源能源利用率低，单位产品物耗能耗高，造成大量工业"三废"排放。工业布局选址不合理，80%的企业集中在城市，部分还建在居民文教区、水源地、保护区附近，使污染影响加重。工业结构中重污染企业比例大，如金属冶炼、机械、化工、建材、纺织等行业产生的污染物种类多、数量大、危害严重，出现"结构性污染"。小型工业（尤其乡镇企业）多，布局分散，其工艺设备落后，操作水平低，多实行单独分散的污染治理，易造成污染蔓延。

工业生产造成的污染对环境已构成了极大威胁，当今世界各国都把清洁生产当作工业污染防治、实现可持续发展的战略措施和根本途径。我国推行清洁生产的潜力也相当巨大，如广东中成化工有限公司、齐鲁石化催化炼油、上海硫酸厂等实施清洁生产后，能耗物耗和环境污染总量显著降低，节能降耗收益远大于污染控制投资，经济效益明显提高。

☞ **绿色链接**

清洁生产，投入皆有回报

近年来，互太公司累计投入2亿多元用于节能减排，是广州第一家自愿开展清洁生产的纺织企业，清洁生产水平达到国际先进。在公司主席尹杰来看来，企业开展清洁生产既能节约成本，又能造福社会和子孙后代，这大手笔的投入显然物超所值。

6.2.2 清洁生产评价指标的选取

一般说，指标既是管理科学水平的标志，也是进行定量比较的尺度。清洁生产的评价指标，是指国家、地区、部门和企业，根据一定的科学、技术、经济条件，在一定时期内规定的清洁生产所必须达到的具体目标和水平。为此，可以确定指标制定的基本原则是：

（1）全过程评价原则。全过程评价原则就是借助LCA方法确定清洁生产指标的范围，不但对整个生产过程实行全分析，即对原材料、能源、污染物产生及其毒性进行分析评价，还要对产品本身的清洁程度和环境经济效果进行评价。

（2）污染预防的原则。指标范围不需要涵盖所有的环境、社会、经济等指标，主要反应出项目实施过程中所使用的资源量及产生的废物量，包括使用能源、水或其他资源的情况。

（3）定量原则。由于指标所涉及面比较广，为了使所确定的清洁生产指标反应目标项目的主要情况，又简便易行，在设计时要充分考虑指标体系的可操作性，为清洁生产指标的评价提供有力的依据。

（4）明确目标原则。规定实现指标的时间，可以是长远的规划目标，也可是短期目标；规定执行指标的具体地区、行业、企业和车间等；每项指标必须与经济责任制挂钩，指标值可以分解落实，从地区到企业、到车间、班组都有与其责任相应的目标值，容易获得较全面、较客观的数据支持。

（5）规范性原则。指标必须有统一规范、例行性和程序化的管理。

6.2.3 企业清洁生产促进的主要途径

为推动企业开展清洁生产，通常可利用清洁生产审核、生命周期评价、环境标志、生态设计、环境管理体系等工具。要保证企业开展必要的清洁生产，必须依靠强制性制度和措施，其中清洁生产评价和审核就是两个重要的清洁生产促进途径。

清洁生产评价是环境影响评价工程分析的进一步拓展和深化，它通过从原材料至产品使用和后处置的全过程环境影响分析、项目工艺设备与环保技术政策的符合情况（是否属限期淘汰行列）、项目原材料和水能源等的单耗指标及单位产品的排放指标在本行业中所处水平的评价，提出应采用的节能、降耗、减污清洁生产措施。清洁生产评价一般采用两种方法：一是指标对比法，即用我国已颁布的清洁生产标准或国内外同类装置清洁生产指标，对比分析项目的清洁生产水平。二是分值评定法。首先根据产品或服务过程的 8 个方面及生命周期分析确定定量或定性评价指标，然后对各指标及分指标按三个等级的分值划分标准打分，并乘以各自权重值，最后通过总分值评价项目的清洁生产水平。

清洁生产审核分自愿性和强制性两种。实施强制性审核的企业仍要有以下类型：①污染物排放超过国家或地方排放标准，或污染物排放总量超过总量控制指标的污染严重企业。②使用有毒有害原料生产或生产中排放有毒有害物质（《危险货物品名表》、《危险化学品录》、《国家危险废物名录》、《剧毒化学品目录》中剧毒、强腐蚀性、强刺激性、放射性、致癌、致畸等物质）的企业。企业清洁生产审核在程序上可分为如下可操作性步骤：①筹划和组织。取得领导支持、组建审核小组、制定审核计划、宣传清洁生产思想。②预评估。现状调研考察，评价产污状况，确定审核重点并针对重点设置清洁生产目标，提出和实施无/低费方案。③评估。实测输入输出物流，建立物料平衡，分析废物产生原因，提出和实施无/低费方案。④方案产生和筛选。筛选确定两个以上中/高费方案，核定汇总已实施的无/低费方案的实施效果，编写清洁生产中期审核报告。⑤可行性分析。开展技术、环境、经济评估，推荐可实施方案。⑥方案实施。实施方案并分析、跟踪验证方案的实施效果。⑦持续清洁生产。建立企业清洁生产组织机构和管理制度，制定持续清洁生产计划，最后编制企业清洁生产报告。

6.2.4 推行清洁生产的对策

在市场经济条件下，充分利用经济杠杆推行清洁生产的具体对策，建议如下：

（1）进一步提高认识。各级政府和企业领导，必须在思想观念上有一个根本的转变，明确认识到推行清洁生产不仅是为了应对严峻的环境挑战，也是新的发展机遇。

（2）理顺管理体制。从体制上理顺生产与环境管理的关系，在实施过程中，应以经济管理部门为主，环境保护部门会同相关部门制定具体可行的鼓励、扶持政策。

（3）调整投资方向。在市场经济下，投资权逐步由政府转移到企业。但在投资方向上，政府应有意识地向高技术含量、高附加值和高效益的产业与企业倾斜；国家基本建设基金和更新改造基金要向低能耗、低物耗、低排放和高效益的支柱产业与企业投放；鼓励企业自筹资金推行清洁生产，"谁投资、谁受益。"

（4）设立专项贷款。银行可设立专项贷款或环保贷款，对推行清洁生产的技改项目给予低息贷款支持，还款年限可根据清洁生产审核投资回收年限适当延长。对于有示范意义的清洁生产技改项目，环保部门可以采取贴息的办法为企业争取银行贷款，补贴资金可从环保基金或补助金中列支。

(5)清洁生产的产品价格，由企业根据市场供求情况自主决定，以提高企业产品的市场竞争能力。对于获得"环保标志"、"绿色产品标志"的产品可实行优质优价。

(6)开展科学研究和国际合作。要加大清洁生产科学研究以及示范工程的建设和推广力度。在科研资金上要向清洁生产项目倾斜，广泛开展清洁生产的国际交流与合作，争取联合国环境规划署和世界银行等国际组织的资金和技术支持。

(7)严格执行环境管理和监督。对新、扩建和改建项目不采用清洁生产工艺和技术的，项目审批部门不批准立项，环保部门不批准环境影响评价，金融机构不予贷款；对严重污染环境，被责令停产治理的重点企业，不采用清洁生产工艺、技术进行技术改造的，主管部门不得批准其恢复生产。

6.3　安全生产

6.3.1　安全生产的内涵

所谓"安全生产"，就是指在生产经营活动中，为避免造成人员伤害和财产损失的事故而采取相应的事故预防和控制措施，以保证从业人员的人身安全，保证生产经营活动得以顺利进行的相关活动。概括地说，安全生产是为了使生产过程在符合物质条件和工作秩序下进行的，防止发生人身伤亡和财产损失等生产事故，消除或控制危险、有害因素，保障人身安全与健康、设备和设施免受损坏、环境免遭破坏的总称。

☞ **知识介绍**

安全生产与劳动保护的比较

安全生产是从企业的角度出发，强调在发展生产的同时必须保证企业员工的安全、健康和企业的财产不受损失；劳动保护是站在政府的立场上，强调为劳动者提供人身安全与身心健康的保证，属于劳动者权益的范畴。

在学术上，有人认为，"安全生产"涉及面广，突出了安全问题，有利于安全学科的开拓和研究；有人认为，"劳动保护"更有利于突出人的保护，体现了"以人为本"的思想。这些意见有待于在理论上作进一步的探讨和研究。俄罗斯、德国、奥地利和南斯拉夫等国家使用劳动保护的名称，而美国、日本、英国等国家则使用职业安全卫生或劳动安全卫生的名称。称呼虽然不同，但工作内容却大致相同。我国在20世纪80年代中期以前，安全生产工作一般被称为劳动保护，劳动保护管理与安全管理基本上是同义词。目前，劳动保护一词的使用范围逐渐缩小，主要用在工会的群众安全监督系统、企业工时休假及女工保护等方面。

6.3.2　安全生产原则

管生产必须管安全的原则。指工程项目各级领导和全体员工在生产过程中必须坚持在抓生产的同时抓好安全工作。他实现了安全与生产的统一，生产和安全是一个有机的整体，两者不能分割更不能对立起来应将安全寓于生产之中。

安全具有否决权的原则。指安全生产工作是衡量工程项目管理的一项基本内容，它要求对各项指标考核，评优创先时首先必须考虑安全指标的完成情况。安全指标没有实现，即使其他指标顺利完成，仍无法实现项目的最优化，安全具有一票否决的作用。

三同时原则。基本建设项目中的职业安全、卫生技术和环境保护等措施和设施，必须与主体工程同时设计、同时施工、同时投产使用的法律制度的简称。

五同时原则。企业的生产组织及领导者在计划、布置、检查、总结、评比生产工作的同时，同时计划、布置、检查、总结、评比安全工作。

四不放过原则。事故原因未查清不放过，当事人和群众没有受到教育不放过，事故责任人未受到处理不放过，没有制订切实可行的预防措施不放过

6.3.3　树立科学安全生产观

根据"安全第一"、"珍惜生命"、"以人为本"的公理，坚持可持续发展战略，遵从安全科学原理、安全文化建设理论，坚持安全生产方针，做到安全文明生产，首先要确立科学的安全生产理念。

科学安全生产观的确立，对我国安全生产及现代工业的发展，特别是建立和完善我国社会主义市场经济，提高安全生产水平，保护从业人员在生产经营活动中的安全与健康具有重要的战略意义和指导意义。有了正确的观点才会看清前进的方向，科学的安全生产观是当代工业发展的灵魂和灯塔。笔者认为，科学安全生产观的内容主要有："安全第一，预防为主"的安全生产方针；"以人为本，尊重人权""关爱生命，关注安全"的理念；人口、资源、环境、安全的协调发展等。

上述内容可以归纳为："以人为本，安全第一""珍惜生命，尊重人权""依靠科技，'绿色'生产""遵法守纪，自律安全""防灾减灾，持续发展"。

☞ 重要概念

安全生产责任制

安全生产责任制是根据我国的安全生产方针"安全第一，预防为主，综合治理"和安全生产法规建立的各级领导、职能部门、工程技术人员、岗位操作人员在劳动生产过程中对安全生产层层负责的制度。安全生产责任制是企业岗位责任制的一个组成部分，是企业中最基本的一项安全制度，也是企业安全生产、劳动保护管理制度的核心。

安全生产工作事关最广大人民群众的根本利益，事关改革发展和稳定大局，历来受到党和国家的高度重视。

6.3.4　安全生产管理

安全生产管理就是针对生产过程的安全问题，运用有效的资源，发挥人们的智慧，通过人们的努力，进行有关决策、计划、组织和控制等活动，实现生产过程中人与机器设备、物料、环境的和谐，达到安全生产的目标。企业要生存发展，必须抓好安全生产管理工作。

安全生产管理的目标是减少和控制危害，减少和控制事故，尽量避免生产过程中由于事故所造成的人身伤害、财产损失、环境污染以及其他损失。

安全管理的基本对象包括企业的员工，涉及企业中的所有人员、设备设施、物料、环境、财务、信息等各个方面。

安全管理的内容包括安全生产管理机构和安全生产管理人员、安全生产责任制、安全生产管理规章制度、安全生产策划、安全培训教育、安全生产档案等。安全管理工作必须行动有目标、对象，落实有内容，达到全方位、全天候、全过程、全员管理，实现横向到边、纵向到底。

6.4　绿色供应链

6.4.1　绿色供应链管理的内涵

由于研究绿色供应链管理的时间较短，并且国内外学者迄今对供应链管理的定义尚无统一的认识，在综合供应链管理理论、可持续发展理论和绿色战略理论实质的基础上，我们认为，绿色供应链管理是一种基于可持续发展观和生态保护的供应链管理模式，是一种以人与自然和谐发展为目标的管理模式，它对产品从原材料购买与供应、生产、营销，到最后废弃物回收再利用的整条供应链管理进行绿色设计，通过供应链中各企业内部部门和各企业之间紧密绿色合作，使整条供应链在经济发展和资源环境管理方面实现和谐统一，达到系统社会、经济、生态最优化。

6.4.2　绿色供应链管理的体系结构

绿色供应链管理追求的目标是经济效益和社会效益以及环境效益的协调优化。在整个供应链的各个环节，要求对环境的影响尽可能小，资源利用效率尽可能高。

绿色供应链管理的对象涉及供应链中的各个主体，包括供应商、制造商、分销商、零售商、顾客和物流商等。因为在实施绿色供应链管理过程中，不仅要求一些关键节点企业制定并严格实施环境管理标准，而且其上、下游厂商及最终用户也必须遵守同样的环境管理标准，只有这样才能提高整条供应链的绿色性。因此，在绿色供应链构建过程中，对合作伙伴的评价和选择显得尤为重要。在选择合作伙伴时，不仅要考虑生产能力、生产成本、产品质量、交货期、服务和信誉等因素，而且要重点考虑环境因素（包括环境法规指标和积极的环境管理指标等）。要把绿色度的评价纳入选择与监督合作伙伴的评价体系，以保证所有的合作伙伴都具有相应的环保意识和环境管理能力。

绿色供应链管理的专题技术是采用系统工程观点，综合分析供应链管理从原材料采购到报废品回收处理的全过程中各个环节的环境及资源问题，主要包括：绿色采购、绿色制造、绿色营销、绿色物流、绿色消费和逆向物流等。

☞ **知识介绍**

绿色物流

物流主要是在运输、保管、搬运、包装、流通加工等作业过程对环境负面影响的评价。评价指标如下：①运输作业对环境的负面影响主要表现为交通运输工具的燃料能耗、有害气体的排放、噪音污染等。②保管过程中是否对周边环境造成污染和破坏。③搬运过程中会有噪音污染，因搬运不当破坏商品实体，造成资源浪费和环境污染等。④在包装作业中，是否使用了不易降解、不可再生资源、有毒的材料，造成环境污染。

绿色供应链管理本质上是在供应链管理过程中融入了环境保护意识，增加了对环境的考虑。因此，供应链管理技术仍是绿色供应链管理的技术基础。在实施绿色供应链管理过程中，如何将环境信息与其它信息有机集成、实现数据和信息的共享是一个必须解决的关键问题。为此，必须研究开发适合绿色供应链管理的数据库、知识库及信息系统。同时，如何测算和评价供应链管理过程中的环境影响和资源消耗状况，如何评价绿色供应链管理实施的状况和程度也是一个十分复杂的问题。因此，必须研究供应链管理的绿色性评价体系和评价系统。此外，要想在供应链管理过程中满足 T（Time）、Q（Quality）、C（Cost）、F（Flexible）、E（Environment）、R（Resouree）等多目标，还必须开发智能的绿色供应链管理决策支持系统，提供各种各样的信息，帮助管理人员作出正确的决策。

6.4.3　绿色供应链管理的主要内容

绿色供应链管理的内容包括：绿色设计、绿色材料的选择、绿色制造工艺、绿色包装（环保包装）、绿色消费（可持续消费）、绿色回收。绿色设计：称环境设计、生态设计。绿色设计是指在产品及其生命周期全过程的设计中，充分考虑对资源和环境的影响。绿色材料的选择：是指具有良好使用性能，在制造、加工、使用乃至报废后回收处理的生命周期全过程中能耗少、资源利用率高、对环境无污染且易回收处理的材料。绿色包装（环保包装）：是指在商品包装设计和实施过程中突出考虑了环境保护问题的包装，一切注重生态环境保护的商品包装，都可称做绿色包装。绿色消费（可持续消费）：其主要包括消费无污染的产品；消费过程中尽量避免对环境造成污染，自觉抵制和不消费那些破坏环境的产品。绿色回收：是绿色供应链管理的重要组成部分。绿色产品回收要考虑产品及零部件的回收处理成本与回收价值，确定最佳的回收处理方案，获得最高的回收价值。

6.4.4　绿色供应链管理的实施前景

我国企业间的长期合作关系基本已经确立，"横向一体化"的步伐正在加快，已经初步具备了实行供应链管理的基础。调查显示绝大多数企业没有供应链管理部门，供应链部门的职能仅仅限于管理物流这一单一职能，缺乏统一协调物流、信息流、资金流的能力，算不上真正意义上的供应链管理。供应链管理需要强大的信息技术做支撑。我国企业的计算机化集成生产、条码技术应用、库存自动化管理已经初具水平，但网络技术的应用还流于肤浅，实行的电子数据交换（EDI）的企业为数不多，网上定购在我国远没有普及，整体环保技术水平远落后于发达国家，企业承担环保成本的能力有限。企业进行环保技术开发，装配先进环保设备，建立绿色供应链管理将是一笔很大的投资。这些都将成为影响绿色供应链管理实施的因素。

从宏观上讲，绿色供应链管理的建立有待于环境保护法律、法规的制定和完善，需要发挥政府相关职能部门的监督协调职能，消除地方保护主义的影响，培养消费者的绿色消费意识。

从微观上讲，企业应逐步提高环境意识；加强和建立企业间的合作和战略信任关系；进一步完善企业管理制度，提高信息技术的应用水平，加大对环保方面的物质、人力投入；投资上要合理预算，发挥优势，不必面面俱到。总之，绿色供应链管理在我国还处在萌芽状态，还有很长的路要走。

【案例应用】

沃尔玛：零售大鳄的"零浪费"

作为零售业界的"大鳄"，沃尔玛并非像很多人想像的那样，无论对消费者还是对供应商都财大气粗，相反，人们常常能感受到的是，沃尔玛不仅自己努力地算计着如何"省钱"，也在不断地帮自己的供应商们学会这点。

道理很简单，节省开支，提高每一个供应环节的效率，这不仅关乎钱袋子，也与保护环境息息相关。

"在2007年，我们对沃尔玛全球的碳足迹进行了测算，发现企业的直接碳排放约为2040万吨。这主要来自于我们的设施、能耗和运输等方面。但这一部分的碳排放量仅占企业总体碳足迹的8%，这意味着，还有近92%的间接碳排放量来自于我们供应商的工厂、农场、产品、物流等供应链环节。由此可见，打造一条高效低碳的供应链有多么重要。"黄忠杰说。

既能省钱，又能参与环保，这历来都是每一个有社会责任感的企业都期望达到的效果。于是，在双赢的目的驱使下，沃尔玛开始先后与不同供应商一起研究如何打造低碳供应链。

为了鼓励供应商都积极投身于节约、减少碳排放之中，去年沃尔玛还特别推出了环保积分卡项目，凡是在设计环保包装方面有独特点子并付诸实施的企业，均可因此加分，而沃尔玛也将此项分值作为供应商的评估标准之一。

如果说低碳供应链是看不见的环保的话，那么只要你稍微留心，就能发现在沃尔玛超市里有很多看得见的环保。

走进沃尔玛旗下的超市，记者看到，购物区域内几乎所有照明都采用 LED 节能灯。平时看似不动的电梯，当消费者靠近时才会启动，待消费者离去后又停止运转。在超市的电机房等人员流动较少的区域，企业管理方安装了运动感应器。而在冰冻柜集中区域，几乎随处可见滑盖门，以减少冷气外泄造成制冷设备高负荷运转而产生更多的碳排放。

在节能的同时，人们还可以看到沃尔玛超市里的"废物回收"。作为大型超市，每天都不可避免地产生大量塑料袋以及包装盒，与此同时熟食区还有源源不断的"地沟油"诞生。为此，沃尔玛严格规定，在熟食区放置"地沟油"回收桶，桶装满时就通知市容部门前来收运，集中回收处理。

问题：

案例中，沃尔玛是怎样"省钱"的？沃尔玛中有哪些看不到的环保？通过沃尔玛的典型案例分析绿色供应链的构成和实施要点。

【国际经验】

国外节能减排科技的运用

1. 废物资源化

尽管我国通过多年努力在固体废物资源化方面取得了初步成效，但与发达国家相比，废物资源化科技研发和运用方面差距很大。

（1）日本。①建立废弃物资源化法规约束体系，如《废弃物处理法》、《资源有效利用促进法》以及包装、家电、建材、食品、汽车等再生利用法，这些法律规范了官、产、民在废弃物资源化方面的社会行为；②制定废弃物资源化的经济激励政策，如特别退税、征收废旧处理费等；③设立废弃物再生利用生态工业园，解决环境问题的同时成为新经济增长点。

（2）美国。多州尝试制定电子废物专门管理法案，如新泽西州和宾夕法尼亚州通过征收填埋和焚烧税法案，马萨诸塞州禁止私人扔弃电脑显示器和电视机等电子产品，加利福尼亚通过电子产品生产者及电子产品处置法规，对新电子产品征收 6～10 美元处置费。

法国起草全国性电子垃圾回收办法，同时强调全社会共同尽责，规定每人每年回收 4kg 电子垃圾。电子垃圾回收遵循"谁生产、谁销售、谁使用，谁负担"的权利与义务对等原则。电子产品生产商将作为回收主力，承担其产品未来的回收及循环再利用费用。

2. 国外节能减排的政府政策

（1）日本。①建立完善的燃油税收政策，对能源产品实行高税收政策，大力资助科研机构、企业开发节能技术。②购买节能产品税收优惠和补贴，同时政策性银行给予低息贷款，鼓励节能设备的推广应用。③制定优惠措施调低电动汽车的增值税和购买税等激励电动汽车的研发和应用。④开展节能宣传普及，增强国民的节能和洁能意识。

　　（2）美国。①为能源企业提供146亿美元减税额度，同时提供50亿美元补助。此外，减税27亿美元鼓励可再生能源生产。同时，对研究污染控制的新技术和生产污染替代品的企业予以减免所得税，对购买循环利用设备免征销售税。②为私人住宅更新家庭大型耗能设施提供税收减免，购买太阳能设施30%的费用可用来抵税。③建立节能公益基金，通过提高电价的2%～3%来筹集资金。

　　（3）法国。①通过减免税和折旧条例鼓励在工业、服务、住房建筑、交通运输等领域采用节能型设备，鼓励企业和个人研制和使用清洁能源汽车。②通过财政补贴鼓励生产和消费政府公布目录上的产品，提供补助。③设立节能担保基金专门对中小企业的节能投资提供贷款担保。

　　资料来源：赵富强，邓明然．面向两型社会的节能减排国际比较与借鉴[J]．武汉理工大学学报，2010（04）：41～48.

参考文献

[1] 葛萍，李万县．我国政府绿色采购刍议[J]．山东行政学院山东省经济管理干部学院学报，2008（3）：44～46.

[2] 郭宝东．绿色采购特征及影响因素分析[J]．环境保护与循环经济，2011，31（10）：69～71.

[3] 靳敏，贾爱娟．清洁生产的定量考核与评价规范研究[J]．环境保护，2001（7）：37～39.

[4] 林帼秀．企业清洁生产促进的重要途径——清洁生产评价与清洁生产审核[J]．广东化工，2006，33（3）：46～48.

[5] 李丽杰．供应链企业绿色度评价与绿色采购研究[D]．邯郸：河北工程大学，2008.

[6] 王戌楼．绿色奥运中绿色供应链和绿色采购的应用分析[J]．中国市场，2008（28）：134～135.

[7] 汪波，申成霖．绿色供应链管理研究概述[J]．西北农林科技大学学报（社会科学版），2004，4（4）：95～98.

[8] 徐德蜀．安全文化、安全科技与科学安全生产观[J]．中国安全科学学报，2006，16（3）：71～82.

[9] 席士斌．企业安全生产管理工作[J]．石油库与加油站，2007，16（6）：10～12.

[10] 张育红．中国推行清洁生产的现状与对策研究[J]．污染防治技术．2006，19（3）：75～77.

第 7 章　绿色营销

7.1　绿色产品

7.1.1　绿色产品含义及分类

　　绿色产品是 20 世纪 80 年代后期世界各国为适应全球环保战略，进行产业结构调整的产物。绿色产品（Green product），或称为环境协调产品（ECP：Environmental Conscious Product），是指产品本身及生产过程节能、节水、低污染、低毒、可再生、可回收的一类产品，它也是绿色科技应用的最终体现。绿色产品能直接促使人们消费观念和生产方式的转变，其主要特点是以市场调节方式来实现环境保护为目标，促使公众以购买绿色产品为时尚，从而促进企业以生产绿色产品作为获取经济利益的手段。

　　绿色产品可划分为两大类：一类可称之为健康绿色产品（或私益型绿色产品），其主要特征是产品由天然原料加工制造而成，无毒无害，直接有益于人体健康。另一类可称之为环保绿色产品（或公益型绿色产品），这一类绿色产品在成品上与同类产品没有大差别，只是在生产、经营、消费过程中严格执行环保标准，严格控制污染物排放，有利于环境保护，最大限度地节约资源、能源，有利于缓解生态压力。

7.1.2　绿色产品特点及基本特征

　　绿色产品是环境友好型产品，通常用"绿色度"来表明这种友好性的程度。绿色产品的重要特征主要表现在产品的材料，环境，能源，功能，经济，多生命周期特性等方面。

　　绿色产品的新定义要求真正的绿色产品至少应具有基本特征有：技术先进性、环境保护性、材料、资源利用最优性、安全性、人际和谐性、良好的可拆卸性经济性和多生命周期性。

　　（1）技术先进性是绿色产品设计制造和赢得市场竞争的前提。绿色产品强调在产品整个寿命周期中采用先进技术，从技术上保证 100% 地实现用户要求的使用功能、性能和可靠性。

　　（2）环境保护性是指绿色产品要求从生产到使用乃至废弃、回收处理的各个环节都对环境无害或危害甚小，其评价应按当代国际社会公认的环保标准进行，它要求企业在生产过程中选用清洁的原料、清洁的工艺过程，进行清洁生产。

　　（3）材料、资源利用最优性是指绿色产品应尽量减少材料、资源的消耗量，尽量减少使用材料的种类，特别是稀有昂贵材料及有毒、有害材料的种类和用量。

　　（4）安全性指绿色产品首先必须是安全的产品，即它必须在结构设计、材料选择、生产制造和使用的各个环节上采用先进、有效的安全技术，实现产品安全本质化，确保用户或使用者在使用该绿色产品时的人身安全和健康。

（5）人机和谐性是指现代社会需要的绿色产品必须进行科学的人类工效学设计和工业美学设计，使其具有良好的人机和谐性和美的外观特性，使用户（或操作者）在使用该产品时感觉舒适、轻松愉快，误操作率小；整个"人—机"系统具有最高综合工效。

（6）良好的可拆卸性在现代生产可持续发展中起着重要作用，已成为现代机械设计的重要分支。绿色产品的经济性即不但要制造成本最低，更重要的是要让消费者想买、愿意买、而且还要让用户买得起、用得起，以至报废时扔得起，即具有面向产品全生命周期的最小的全程成本。

（7）多生命周期性是指绿色产品的生命周期不但包括本代产品的生命周期的全部时间，而且还包括报废或停止使用以后、产品或其有关零件在换代或以后各代产品中的循环使用或循环利用的时间。简称回用时间，即从"摇篮到再现"（Cradle-To-Reincarnation）的所有阶段。

【绿色故事】

开创"绿色产品"市场，不断满足市场需求

全球领先的特殊化学品集团朗盛公司正在以更加环保的产品和系统解决方案满足中国客户对这类产品不断增长的市场需求，当前中国已是朗盛最为重要的市场。朗盛公司最新开发了一种基于纳米技术的特殊用途橡胶产品，它可以减小轮胎的摩擦从而减少轮胎磨损过程中大气中释放的极细粉末，同时还提高了轮胎的使用里程。朗盛开发的另一项合成橡胶的特殊等级产品则可降低轮胎的滚动阻力从而起到相似的环保作用。贺德满博士说："如果全中国的3000万辆汽车都采用具有更低滚动阻力的轮胎，比如采用当前市场上已经推出的高性能轮胎，那么中国的二氧化碳的排放量将可能减少大约200万吨。"

7.1.3　绿色产品的设计开发与产品策略

绿色设计是绿色营销的基础，也是企业实施绿色管理战略的重要环节。绿色产品设计，是将环境因素和防污措施纳入产品设计阶段，在产品整个生命周期内，着重考虑产品的环境属性，并将其作为设计和技术研发的目标和出发点，力求使产品对环境的影响最小。在保证产品应有的基本功能、使用寿命、经济性能和质量要求的同时要满足环境目标要求。

绿色产品设计的基本思想是一种预先设法防止产品及工作环境产生的负作用，从根本上实现防止污染，节约资源和能源的全新设计思想。其主要目的是克服传统设计的不足，使所设计的产品具有绿色产品的各个特征。绿色产品设计包含从该产品的概念形成到生产制造、使用及废弃后的回收、重用及处理处置的各个阶段，即涉及产品整个寿命周期，是从摇篮到再现坟墓的全过程。在未来几年内，绿色产品将不可避免地成为世界主要商品市场的主导产品，而绿色产品的设计及理论也将成为现代产品生产制造的规范。

绿色产品的开发可分为以下几个阶段：

（1）寻求机会。开发绿色产品要有超前的战略目标，进行超前思考，不能仅仅停留在处

理工业三废水平上，应大力研究开发与上述发展趋势相关的环境保护产品和绿色产品。当今世界科学、技术和知识的高度发展，已为我们寻求绿色产品的开发途径提供了依据和机会。关键的一步是发现绿色产品和绿色产业的市场，研究、识别和选择好意向性的绿色产品，并制定出设计与开发计划。

（2）论证可行性。在研究开发阶段，首先要论证绿色产品的科技开发的可行性。在财务和经济方面，要充分论证新产品项目对人类健康、环境保护、资源供应和承担社会责任诸方面所产生的影响及付出的成本。在市场方面要注意根据绿色信息进行论证，包括绿色消费信息、绿色市场规模信息、绿色资源和产品开发信息等。要充分使用这些信息去指导绿色产品的可行性论证工作。

（3）绿色产品设计。绿色产品设计是指以环境和资源保护为核心的设计。产品设计包括性能设计和工业设计。绿色产品的性能设计要求生产过程中少用资源和能源，尽量不污染环境；产品使用过程中不污染环境，而且能耗低，产品使用过后可以或易于拆解；寿命长、耐用和可修理；回收翻新或能安全废置并长久无虞。绿色产品的工业设计主要是指实现绿色包装，使包装材料"绿色"化，要求研制和使用不污染环境的包装材料，并能回收利用。

（4）绿色产品生产。绿色产品的制造过程应该是清洁的生产过程，尽量避免使用有毒有害的原料及中间产品，减少生产过程的各种危险性因素。采用少废、无废的工艺和高效的设备，使物料可以再循环供厂内、厂外使用，提高生产全过程中资源和能源的综合利用率，减少废物的排放。绿色产品的生产派生出自然资源和原材料的开发、工艺设备的研制、中间产品及附属成品的制造等，形成以绿色产品制造为基础的复合产业。

（5）绿色产品的销售。在研究开发绿色产品时，要规划和建立绿色营销渠道。可以自行建立分销渠道，也可选择中间商帮助分销。选择中间商要考虑其经济实力、管理状况和环境保护意识，中间商具备良好的绿色形象，乐于真诚合作推销绿色产品是十分重要的。要通过绿色产品的销售量、销售额、利润和顾客满意程度等多项指标的对比分析，制定出新的销售策略。

（6）绿色管理与绿色服务。有条件的绿色产品制造商和销售商，应该推行绿色管理和绿色服务策略。其基本内容包括组织开发绿色资源及产品、技术和工艺的研究与设计；绿色产品质量监督及控制；完成治理"三废"和执行其他环境保护指标；开展绿色促销活动；树立绿色企业的形象等。树立与绿色产品消费相适应的企业精神与文化，创造企业的绿色形象，保护人与环境的和谐，改善人类的生存环境。

☞ **重要概念**

绿色服务（Green Service）

绿色服务是指有利于保护生态环境，节约资源和能源，无污、无害、无毒的、有益于人类健康的服务总称。21 世纪将是一个绿色的世纪，一切破坏生态环境的行为都将被禁止。在绿色消费需求日益增长的今天，发展绿色服务已不仅仅是环境保护和资源消耗的问题，而且已经成为现代服务企业保持和提升核心竞争力的战略选择问题。尤其伴随生活水平和生活质量的提高，人们越来越关注身心健康、生活质量以及优美、舒适的生态环境，现代服务企业惟有持续提供绿色服务和产品，才能真正战胜竞争对手。

而以上每个阶段都要涉及到下面这四个关键的技术和经济领域的工作：①研究与开发；②制造与技术工艺；③财务与经济；④市场营销。

绿色产品经过设计开发等程序后，企业应采用绿色标志，通过绿色认证，制定正确的绿色品牌策略、绿色包装策略来支撑绿色产品的营销。

7.2   绿色价格

7.2.1   绿色价格的内涵

绿色价格是指与绿色产品的性质相适应的定价方式，其内容有两方面：一是根据"环境和资源有偿使用"的原则，把绿色企业生产经营绿色产品过程中，用于保护生态环境及维护消费者身心健康而耗费的支出计入成本；二是根据"污染者付费"的原则，通过征收污染费的方式来增大非绿色产品的经营成本，避免非绿色企业因污染环境而降低成本，取得成本领先优势和价格竞争力，从而打击绿色企业。

绿色价格是绿色营销的一个基本因素。其核心就是以清洁化生产和无害化消费为手段，来实现人类自身的健康和生态环境的平衡。具体内容包括树立绿色观念、搜集绿色信息、设计绿色战略、选择绿色市场、开发绿色技术、利用绿色资源、生产绿色产品、制定绿色价格、选择绿色渠道、实施绿色促销等方面。

☞ **知识介绍**

生态环境成本

生态环境成本的主要内容包括：

(1) 自然资源(包括生态环境)本身的价值。在传统价格体系中，自然资源被认为是无价的。但随着经济的快速发展，有限资源耗费速度过快，资源的稀缺性日益明显，获得资源不再是无偿的。

(2) 环境成本。这里是指为了保持社会经济与生态环境的协调发展，企业付出的环境成本。

(3) 引进环保技术和设备成本。企业为了避免产生环境污染和生态破坏而进行的技术改造和安装环保设备所支出的费用。

(4) 减少或不使用可能造成污染的原材料而导致的损失成本。

7.2.2   绿色价格的定价原因和依据

绿色价格的制定实际上是在经济生活中贯彻生态价值观的一种体现，它从价值上体现污染的环境对企业和消费者造成的现实和潜在的影响，是企业作出正确的可持续发展决策的依据之一。

绿色产品价格形成的理论依据是环境资源有价和污染者付费原则。由于人们的经济活动超过了环境承载力，导致了资源的过度使用和对环境的污染，为恢复和再造资源，需要投入额外的劳动和资本，所以必须贯彻"污染者付费"的原则。

绿色价格的经济基础是绿色产品的成本构成。绿色产品成本除了包括传统的产品成本外，还包括绿色产品耗用的自然资源成本，以及环境问题引起的环境成本。生态环境成本主要包括：资源和环境的有偿使用费，生态环境的维护费用，生态环境损害治理费用，生态环境预防费用，生态环境的补偿费用。一般而言，绿色产品的成本高于非绿色产品，在价格上应高于非绿色产品。

绿色价格的心理原因是消费者的绿色偏好。随着人们的环保意识觉醒，特别是发达国家的广大消费者逐渐认识到经济发展不能以破坏人类赖以生存的自然环境为代价，因而纷纷表现出对绿色产品的需求，保护环境的呼声一浪高过一浪，人们的需求转向追求自然、确保健康和注重环境保护，消费者在购买时将越来越多地考虑产品的绿色成分，以成为"绿色消费者"为荣并且乐于购买高价绿色产品。

绿色价格存在的市场基础是符合消费者"优质优价"的观念。绿色产品从设计研制开发到生产全过程都体现了绿色理念，决定其内在品质较传统商品具有明显的优势。绿色产品由于获得了"绿色认证"，肯定具有更高的价值，更可靠的质量保障，这符合消费者心目中的"一分钱，一分货"的概念。

7.2.3 构建绿色价格机制的意义

绿色价格是企业"绿色转变"的动力源泉和物质基础。企业选择绿色营销不仅可以实现现代企业的有害于生态环境的生产技术向无害于生态环境的生产技术的根本转变，而且能更好地满足消费者需求，并且更有利于人类的可持续发展及企业效益的增长。绿色价格作为高投入和高产出的惟一手段和途径，就成了企业的经济支柱。绿色价格的实施，使企业有了更充足的资金来研制绿色技术，进行绿色设计、清洁生产，这样就为现代企业的"绿色转变"打下了物质基础，使企业的可持续发展战略有了资金的支持。

其次，绿色价格的实施能使资源得到合理配置，使用效率提高。通过构建绿色价格机制，把不可再生资源的耗损、可更新再生资源的消长、环境的破坏与修复改善、污染的治理作为社会成本列入核算体系，逐步做到资源与环境的商品化、价格的合理化和消耗资源与破坏环境的有偿化，实现资源的集约使用和有效管理，使资源的价值能得到真实体现，使企业真正形成"资源是有偿使用"的理念，从而提高资源的使用效率。

同时，绿色价格战略是绿色营销战略最主要的组成部分。实施绿色价格可以构建绿色企业形象，有利于打破绿色壁垒。

7.3   绿色渠道

7.3.1   绿色渠道的内涵

绿色渠道是在分销渠道基础上形成的，它具有一般分销渠道的含义，但它具有一定的绿色标志，绿色渠道策略是指绿色产品的分销渠道选择和实体分配决策。绿色渠道的起点是制造绿色商品具有很强的绿色观念生产者、中间商或代理人等，最终消费者为绿色消费者。绿色渠道在绿色产品从制造者到消费者的转移过程中，承担着商流和物流的职能，决定着绿色产品流通的速度和效率。

☞ **绿色链接**

绿色渠道成节能消费新宠，海尔专卖店广受认可

购买家电首选节能产品，体现了当前消费的大趋势。经过几十年的市场培育，中国消费者对家电选购愈发游刃有余，在看重品质的基础上，服务的优劣与购物的体验也正在成为影响品牌认可的重要因素。在这种大环境下，能够提供更全面、更舒适享受的绿色渠道风头渐盛，而作为其中佼佼者的海尔专卖店也被越来越多的消费者视为"品质"与"舒适"的最佳选择。

领先产品展现绿色科技魅力

能够在美国、英国、德国、澳大利亚等欧美发达国家获得节能补贴，充分说明了海尔家电在节能技术上卓越的领先实力。因此，当国内启动节能补贴政策时，海尔理所当然地成为消费者最为关注的品牌，而历来以创新研发而著称的海尔当然也没有让大家失望，不仅在各品类家电竞标中都以绝对优势入选，并且在第一时间通过海尔专卖店等自有渠道让市民能够方便地选购。

当前，凭借全球领先的节能技术和产品，海尔家电在冰箱、空调、洗衣机、热水器等品类中已经成为公认的节能标杆，不仅如此，海尔冰箱、波轮洗衣机、滚筒洗衣机还获得了国家环保部颁发的"低碳认证"证书，这是中国家电行业首次获此殊荣，也进一步验证了海尔家电在打造绿色生活体验方面的卓越创造力。

七星服务彰显人性化关怀

"连我们自己也没想到，买完家电还有这么多服务项目，不光能提供免费的家电方案，接下来的安装维护都不用操心，在别的地方肯定享受不到。"王女士对自己在海尔专卖店的"意外收获"非常满意，她坦言选择来这里买家电就是看中了离家近的优势，而这些特有的周到服务则更加深了她对海尔专卖店的信任。

据了解，目前家电行业最高服务标准的七星服务，已经在海尔专卖店得到了全面推广，其涵盖售前、售中、售后的全程式服务体系，在给海尔专卖店带来了又一次服务升级的同时，也为市民提供了更为人性化的贴心享受。遍布全国、深入社区的海尔专卖店，突破了传

统的服务模式，从售前开始，便不再局限于仅仅解答市民的产品咨询，而是可以根据居室情况提供家装家电一体化设计，免费上门测电、测甲醛等，只为给市民带来更舒适的感受。而虚实融合的创新，甚至让市民可以足不出户就能与服务人员实现在线互动，咨询、设计、预约上门实地测量。

曾经，在家电业服务意识淡薄时，海尔开创了家电服务的先河。如今，面对日益多样化的消费需求，海尔专卖店延续品牌优势，将更多人性化服务送到市民身边，这也是富有海尔特色的绿色渠道以领先的产品和优质的服务创造更加令人叹服的节能新体验。

7.3.2 绿色渠道的模式及选择

绿色渠道模式可分为三种：直接渠道，间接渠道，后向渠道。①直接渠道，又称零阶渠道，意指没有中间商参与，产品由生产者直接零售给消费者的渠道类型。②间接渠道是指产品经由中间商销售给消费者。间接渠道相较直接渠道，宽而长，能使产品市场覆盖大，可以满足更大的市场需求。③后向渠道，又称逆向销售。是指产品和服务从用户手中流向生产企业，这是一种全新的市场营销措施。企业将消费者作为垃圾的提供者，垃圾回收处理中心作为接受者，进行垃圾的分拣、再循环、再利用。目前，我国正积极倡导这种渠道方式，提高资源能源利用效率，减少环境污染，促进循环经济的发展。

对于绿色渠道的选择一般应遵循以下几个原则：

（1）经济原则，应将绿色渠道决策所可能引起的销售收入增长同实施这一渠道方案所需要花费的成本作一比较，以评价分销渠道决策的合理性；

（2）控制原则，绿色渠道是否稳定对于企业能否维持其市场份额，实现其长远目标至关重要，特别是利用中间商进行分销，就应当充分考虑所选的中间商的可控制程度；

（3）适应原则，绿色渠道对企业来讲，属于不完全可控的因素，所以企业在利用绿色渠道时应考虑适应性。

7.3.3 绿色渠道建设对绿色营销的重要意义

绿色渠道建设是绿色营销的重要组成部分。渠道是绿色营销体系中不可或缺的重要组成部分，它为企业提供了地点、时间、形态等效用，在绿色市场调研、绿色促销、开拓绿色消费市场、对产品进行编配分装、实体储运等方面具有不可替代的作用。

绿色渠道是企业最关键的外部资源。现在的企业讲求的是"竞合"，与同行业对手激烈竞争，获取市场份额。同时与供应商、中间商、零售商建立良好的合作伙伴关系。企业不仅要合理配置企业内部资源，更要整合企业外部资源，使其达到协同作用，促进企业的可持续发展。而渠道，正是企业外部资源的重要组成。

绿色渠道建设是绿色理念的重要体现。企业宣扬的绿色理念，不仅仅是指绿色环保产品，而是要形成有效绿色营销体系。慎选绿色信誉良好的中间商，选择和改善能避免污染、减少损耗和降低费用的储运条件，将绿色进行到底。

7.4   绿色促销

7.4.1   绿色促销的内涵

绿色促销是指通过"绿色"媒体，传递"绿色"产品及"绿色"企业的信息，引起消费者对绿色产品的需求及购买的行为。它是企业影响市场，促使市场向有利于绿色产品价值实现方向转化的一种能力。通过绿色促销，可以提高绿色企业形象，提高绿色产品知名度、试用率、使用率和重复购买率。

企业开展绿色促销要严格与传统促销活动区分开来。绿色促销要重点开展具体的营销和推广活动，将企业的绿色行动付诸实施。企业可以通过一些媒体宣传自己在绿色领域的所作所为，并积极参与各种公益及环保活动，大力提倡绿色环保产品的推广和使用，并带头推动一些有意义的环保事业。制定绿色促销策略，不但要突出爱心、责任、奉献等人文因素，而且也要具有长期的战略眼光，将企业的长期利益与企业的短期目标结合起来，要有重点、有秩序地层层推进，切不可虚张声势、不讲实际。

☞ **绿色链接**

从长远来看，绿色营销有助于企业追求合理的经济效益

绿色营销的过程就是企业努力提高资源、能源的利用率，减少环境污染，实现可持续发展的集约化经营过程，通过整个过程，企业可以从深层次上提高经济增长的质量。同时，随着消费者绿色意识的增长，购买绿色产品成为时尚和趋势，通过绿色营销，有利于企业占领市场，扩大市场占有率。

绿色产业方兴未艾，是一个大有前途的产业，其发展机会多、潜力大，谁能捷足先登，谁就可能获取丰厚的回报。而且，绿色产品价格一般比非绿色产品高出 20% ~ 200% 不等，这其中虽然包括了企业在保护和改善环境方面的支出，但根据"污染者付费"原则，即使是非绿色企业，同样要为环境治理和排污付费。如此说，同样是为环保付费，绿色产品却能因此而卖高价。因此，绿色营销虽然增加了企业必要的环保投入，同时也给企业带来了可观的收益。

在国外这方面的成功例子不胜枚举。日本由于长期致力于废旧物品的回收利用和提高原料及能源的使用效率，结果生产单位 GNP 所耗费的能源和原材料自 1975 年以来已降低 40%，促进了日本产品在市场上的竞争力的提高；瑞典纸业公司因生产不用氯气漂白的纸尿片，其产品的市场占有率上升了 3%；法国和德国的电池制造厂因生产不含汞和镉的电池，获得欧洲绿色标志，销路大开，短短数月，其市场占有率就从 5% 上升到 15%。

简而言之，实行绿色营销，可促进企业、消费者与自然环境和社会环境协调发展，提高全民族的绿色意识，推动绿色生产和企业绿色文化的建设，促进企业的国际化经营，使企业和消费者的眼前和长远利益相得益彰，从而充分体现出可持续发展战略的本质要求。

7.4.2 绿色促销的内容

绿色促销包括绿色广告、绿色公关、绿色人员推销、绿色销售推广等等。其中，绿色广告和绿色公关具有重要作用。

（1）绿色广告能迎合现代消费者的绿色消费心理，企业对绿色产品和企业绿色形象的宣传，容易引起消费者的共鸣，从而达到促销的目的。

（2）绿色公关能帮助企业更直接、更广泛地将绿色信息传到广告无法达到的细分市场，给企业带来竞争优势。帮助树立企业的绿色形象，为绿色营销建立广泛的社会基础，促进绿色营销企业的发展，帮助企业更有效地将绿色信息传到广告无法达到的细分市场，给企业带来竞争优势。

（3）利用绿色人员推销方式时，推销人员必须具有绿色营销理念，了解消费者绿色消费心理，熟悉消费者所关心的环保问题，掌握企业产品的绿色内涵及企业在经营过程中一系列的绿色营销举措，才能促使企业有效地实施绿色营销策略。

（4）绿色营业推广是通过营销人员的绿色营业推广，直接向消费者宣传、推广产品绿色信息，讲解、示范产品的绿色功能，解答绿色信息的咨询，宣传绿色营销的各种环境现状和发展趋势，刺激消费者对绿色环保产品的消费欲望。同时来鼓励消费者试用新的绿色产品，提高企业及品牌的知名度，引导消费心理，刺激消费欲望，促成消费行为。

7.5 绿色品牌战略

7.5.1 绿色品牌战略的含义

对于企业来说，将品牌作为核心竞争力，来获得差别价值与利润的企业经营战略就是品牌战略。而企业以建设人类与环境的和谐相处为核心竞争力，使得企业的生产经营绿色化，对于企业所要达到的目标途径、手段和发展目标等，来进行长期的、全局性的总体谋化的战略就是绿色品牌战略。

7.5.2 企业实施绿色品牌战略的影响因素

政府的引导和扶持影响企业绿色品牌战略的实施。政府对绿色产业发展的支持力度，这既是过去绿色产业取得显著成就的重要因素，也是新时期新阶段加快发展绿色产业的重要保证。

绿色消费浪潮决定了企业实施绿色品牌战略的必然。随着经济的发展，人们的生活水平的提高，促使人们的健康意识大大增强，从而导致人们的消费观念发生重要的转变，绿色消费意识得到了各国消费者的认同。

企业的传统模式制约了绿色品牌的发展。我国经济发展依然是以牺牲自然资源和环境为代价换取物质产出不断增长的传统发展模式。在传统模式主导的宏观形势下，相关法规和经济政策对企业把环境成本纳入经营决策和发展战略中缺乏足够的激励，从而使我国企业的绿色竞争力不仅与发达国家差距大，而且在国内市场也缺乏竞争优势。

一个国家的政策法律制度强有力的保障了经济的运行和发展。比如，绿色税收制度，企业生产经营的许可证制度和企业融资的绿色约束制度。从企业自身来说，通过从线性价值实现模式转向基于循环价值链的经营模式，不仅能够指导企业提高创新能力，而且有助于企业与消费者、供应商、其他企业、政策制定者等所有利益相关者建立良好的关系。

国际标准的绿色认证是企业通往国际市场的通行证。国际标准化组织顺应世界保护环境的潮流，对环境管理制定了一套国际标准，即 ISO14000《环境管理系列标准》，以规范企业等组织行为，达到节省资源，减少环境污染，改善环境质量，促进经济持续、健康发展的目的。

☞ **绿色链接**

塑造积极向上的企业形象，提高企业的美誉度和竞争力

从某种意义上讲，企业形象决定着企业的命运。消费者购买商品时，往往只看牌子不问价钱。只要牌子过硬，价钱再高也会买。有人计算，美国可口可乐的牌子就值几百个亿。其实，这几百个亿并非牌子的价值，而是可口可乐公司的形象在消费者心目中的价值。一个企业在长期经营中积累很高的声誉之后，消费者对该企业有一种特殊的信赖，从而形成一种心理定势：非某企业的产品不买。这样的企业形象必将给企业带来长流不竭的财源。

7.5.3　企业绿色品牌战略的实现

打造绿色品牌是实行绿色营销过程中重要的任务。从绿色品牌的创建、推广、维护到品牌升级，每个过程都应以拓展绿色营销为主轴，从产品设计到生产产品、市场营销乃至废弃物回收再生利用的整个过程都全力注重环境的保护，最终实现企业利益、社会效益与环保效益丰收。

(1)树立企业的绿色品牌观念。企业应把节约资源、保护环境、谋求可持续发展作为企业经济增长的核心问题来考虑，把绿色品牌塑造作为今后工作的首要观念和基本思想。企业可根据企业的现实情况，站在维护全人类的生态平衡发展的高度，以不断提高人们生活水平，保证消费安全为出发点，从培育企业文化入手，在企业的生产经营活动中对全体员工培养环保意识，建立健全"绿色"运行机制，使绿色品牌观念真正成为经营管理的行动指南。

(2)企业必须进行制度创新，适应新形式下的市场竞争。在中国现时期的市场经济状况下，同行业间的竞争日益剧烈，新产品、新工艺、新技术不断涌现，绿色品牌观念已深受重视，被越来越多的企业融入长期的发展战略当中。如果哪个企业还维系着传统的发展模式就会逐渐在竞争中处于劣势。所以要提高企业的竞争力，必须进行制度创新，促使传统发展模式向可持续发展模式转变。在有利于可持续发展的制度支持下，企业通过绿色技术创新，建立新的竞争力策略才能获得竞争优势。

(3)积极引导绿色产品的生产和消费。我国的绿色产品开发有着潜在的巨大市场。由于

目前宣传力度不够和进入国内市场销售的绿色产品有限，消费者对绿色产品还重视不够。要通过多种方式，进一步加强绿色产品的宣传普及工作，增强广大消费者的安全和环保意识，促进我国绿色产品市场的形成和发展。要使更多的人了解到，购买和消费绿色产品，不仅有益于自身健康，也是为了保护环境。

（4）加大绿色产品科技开发和推广的力度。发展绿色产品，关键在科技。加强对绿色产品生产加工技术的研究，推广现有成熟技术，完善科研开发、咨询和推广服务体系。

（5）积极推进绿色产品标志。积极推进绿色产品标志是促进绿色产品事业健康发展的重要基础。近年来，国家有关部门颁布了多个规范绿色食品生产的规定和标准，要在此基础上，借鉴国际经验，进一步修订和完善我国绿色食品管理法规和技术标准，规范绿色食品的生产和质量控制。要强化对绿色食品管理规定和标准执行情况的监督检查，确保绿色食品这一国家标志的权威性。实施绿色品牌战略的途径

☞ *知识介绍*

绿色标志

绿色标志（也称绿色产品标志），本质上即是环境标志，具体指一种贴在或印刷在产品或产品的包装上的图形，以表明该产品的生产、使用及处理过程皆符合环境保护的要求，不危害人体健康，对垃圾无害或危害极小，有利于资源再生和回收利用。

环境标志作为市场营销环节的一种环境管制措施，最近几年已有不少国家相继实行，其主要目的在于提高产品的环境品质和特征，体现环保意识。对企业而言，绿色标志可谓绿色产品的身份证，是企业获得政府支持，获取消费者信任，顺利开展绿色营销的重要保证。

7.5.4　企业实施绿色品牌战略的意义

绿色品牌战略的实施有利于企业的可持续发展，社会经济的可持续发展必须同自然环境及社会环境相联系，使经济建设与资源、环境相协调，使人口增长与社会生产力发展相适应，以保证社会实现良性循环发展的长远战略。因此，保护自然环境，治理环境污染，解决恶劣的社会环境，实施可持续发展战略已势在必行。

绿色品牌战略适应是绿色消费浪潮的必然选择，主要源于两方面的原因：一是社会经济发展在为社会及广大消费者谋福利的同时，造成恶劣的自然环境及社会环境，已直接威胁着人们的身体健康，因此，人们迫切要求治理环境污染，要求企业停止生产有害环境及人们身体健康的产品；二是社会经济的发展，使广大居民个人收入迅速提高，他们迫切要求高质量的生活环境及高质量的消费，亦即要求绿色消费。

企业参与国际竞争必须实施绿色品牌战略。20 世纪 90 年代，世界范围内兴起了一场"绿色革命"，环境与发展问题已成为新一轮多边贸易谈判的中心，即"绿色回合"。由于 QVTO 允许各成员国采取相应措施加强环境保护，因此，绿色壁垒将必然存在，而且会成为最重要的"变相贸易壁垒"。为了遵循这些绿色贸易规则，冲破绿色壁垒，免遭贸易制裁，企业必须实施绿色品牌战略，才能求得快速健康的发展。

社会环境要求企业实施绿色品牌战略。首先是宏观环境的压力,诸如保护消费者利益运动和保护生态平衡运动的压力,以及政府规范化立法的压力,从而驱使企业必须树立环保观念,实施绿色品牌战略,顺应时代要求;其次是广大消费者对绿色消费的需求剧增,企业必须顺应消费者的绿色消费需求,开展绿色经营,才能赢得顾客;最后是市场竞争优胜劣汰规律的作用,迫使企业改变经营观念,塑造绿色品牌,才能有力地对付竞争对手,不断地提高市场占有率。

7.6   绿色消费

7.6.1   绿色消费的含义

英国版《绿色消费指南》一书把绿色消费定义为避免使用以下六大类商品的一种消费类别:危害到消费者和他人健康的商品;在生产、使用和丢弃时,造成大量资源消耗的商品;因过度包装,超过商品有效期或过短的生命期而造成不必要消费的商品;使用出自稀有动物或自然资源的商品;含有对动物残酷或剥夺而生产的商品;对其他发展中国家有不利影响的商品。

中国消费者协会认为,参照国际上绿色消费5R(Reduce、Reevaluate、Reuse、Recycle、Rescue)的概括,绿色消费有三层含义:一是倡导消费者在消费时选择未被污染或有助于公众健康的绿色产品;二是在消费过程中注重对垃圾的处置,不造成环境污染;三是引导消费者转变消费观念,崇尚自然,追求健康,在追求生活舒适的同时,注重环保,节约资源和能源,实现可持续消费。不仅要满足我们这一代人的消费需求和安全、健康,还要满足子孙后代的消费需求和安全、健康。

由以上两种解释可看出,绿色消费不仅仅指购买绿色物品和服务,它同时也是一种观念、一种思维、一种哲学。在绿色观念支配下的一切消费行为都体现出以"绿色、自然、和谐、健康"为主题,是一种可持续的先进消费模式。它是一种以"人与自然和睦相处"为基础的可持续消费观念,它带来消费方式、消费结构等方面的变革,体现高品质、高层次、绿色文明的生活方式和消费观念。

☞ **绿色链接**

绿色消费意识不断增强

近二三十年来,绿色消费迅速成为各国人们所追求的新时尚。据有关民意测验统计,77%的美国人表示,企业与产品的绿色形象会影响他们的购买欲望;94%的德国消费者在超市购物时,会考虑环保问题;在瑞典85%的消费者愿意为环境清洁而付较高的价格;加拿大80%的消费者宁愿多付10%的钱购买对环境有益的产品。

7.6.2 我国绿色消费的现状与特点

我国绿色消费刚刚起步，大多数人对绿色消费观念还处在懵懂时期，对绿色消费的理解往往止步于购买绿色产品的含义。同时企业的绿色产品生产尚未形成产业规模，使得绿色产品质量参差不齐，宣传力度不够大，所以导致消费者的绿色消费观念薄弱，对绿色产品的认同度不高。

我国的绿色消费在近几十年的发展过程中形成了以下的特点：

（1）从我国国情出发、以安全为基本目标，形成了多层次、广覆盖的"金字塔"型绿色商品体系。我国在食品、日化产品等日常生活必需品领域构建了各个等级的绿色商品标准，并且先后实施了推进商品安全的主题项目，初步构建出的绿色消费的商品体系。

（2）"公益型"和"私益型"绿色商品齐头并进。按照受益对象的不同，绿色商品可分为"公益型"和"私益型"绿色商品两类。前者主要体现为对大气、土壤及水资源等公共环境的保护，其受益对象不有排他性，受益人为社会公众。后者的受益对象具有明显的排他性，只直接有利于消费者本人。我国积极鼓励两种绿色商品同时发展，并取得了卓越的成效。

（3）"绿色商品"的优先选购和"反绿色商品"的抵制"双向"推进。根据相关调查，我国的消费者大多购买过绿色商品，并且在选购时更加倾向于先购买绿色产品。反绿色产品指有悖于环保宗旨的商品，如一次性商品。虽然这类产品与绿色消费的理念背道而驰，但是出于获利和满足消费者需求的考虑，仍在普遍坚持销售。

（4）消费内容和消费过程的双重"绿色化"。消费者目前已经知道哪种行为取向是正确的，目前只是碍于经济手段不配套、盲目追求便利而在具体购物的活动中放松了对环保的责任。因此要减少消费过程中的环境污染，将绿色消费的理念在每个消费环节中都起到充分的作用，应依靠国家的规范、企业自身环保意识的觉醒和消费者的观念转换。

7.6.3 如何发展我国绿色消费

提高全民绿色消费观念。如何让消费者从传统的消费观念转变到绿色的消费观念是国家在推动绿色理念发展过程中最重要的任务。人与自然和谐共处，永续发展的理念不仅适用于企业的发展，这种理念更应被全民所接收，每个消费者都应树立起责任意识，对社会的发展负责。

企业应积极推动绿色产业的进程。企业作为绿色商品的制造者，应秉承绿色经营理念，在生产、设计、管理、推广等方面将绿色理念逐一分散到各个分销渠道，做好绿色战略的规划。同时注重绿色商品的售后服务，将绿色品牌战略进行持久性经营。

相关部门及政府应制定良好的政策，积极扶持企业的绿色经营，实行鼓励制度，鼓励行业和企业间的竞合，避免恶性竞争。同时应以宣传者的身份推广绿色消费理念，让每位消费者参与到绿色环保之中，抵制反绿色产品，营造永续发展的环境。

【案例应用】

绿色营销案例——巴塔哥尼亚：改变消费行为

修纳（Yvon Chouinard）是个不爱做生意的商人，但他却乐意承受绿色营销。是法裔加拿大人，在美国的加州长大，他想做的一切事就是登山和冲浪。他忽然发现他有才能为他的运动设备进行创造发明，因而成立了一家修纳设备公司（Chouinard Equipmnent Co.）。这家公司后来就演化成巴塔哥尼亚公司（Patagonia），这能够是历史上最成功的户外服装公司，制造滑雪、登山、山地自行车、划船、跑步和游览用的衣服。

在巴塔哥尼亚成立的第一个十年，该公司的销售扩展至 1 亿美元。然后在经济衰退的影响下，销售放缓。公司业务的下滑迫使修纳重新思索他的整个做法。巴塔哥尼亚注定要增长放缓。"我们的公司曾经超越了其资源和极限；我们已变得十分依赖于我们无法维持的增长，比方说世界的经济。"修纳在他的著作 Let My People Go Surfing：The Education of a Reluctant Businessman 中写道。

巴塔哥尼亚公司开始使用新的理论做法，这不只有助于重新界定公司的业务，而且可以界定整个绿色营销运动。巴塔哥尼亚开始承诺把其年销售额的 1% 捐给环保集团。然后它在制造一些产品时开始运用循环再造的苏打瓶。然后它开始用 100% 的有机棉制造其他的成衣。三年前，它开始思索回收客户的破旧内衣来循环制造为新的服装。以上述各项承诺，巴塔哥尼亚证明公司可以激起整个供给链（甚至社会）的严重变化。经过影响消费者的行为，巴塔哥尼亚成功地做到了。

巴塔哥尼亚努力于在运动服装产品线上临时运用无机棉。然后该公司扩展了其无机棉的推销。但说起来容易做起来难，由于无机棉的本钱比用化学品的棉花高，甚至到达 20% 以上。《可继续开展业》杂志（Sustainable Industries）报道说，巴塔哥尼亚不得不在刚开始时让步价钱和忍耐低利润率。但该公司坚持运用无机棉，并就此对客户宣布了一项声明。该公司的承诺发明了规模经济——他们消费的产品越多，本钱就变得越低。生物交流组织（Organic Exchange）总裁克莱因（Rebecca Calahan Klein），对《可继续开展业》杂志解释说："巴塔哥尼亚公司所证明的是假如您做出的承诺经得住工夫的考验，那么供给线和消费效率就会开始发扬作用。"

为了竭力标明其承诺，巴塔哥尼亚不断不懈地与消费者进行沟通。它把讯息编排在公司宣传册的文章中、商店印刷品和广告上，这样就可以传递给消费者了。自 1991 年以来，这些印刷着与消费者沟通内容的宣传手册是由由再生纸张制造的。五年之前，该公司就决议开始选择对环境担任的纸张供给商作为协作同伴。Green Marketing：Opportunity for Innovation 一书的作者奥特曼（Jacquelyn Ottman）在书中写道："把广告投放在一流的面向户外的杂志上会使客户理解到产品的开展，以及新呈现的环境成绩和巴塔哥尼亚的活动。此外，公司发布的年度'绿色报告'详细阐明了其一切重要的与环保有关的目的的停顿状况。"

多层面沟通使巴塔哥尼亚与那些在购置的产品中寻觅"肉体阅历"的消费者联络到了一同，哈特曼集团(Hartman Group)的 CEO 和 Marketing to the New Natural Consumer 一书的作者哈特曼(Harvey Hartman)这样解释道。经过这样做，巴塔哥尼亚可以使客户感到亲身参与到了援救环境的举动中。

一切这些只是修纳哲学中改动消费者行为来发明巨大改动的一局部。"我试图改动消费者。经过我们的宣传册和我们的各种活动，我们教育了消费者"，修纳说。巴塔哥尼亚公司有许多创旧式营销，但最富有发明性的营销方式是老实。在其网站上，它宣布了"脚印史录"，这是允许任何人跟踪某一巴塔哥尼亚产品从设计到交付进程中的影响。它列出了其产品对环境做的"坏事"。这个网站上还有一个异乎寻常的局部：它也列出了公司的产品对环境依然做的一些"好事"。例如，在"坏事栏"里，巴塔哥尼亚列出了其二级羊绒圆领羊绒衫的羊毛是来自新西兰运营良好的绵羊牧场，染色不运用重金属。在"坏事栏"旁边是"好事栏"，巴塔哥尼亚举出羊毛长途运输是一个弊端，这样添加了环境的本钱。在评论这方面的努力时，Top Ten Wholesale 网站指出，"老实是最可继续开展的政策。"因而，虽然其他公司能够犯有"漂绿"——是指一些公司在环境上的行为误导消费者——但是修纳的公司坚持老实为本。

"巴塔哥尼亚公司永远不会完全对社会担任"，修纳在他的著作中坦白地供认，"我们公司绝不会做出一个完全可继续、没有毁坏的产品，但它会不断努力尝试"。

在巴塔哥尼亚公司争取做到可继续的进程中，同时还销售了很多产品。它的支出曾经超越了 2.7 亿美元的目的。该公司是一家私营控股企业，据报道，它的利润相当丰厚。

问题：

1. 巴塔哥尼亚公司进行绿色营销的背景环境是什么？在此背景环境下，修纳如何设计出使巴塔哥尼亚业绩回升的绿色产品？

2. 巴塔哥尼亚在进行绿色促销时是如何改变消费者的绿色消费行为的？结合绿色品牌的内容，试理解修纳在他的著作中所说的"巴塔哥尼亚公司永远不会完全对社会担任，我们公司绝不会做出一个完全可继续、没有毁坏的产品，但它会不断努力尝试。"

【国际经验】

如何做好绿色营销

绿色营销与当前世界上许多国家正在实施的"可持续发展战略"密切相关。"绿色营销"为众多企业的发展带来了绝好机会，可以说绿色营销是市场营销出现以来最具生命力、最具市场潜力的营销方法。在当今世界 500 强的企业中实施"绿色营销"战略的企业不在少数。如 GE 顺应时代潮流，捕捉到了"绿色营销"的机会。2005 年，GE 在伊梅尔特执掌后推出了著名的"绿色创想"的营销战略，传达其管理和利用地球上稀缺资源的理念。

在很长一段时间内，GE 几乎都高居环保主义者最痛恨公司名单的前几名。GE 通过推出"绿色创想"系列产品不但取得了可观的经济效益，而且赢得了环保主义者的高度认可，环保主义者艾琳·克劳森是一家名为 Pew Center on Global Climate Change 环保机构的总裁，她对此做如下评论："GE 在全美开展了最具雄心的气候策略，并在支持温室气体条款的阵营中占据重要的地位。"

公关传播，为企业品牌加分。企业一旦选定了细分市场，找到了突破竞争重围的绿色产品，还需要进一步向社会公众传播绿色价值，塑造企业有社会责任感的形象，为企业品牌加分。跨国公司对企业公关传播非常重视。比如说 GE，从 2004 年韦尔奇"中国行"的传经布道，到近期全力赞助北京奥运的种种活动可以看出，GE 在中国的公关传播就做得比较成功。比如卡特彼勒，在全球 25 个国家设有分支机构，在拓展国际市场的过程中，卡特十分注重发展同各国政府的关系和社会公众形象，树立有社会责任感的品牌形象是卡特海外市场开拓的重要策略。

绿色促销，品牌传播出新意。企业开展绿色营销，不但要有强烈的品牌意识，而且在品牌传播上一定要有新意。首先，品牌需体现"绿色"的核心价值。如 GE 现在的品牌口号"梦想启动未来"，非常准确体现 GE 的关于高科技产品和服务的想象力与创造力。暗含了 GE 将想象化为实际行动，为客户、大众和社区工作，协助解决一些世界上最棘手的问题，如环保问题。其次，需要在广告设计上具有独具特色的"绿色"创意。GE"绿色创想"的广告非常具有创意。如在广告中有这样的画面：地球置放在一个盛满很清洁之水的杯子里，地球上面长出一株非常具有生命活力的小草，广告核心用语是："GE 绿色创想＝想像力＋环境科技"。GE 还有很多类似的广告创意，具有非常清新的风格，能让人自然而然地关注环境、起到很震憾人心灵的效果。

资料来源：商业评论网

参考文献

[1] 曹丽娟. 试论绿色产品的定位与开发[J]. 科技管理研究, 1997(4)：14 – 17.

[2] 程红, 杨荣芝. 我国绿色消费的特点和构成——首都市场绿色消费调查的启示[J]. 消费经济, 2001, 17(4)：8 – 10.

[3] 姜红, 石垒. 关于绿色价格问题的思考[J]. 改革与战略, 2005(3)：65 – 67.

[4] 梁为民. 用绿色为品牌添彩[J]. 企业改革与管理, 2005(9)：66 – 67.

[5] 汪抒亚. 论绿色营销渠道的构建[J]. 当代经济, 2010(8)：38 – 39.

[6] 尹世杰. 论绿色消费[J]. 江海学刊, 2001(3)：23 – 26.

[7] 张建华, 王述洋, 李滨, 等. 绿色产品的概念、基本特征及绿色设计理论体系[J]. 东北林业大学学报, 2000, 28(4)：84 – 86.

[8] 张庆亮. 绿色营销的战略对策[J]. 企业文化, 2006(11)：10 – 13.

[9] 赵云君, 于文祥. 构建绿色价格机制的理论分析[J]. 绿色经济, 2004(S1)：104 – 106.

第 8 章　绿色会计

【引例】

日本富士通绿色财务

(一)绿色会计

富士通公司从 1998 年 3 月起开始实施以环境保护投资及其效果评价为目的的绿色会计核算。该公司的绿色会计核算采用了美国环境保护署和日本环境厅制定的环境成本确认和计量指南,并以这两项指南为依据对环境成本进行了核算。由于这两个指南中都没有提出环境收益的核算标准,因此环境收益的核算是依据该公司自己制定的绿色会计指南进行的。

环境成本和环境收益对照计算指南

分类	成本项目	收益内容
设备投资	工厂环境治理措施(大气、水质、噪音、振动)	由于药液和排水再利用而降低的成本、防止作业损失的收益
	废弃物(削减设备、再资源化设备)	由于废弃物削减而减少的废弃物处理外部委托费
	节省能源措施	用于电力、燃油、燃气使用量减少而降低的成本
	减少化学物质排放	由于设备及工艺的改善而减少的排放量
	环境风险、调查对象(地下水污染治理措施、二恶英治理措施)	场地治理措施的收益、投资保险及赔偿费的节约额
运转管理费	工厂环境治理措施、废弃物处理、节能设备的运行费	生产过程增加的产品附加价值中环境保护措施的贡献
	操作费(工时费)	
费用	废弃物外部委托处理费	无
	环境管理体系认证取得、运行	协调贡献度、管理质量提高、预防保护措施的收益
	有利于环境型产品的研究开发	绿色产品的设计贡献度
	产品再循环和利用材料费	工厂废弃物处理的有价品销售收益
	其他(建立信息系统、用纸减少、教育、绿化等)	运用 MSDS 而减少的工时数、用纸减少的收益
人员费	环境保护促进活动费(员工工时费)	水质、大气污染分析等外部委托费的减少
		营业支援

(二)绿色审计

审查的目的及范围：研究所对富士通公司当年环境活动报告书中记载的富士通公司及其主要子公司的年度环境会计实际业绩进行审查。审查的目的是站在本研究所的独立立场，对当年报告书所记载的年度环境会计实际业绩是按照公司既定的"环境会计指南"进行收集、汇总的一事表明意见。

审查的程序：研究所在与公司协商的基础上实施以下审查程序：①年度环境会计实际业绩的收集过程和收集方法的确认；②年度环境会计实际业绩的基础资料的相互对照和计算的正确性的验证；③其他，根据需要对相应工厂和子公司进行现场调查，对编制负责人进行询问，现场视察及对相关请示书进行查阅。审查实施者包括环境计量师、环境审查员、注册会计师。

日本富士通公司在绿色财务方面严格缜密的遵循了绿色会计的基本目标，并将绿色会计的信息进行合理的审查和披露，这些都使它在平衡环境成本和环境收益过程中取得了成功。绿色会计不仅仅意味着高成本，高负债，做好绿色会计可以使企业得到更多绿色的收益。

8.1　绿色会计的基本内涵

8.1.1　绿色会计的内涵及特征

所谓绿色会计，又称环境会计，是将会计学和自然环境相结合，采用多元化的计量手段和属性，以有关环境法律、法规为依据，研究经济发展与环境资源之间的关系，并运用专门方法，对企业给社会资源环境造成的收益和损失进行确认、计量、揭示、分析，以便为决策者提供环境信息的会计理论和方法，其核心是用会计的方法来计量、反映和控制社会环境资源。

绿色会计与传统会计有着显著的区别有：

一是信息的主要使用者不同。绿色会计信息的主要使用者是政府，政府有关部门特别是环境保护管理部门通过企业提供的绿色会计信息，企业对造成的环境污染和取得的环保成绩，综合起来作为进行宏观环保决策和对企业进行环保考核与奖惩的依据。企业的外部投资者也需要了解企业履行环境保护责任的状况，判断企业由此获得的发展机会和前景，决定对企业的投资行为。

二是信息披露的形式不同。传统会计信息披露的形式主要是以财务制表为主，以报表附注、文字说明为辅，而绿色会计计量确认的是非数量化信息。

三是计量方法不同。绿色会计不能采用单一的货币计量方法，应采用货币计量和非货币计量相结合的方法。采取两种方法结合的原因在于，环境资源是由自然界长期积累形成的，其中没有凝结人类劳动，无法按社会平均劳动生产率的方法确定其价值，而且自然资源的再生周期有很大的差别，难以确定一个统一的评估标准。因此，采用货币计量和非货币计量相结合的方法，两种方法相互补充，可以提供更加完整准确的信息。

四是绿色会计理论和实践以可持续发展为前提。绿色会计应在保证人类社会的可持续发展基础上核算和监督企业的经济活动，反映企业经营和环境之间的能量交换和价值转移过程。可以说，可持续发展理论是绿色会计建立和发展的理论前提和基础。绿色会计正是基于企业与环境长期互利和共存关系，着眼于企业在环境良性循环的前提下实现持续经营。失去了环境的可持续发展，企业的经营难以延续，绿色会计也就失去了其存在的必要性和基础。

☞ **绿色链接**

绿色 GDP 呼唤绿色会计

中国政府和公众已经意识到：GDP 的速度增长不等同于社会的协调发展，如果我们依旧忽视人与环境之间的互动关系，在计算式中将"环境保护""自然资源成本""工业废弃物的负面支出"等要素搁置一边，那么，我们未来就只能生活在灰色之中。

绿色会计就是将自然资源、人力资源和生态资源纳入企业的会计核算对象，从而使自然资本和社会效益在企业的活动中通过会计工作清楚明了地反映出来，便于评估企业的资源利用率和社会环境代价，从而有效引导和管理企业走环保之路。

绿色会计制度就是将各个绿色产业经济点连接呈现的绿色管理系统，它使环境自然资本在企业组织的会计计量中得到体现，以其强制性、可操作性规范市场主体，调整行政行为，维护秩序，加强环保管理，推动我国可持续发展战略的实施。因此，有关部门应积极组织研究中国的绿色会计制度和新的国民经济核算体系，集中以绿色 GDP 的核算方法、核算原则、核算精确度、核算实务为中心，与国际同类研究接轨，形成统一的绿色计量标准。

绿色会计作为会计的一个分支，是环境问题与会计理论方法相结合的产物，由于环境问题多样性与资源利用的复杂性，必然带来绿色会计自身的特殊性：

研究方法的多样性，传统会计研究主要运用政治经济学和数学的基本理论方法，环境会计则需要涉及更为广泛的学科领域；

报告形式的特性，环境会计报告既应揭示财务信息，也应揭示非财务信息(企业的环境目标及执行情况，企业对于治理环境所采取的措施等)。

8.1.2　绿色会计的基本假设

绿色会计基本假设同传统会计的四个基本假设相同，绿色会计以货币计量为主，同时辅之以实物、指数等其他相关计载尺度。在传统会计原有的四个假设前提的基础上，绿色会计还应该添加会计主体假设，可持续发展假设和多元的计量单位假设。

会计主体假设是指绿色会计应注重主体的行为特性而非所有权特性，当企业造成的环境污染而给整个社会带来危害时，仅将会计核算局限于会计主体本身所拥有的资产已不恰当，而应将会计主体的行为所产生的外部不经济性的内容包含在绿色会计的核算对象之内。

可持续发展是指绿色会计核算以会计主体在自然资源不枯竭、生态环境不恶化的基础上，保证经济的可持续发展。会计进行核算和监督的正常程序和方法都必须也应当立足于可持续发展，可持续发展理论是绿色会计的理论基础和实践基础。

多元的计量单位假设，绿色会计核算对象的特殊性，使一般意义上的货币计量假设发生了较大变化，即绿色会计计量单位超过了传统会计单一货币计量，而且具有多元性，它不仅可以用货币单位反映各项经济业务的成本和效益，还可选择实物、百分数、指数进行辅助计量，甚至可以用图表和文字叙述加以说明。多元的计量能够相互补充，提供更加完整、准确的信息，满足各方面信息使用者的要求。

8.1.3   绿色会计的理论体系及基本内容

绿色会计的基本内容包括绿色会计的确认、绿色会计的计量、绿色会计的核算、绿色会计信息披露和绿色会计报告。

(1)绿色会计的确认是将企业所拥有的环境资源确认为资产，将企业应承担的环保责任确认为负责，将消耗的资源成本列为费用，将环保收益列为收入等。绿色会计超过了传统会计所确认的范围，主要将涉及环境的经济业务也作为会计要素予以记录，并在会计报表中加以确认。绿色会计涉及环境的经济业务主要有：资源价值、环境成本、环境收益和环境利润4大部分。资源价值包括自然资源价值、人力资源价值和旅游资源价值3个方面。环境成本包括资源消耗成本、环境支出成本、环境破坏成本和环境机会成本。环境收益包括获得的环保业绩卓著奖励、环境损害补偿收入、环境污染罚款收入和环保措施机会收益。环境利润是环境收益扣除环境成本和环境税金后的净额，它反映会计主体的环境绩效。

(2)实行以货币计量为主的多种计量单位并用的原则，再借助于价格替代、支付意愿和数学模型等。另外，对环境状况评价也应建立起相适应的方法体系，比如可采用指数评价法、分级聚法及模型评价法等。绿色会计的计量传统会计建立在以历史成本为计价原则，经济事项都能用货币计量的基础之上。绿色会计存在着许多无法用货币计量的经济事项，也有的无法用历史成本计价。

(3)绿色会计的核算对象不仅仅是自然环境所包含的自然资源和人造资源，还包括社会环境，把视野拓展到整个社会，即把社会资源看作核算对象，包括环境资源、信息资源及由此带来可持续发展的无形资源等，笔者认为应设立"自然资产""环境损害费用""绿色收益"等基本账户。

☞ **知识介绍**

绿色核算

绿色核算就是把经济核算与环境核算联系起来，把生产活动与环境的双向影响纳入到企业财务核算体系中，形成与原财务核算体系对应的绿色核算体系。这样可以使人们能够从一个新的角度——保护地球的角度来认识和研究发展问题，使企业、个人等行为主体都能自觉地规范自己的行为，做到少害或无害于环境。绿色核算将环境因素纳入企业财务核算体系中，使后者在内容上得以扩展，由此涉及环境资产经济利用概念的引入和界定，即在核算时期内投入经济过程被企业所利用消耗的环境资产，反过来从经济过程看，就是一定时期内经济活动所利用消耗的环境投入。

（4）绿色会计信息披露。应在传统会计报表的基础上增添有关绿色会计的核算资料，再辅之以报表附注、文字说明揭示企业基本的绿色会计信息，满足可持续发展分析、决策的需要。在进行绿色会计信息的披露时，可利用会计报表、报表附注以及财务状况说明书来揭示和说明环境及资源利用方面所引起的财务影响，包括：环境保护成本、环境负债、与环境成本和负债相关的特定会计政策、报表中确认的环境成本和负债的性质，与某一实体和其所在行业相关的环境问题的类型等等。

（5）绿色会计报告。一方面在资产负债表中，应于无形资产下单独列示自然资产有关情况，另一方面应在附注中从动态和静态两个方面详细揭示，以展现绿色会计信息的全貌。对内报告，一部分为非货币信息，另一部分为货币性信息。绿色会计的报告的形式可以有两种：一种是把绿色会计要素直接添加到原有的会计报表中去；另一种则是设置独立的绿色会计报表，即另外设置绿色资产负债表、绿色损益表和绿色现金流量表。

8.1.4　绿色会计应遵循的原则

绿色会计除了继承一些传统会计的客观性原则、及时性原则、明晰性原则外，又有适用于绿色会计所特有的会计原则。

（1）重要性原则是指绿色会计在核算时，应将环境、资源因素按重要性进行排列，选取对经济发展起重要影响的事项进行核算。

（2）可比性原则要求企业严格按照联合国设计的绿色会计核算体系进行会计处理，以便会计信息使用者进行企业之间，进而国与国之间环境资源状况的比较，促进绿色会计信息在世界范围的可比性。

（3）政策性原则是指绿色会计在进行核算时，必须严格执行国家颁布的有关环保政策和法规，以及相关的会计法规、制度，正确处理企业与环境的关系。

（4）社会性原则是指绿色会计所提供的信息应充分揭示企业对环境保护的社会责任。对企业的评价应以企业社会效益与社会成本相配比并取得社会利润为标准，站在社会的角度全方位地考虑企业的业绩，以便维护社会资源环境。

（5）充分披露原则要求绿色会计在公布报表、提供会计信息时，必须全面、公正地反映企业对生态环境的作用、保护或者污染、损耗等情况，不得有意忽略或隐瞒重要的数据资料。

8.1.5　绿色会计目标定位及实施的必要性

作为绿色会计行为指南的目标可分为基本目标和具体目标。

（1）基本目标是用会计来计量、反映和控制社会环境资源，改善社会的环境与资源问题，实现经济效益、生态效益和社会效益的同步最优化。基于对环境宏观管理的要求，企业在进行生产经营和取得经济效益的同时，必须高度重视生态环境和物质循环规律，合理开发和利用自然资源，坚持可持续发展战略，尽量提高环境效益和社会效益。

（2）具体目标是进行相应的会计核算，对自然资源的价值、自然资源的耗费、环境保护的支出、改善资源环境所带来的收益等进行确认和计量。为政府环保部门、行业主管部门、投资者以及社会公众提供企业环境目标、环境政策和规划等有关资料。

当然为相关客体提供环境会计信息的最终目标是控制与协调经济效益与环境资源的关系，实现环境效益、社会效益和经济效益的同步最优化，实现经济发展、社会进步和环境保护的和谐统一。实施绿色会计不仅有利于我国环境现状的改善和国家的宏观调控，也符合企业绿色管理的需要，实施绿色会计是根据我国环境现状而提出的要求：目前我国人口基数大，人均可利用的自然资源较少，资源配置与利用不均衡，一些地区水土流失严重，这些现象都证明在我国实行绿色会计是非常必要的。

绿色会计国家宏观调控的需要：通过绿色会计所提供的信息，政府可以了解整个社会的自然资源、人造资源、社会环境的维护与开发情况；并运用税率等手段引导企业追求经济、社会、自然环境协调发展。财务会计核算原则的要求：事实上，单从会计核算原则来考虑，现行会计对环境资源的处理有诸多不妥，比如将环境资源投资计入当期费用，违背了权责发生制的原则等。所以，从遵循会计原则的角度而言，实行绿色会计也很有必要。

绿色会计是符合财务信息使用者的需求：知识经济时代到来，使得环境资源等因素对企业经营成败的影响越来越大，投资者对这方面的信息的需求也越来越大。

绿色会计可满足内部管理的需要：目前，许多环境资源没有作为资产处理，环境资源的存量和用量都没有纳入会计核算体系，因而也就无法正确核算企业的经营成果，无法准确地分析企业的财务风险和满足全面考核经营管理者业绩的需求。

8.2　绿色会计的基本内涵

8.2.1　绿色会计的实施要素

绿色会计要素是指对绿色会计对象所作的基本分类。具体可分为绿色资产、绿色负债、绿色成本、绿色收入四类。

（1）绿色资产是指所有权已经界定或管理主体已经明确，能对其执行有效控制，并通过对其持有或使用可获得直接或间接经济利益的环境资源。这里的经济利益指通过对环境资源的拥有、使用、处置所产生的已实现的原始收入和通过对其拥可能产生的未实现的持有损益。从形态上，绿色资产可分为自然资源性资产（包括土地、能源、金属和非金属矿等）和生态环境资产（包括土地、森林等）。

（2）绿色负债是由于企业以往的经营活动或其他事项对环境造成的破坏和影响，而应当由企业承担的，需要以资产或劳务偿付的现时义务。绿色负债作为对企业应承担的资源环境的责任的反映，具有其特殊性。例如，主要产生于已经存在的或与其可能发生的与资源环境破坏有关的损失。多数情况下绿色负债难以确切计量，但可以合理估计。

（3）绿色成本（费用）指本着对资源环境负责的原则，为管理企业活动对资源环境造成的影响而采取或被要求采取的措施的成本，以及因企业执行资源环境的损失给公众的生命财产带来严重危害，同时也涉及到企业自身的生存与发展。包括：自然资源耗减成本；废弃物回收、再利用及处置成本；降低污染物排放的成本；绿色采购成本；资源环境管理成本；资源环境损失成本。

（4）绿色收入指管理在一定会计期间内由于开展以保护和改善资源为宗旨的管理、生产、销售活动而增加的资源。绿色会计存在着无法用货币计量的经济事项（如空气），无法用历史成本计价的事项（如企业造成环境污染发生的延时治理费），因此计量上实行以货币计量为主的多种计量单位并用原则。

8.2.2　绿色会计计量的内涵及必要性

会计计量是指在会计确认的基础上，对业务和事项按其特性，采用一定的计量单位，进行数量和金额认定、计算和最终确定的过程。

绿色会计计量能为将来绿色核算监督体系的价值量衡量作铺垫。绿色核算监督是以经济与环境的和谐为目的而发展起来的一种全新的经济核算监督，是一种循环经济再生产和自然环境清洁生产有机结合的良性循环发展核算监督，是人类社会可持续发展的必然产物。

绿色会计计量是改进传统会计计量的需要。绿色会计作为会计的一个分支，是环境问题与会计理论方法相结合的产物，所以绿色会计计量对传统会计计量既有继承又有创新。

绿色会计计量是正确核算企业经营成果，准确地分析企业财务风险，全面考核经营管理者业绩的需要。从企业长远利益看，只有增大环保投入，重视绿色会计，才能始终保持竞争的优势。在损益表中计算经营成果时，只有将企业对环境影响的耗费作为收入的减项反映，才能正确核算企业的经营成果；只有在负债总额中加上企业因对环境造成危害而形成的环保负债额，才能得出真实可靠的资产负债率，准确分析企业的财务风险。绿色会计揭示企业履行社会责任的信息，可从社会的角度而不是仅仅从企业的角度来全面考核经营管理者的业绩。

8.2.3　绿色会计计量的计量方法

绿色会计计量对象的特性也对其计量方法的选用提出了新的要求。主要分为定性计量法和定量计量法。其中定性计量法包括调查分析法、法院裁决法政府认定法、文字表述法。定量计量方法包括模糊数学方法、皮尔数学模型数学公式法、费用效益分析法、直接市场法、替代性市场法。

8.3　绿色财务分析

8.3.1　绿色会计信息披露的内涵

环境信息披露是绿色会计的主要表现形式。具体来说，我国现阶段的环境信息披露主要在于会计单位范围内，主要是针对企业的环境状况而披露的治理环境的费用、由于环境因素对企业经营状况的影响、以及"绿色产品"和"绿色经营"带来的收益等。由于这样的信息一般是用企业的财务数据来表示的，所以也常被称为"绿色会计信息披露"。

绿色会计信息，在目前的情况下，政府部门、投资者和债权人是主要的使用者。但从需求的发展情况来看，绿色会计信息的需求在逐步扩大、增加，其潜在需求必将发展成为现实需求。从长远的角度来看，会计信息的使用者也必然是绿色会计信息的使用者，因此，绿色会计信息的提供必须兼顾其他使用者的需要。我国绿色会计信息披露内容主要包括：

（1）财务影响信息。财务影响信息主要是指环境污染和破坏及环境保护活动对企业的财务状况和经营成果造成的影响以及企业经营活动对环境造成污染和破坏影响的信息，这些可以货币化的且影响企业财务状况的信息又可分为：①揭示或表述某一时段内因环境因素而导致的成本支出和经济收益。②揭示或表述某一时点上企业所拥有的绿色资产以及直接因环境因素所导致的绿色负债等信息。

（2）环境影响信息。环境影响信息在短期内可能不直接影响企业的财务状况和经营成果，但有助于信息使用者了解企业对环境责任的履行情况，为企业树立良好的环保形象，从长远看也可以为企业带来直接或间接的经济利益。属于此类的信息有：①环境问题及管理措施，即对企业面临的环境问题和环境保护工作的披露。②企业进行的环境保护方面的技术开发与研究，职工环境保护教育活动等。

（3）生态效益信息。绿色会计应着眼于全局和社会，因此保护自然资源和环境，提高企业经济活动的生态效益也是绿色会计目标之一。生态效益信息这部分内容主要披露企业获得的经济收益是以多少环境损失为代价，以鼓励企业以对环境最经济的形式生产。

（4）其它信息。除了以上信息需要披露之外，对绿色会计处理及财务信息补充说明的信息也需要进行披露。

☞ **重要概念**

社会责任会计（Accounting for Social Responsibility）

社会责任会计研究起源于美国。美国会计学家戴维·林诺维斯（David F Linowes）于1968年率先提出了"社会责任会计"的概念，随后他在1973年完善了社会责任会计定义，提出"社会责任会计是衡量和分析政府及企业行为对社会公共部门所产生的经济和社会效果"。此后，学者们对社会责任会计的研究进一步加深。美国托尼·蒂克系统论述了社会责任的内涵、社会责任会计的产生背景以及信息披露的模式等内容。同时，西方其他国家的学者也在研究公司社会责任与公司绩效方面做出了一系列贡献。Ullmann（1985）、Pava（1996）、Griffin 和 Mahon（1997）均认为公司承担社会责任与财务绩效之间存在积极的正相关。而 Coroll（2000）认为无法衡量研究公司社会责任与公司绩效关系的价值。Subroto 和 Hadi（2003）在对印度尼西亚的公司进行实证研究后，也认为公司承担社会责任与公司的财务绩效没有关系。可见，西方关于公司社会责任与财务绩效的关系研究并没有得出统一的定论。

8.3.2　构建绿色会计信息披露模式应遵循的基本原则

（1）渐进性原则。由于环境问题的严重性，要求绿色会计对生态、环境信息加以揭示已经势在必行。但是由于自然资源不同于传统会计的可计量的会计核算对象，因此不能用单一的货币手段来揭示绿色会计信息，必须将多种方式、手段结合起来。所以现阶段应采用价值形式与指标体系法相结合的权宜之计，等待自然资源计价问题被攻克以后，最终还是应该采用价值形式法代替现阶段的权宜之计。

（2）强制性原则。按照"谁受益，谁负担"的原则，企业应对所耗费的资源和破坏的生态环境付出一定的代价。政府会计管理部门和环境保护部门必须对企业最低限度的信息披露做出明确和强制性的规定，支持并鼓励企业披露尽可能多的生态与环境方面的信息。

（3）社会性原则。绿色会计所提供的信息应当充分揭示企业对环境保护的社会责任。对企业的评价应以企业社会效益与社会成本相配比并取得社会利润为标准，从社会的角度全方位地考虑企业的业绩。

（4）灵活性原则。绿色会计核算范围广泛，如生态系统与经济活动关系，发展生产与保持生态平衡关系，森林、渔业、草原等与农业生态，环境污染的防治等等，而且随着经济的发展，其内容也会发生很大的变化，加上绿色会计核算内容很多难以量化，因此会计处理方法必须灵活适宜，不能僵化呆滞。

☞ **绿色链接**

中化国际(控股)股份有限公司环境会计信息的披露

中化国际(控股)股份有限公司在招股说明书中没有披露相关环境信息。2002 年报中董事会报告部分披露的环境信息为 HFC – 134a 环保替代品一期生产 200 吨，二期总投资 30145 万元。2003 年报中业务介绍部分披露的环境信息为：HFC – 134a 环保替代品二期生产装置建成，研发取得实质性进展。2004 年报中董事会报告部分披露的环境信息为：2005 年太仓项目园区的 EHS 将通过国际认证。2001 年中化近代环保化工(西安)有限公司因享受环保扶持政策，接受世界银行固定资产捐赠 2541 万美元，资本公积增加而产生。2004 年报年产 5000t 的 HFC – 134a 建成投产，年产品市场占有率达 30%，获得当年"保护臭氧层贡献奖"金奖。

8.3.3　我国企业绿色会计信息披露目前存在的主要障碍

绿色会计信息披露的规范性需要得到尽快理顺。由于绿色会计理论与方法体系尚在发展中，其科学的定量方法及切实可行的指标体系并未完善，需用货币计量、披露的环境资产与负债、环境成本与收益等信息缺乏可操作性的方法。如何避免会计计量单位的多元性与披露信息的多元性所造成的信息不可比，是绿色会计信息披露急需解决的问题。由于缺乏绿色会计行为规范标准和缺乏强制性的准则规范，无法统一规范绿色会计核算的对象及披露形式，致使绿色会计核算与信息披露的可操作性差。大多数企业不会主动披露绿色会计信息，或者即使披露了一些，也无相关标准去衡量其信息质量，不能取信于社会公众，影响披露效果。

　　政府机构对需要进行绿色会计信息披露的单位监管不够。我国政府对于环境信息的披露管理松散，像环保局、证监会等都很少主动提出要求对上市公司在年度报告中必须披露环境信息。

　　环保立法和执行方面的力度不够。企业不会主动牺牲自身经济利益而去实现整个社会的可持续发展。如果没有相关的法律、法规与制度的强制性要求，大多数企业目前将不会为减轻生态环境破坏而自觉增加支出。即使增加了相关环保支出，大多数企业在一定程度上仍不乐意主动向社会披露这方面的信息，怕损害企业的环保形象。目前我国已制定了一些相关法律，但环保立法的深度与广度以及执法的力度都需进一步明确和加强。

　　环境会计从业人员素质跟不上。绿色会计是由会计学、环境学、生态经济学、可持续发展学等多门学科交叉渗透而成，这就要求财会人员必须具有全面、扎实的基础知识与专业知识。但是我国目前的绿色会计人员基本由会计、财务、审计人员组成，目前的财会人员队伍缺乏相应的环境、生态、可持续发展等方面知识，从而制约了环境会计的有效实施。

【案例应用】

美国、日本的绿色会计

　　在美国、日本等国，企业界、会计界以及外部会计信息需求者都很关注绿色会计研究和运用，关键是这些国家注重自然资源环境保护，建立了完善的资源环境保护方面的法规，这些法规对企业都会产生现在和潜在的巨大支出或债务，所以企业及时对这些信息进行处理反映和对外披露就非常重要，目前美国、日本等国家在绿色会计方面已发布了一些具有实际指导意义的绿色会计处理及信息披露的具体制度。

（一）美国

　　美国关于绿色会计研究主要在绿色负债和绿色支出方面，特别在潜在负债和潜在支出方面。企业、会计界、会计信息使用者之所以越来越重视环境原因引起的负债和支出问题，关键在于美国从 20 世纪 20、30 年代开始以来颁布了一系列与环境保护相关的法律法规。这些法律法规对企业在预防、降低、治理污染方面提出了严格要求，相应地增加或带来了一系列的绿色成本和绿色负债，有些条件下其数额非常大，有时关系到其生存发展。到目前为止，已经颁布的联邦及州法律和政府机构颁布的法规主要有：《全面环境反应、补偿与债务法案（CERCLA）》、《资源储备与恢复法案（RCRA）》、《清洁空气法案（CAA）》、《清洁水法案（CWA）》、《有毒物质控制法案（TSCA）》、《超级基金增补与再授权法案（SARA）》、《污染预防法案（PPA）》等。

　　归纳起来看，企业有可能发生的与上述法律相关的污染的支出及债务主要有：①按照法律法规要求开展的环境保护活动而导致的成本、支出和债务；②按照法律法规要求对已污染项目进行清理或清除而导致的支出或债务；③其他个人或组织由于受到企业排放污染物的损害而导致的支出或债务；④违反环境保护法律法规受到惩罚而导致的支出或债务等等。故在可预见的将来，企业因环境问题而发生的支出和债务将越来越大和越来越多，按照重要性原则，这些支出或债务的会计处理及披露就非常重要。

为了保证上述会计准则及处理要求能被各上市公司遵守执行，美国证券交易委员会采取了一些具体措施：首先，与联邦环保署于 1994 年达成协议，由联邦环保署向证券交易委员会提供各种类型公司的环境信息，证券交易委员会凭该信息来评价企业是否对与环境有关的问题进行了全面、适当的处理及披露。其次，证券交易委员会从 20 世纪 70 年代起就开始对一些环境问题严重而未能适当披露环境负债的企业进行处罚。此外，为了对环境问题而引起的会计处理及披露问题有个完整和系统的规定，美国联邦环保署、美国注册会计师协会、美国会计协会、美国财务会计准则委员会以及许多学者等在研究或制定相关的会计处理、信息报告、审计等准则。

（二）日本

日本关于绿色会计的研究及推行起步较晚，主要从 20 世纪 90 年代才开始，但日本在绿色会计的研究及实践方面发展较快，相对于其他国家，日本环境省在绿色会计研究、实践等方面发挥着主导作用，为了建立绿色会计体系，发挥"环境会计"的作用，多次召开"关于环境会计体系的研讨会"，进行调查研究，先后确立或发布了《关于环境保护成本的把握及公开的原则》《关于环境会计体系的建立（2000 年报告）》《环境报告书准则（2000年度版）——环境报告书制作手册》等。

环境报告书是企业就环境有关内容向企业利害关系者报告的工具，具体地讲，环境报告书是企业等组织就经营责任者环保方针、目标、计划、环保管理状况（环境管理机构、有关法规的遵守、环保技术开发等）、环境成本的降低（废气废水废渣排放量等）等进行汇总、发表的文件。它对于提高企业环保意识及积极性，改善企业在国内国际形象，增强环境管理的效果等方面非常重要。日本环境省在调查研究的基础上，于 2001 年 2 月 23 日发布该准则。该准则还加了"环境报告书制作指导"的副标题。准则主要内容包括：关于准则的发布，制作环境报告书的原因，环境报告书的模式，环境报告书的内容，准则的不断完善及资料汇编。该准则的发布，促进了环境报告书的公开及其可比性的加强。

为了保证环境报告书的可信性，在规定了严格的内部管理和内部审计制度之外，还确立了第三者独立鉴证制度，对于环境报告书内容的正确性主要由会计师事务所或环境监察部门进行验证，就报告书信息的完整性、内容的全面性、环境对策的适当性及环境工作的合法合规性等进行验证。

企业环境业绩指标作为环境报告书的重要部分，在早期，由于没有统一的标准或准则，各企业自行选择，影响了信息利用者的比较、评价等。日本环境省组织了"企业环境业绩指标研究会"，策划制定环境业绩指标，并于 2001 年发布了《企业环境业绩指标准则（2000 版）》，且已成为各企业计算环境成本、评价经济活动的基本依据。该准则分为：制定环境业绩指标的目的，环境业绩指标应具备的条件，环境业绩指标的结构（指标体系及分类、指标的选择），环境业绩指标的评价等部分。

资料来源：王建明. 企业绿色会计理论与实践研究[D]. 南京：南京农业大学，2005.

思考：

1. 美国，日本等发达国家的企业在实行绿色会计时是如何贯彻绿色会计的一般原则的？

2. 结合美国，日本企业实施的绿色会计经验，我国应如何做到绿色会计目标与手段如何共进？

【国际经验】

绿色品牌与企业可持续发展

前不久，全球最大的综合性品牌咨询公司 Interbrand 发布《全球最佳绿色品牌 50 强榜单》，以消费者对绿色环保活动的印象和环保实际成效作为衡量标准评价品牌。

Interbrand 全球首席执行官杰兹·弗兰普顿（Jez Frampton）说："随着企业公民意识越来越普遍，绿色环保可能是最容易付之诉求和最引人注目的话题，但同时也是最难以成果服人的挑战。我们相信上榜的优秀绿色品牌正处于形象感知与实际表现的交叉点上。它们通过一次次既可行又可信的环保实践，与消费者建立更强关联。"

消费者感知：企业绩效与企业认知

Interbrand 亚太区首席执行官斯图尔特·格林（Stuart Green）在接受《新营销》记者采访时表示："在评估过程中，我们发现，企业如果对外披露的环保数据越多，那么它们的消费者印象得分高于那些没有披露环保数据的企业；而那些报告较好环保成效的企业，它们的消费者印象得分高于那些报告较差环保成效的企业。"

企业绩效和企业认知得分的差异体现了品牌表现和消费者感知之间存在的潜在偏差。斯图尔特确信："最强劲的环保品牌最终必将处理好企业绩效和企业认知之间的平衡，企业绩效与企业认知如果存在差距，说明品牌存在风险，或是品牌资产未能充分发挥作用。"

调查表明，身为企业公民，开展相应的环保活动，将显著提升消费者的品牌好感，同时进一步影响消费者的购买决策。有趣的是，受此因素影响最大的是 B2B 品牌。

斯图尔特对比了中西方的情况："从全球最佳绿色品牌排行榜中，我们注意到中国和西方国家的一个明显区别，即与西方消费者相比，中国消费者往往更重视商品是否是绿色产品或环保服务，而不太重视商品的回收循环再使用。"

"聪明的做法"：可持续发展的企业观。

对于投资者来说，绿色话题越来越引起他们的兴趣。1999 年，道·琼斯推出可持续发展指数，当时只有 9 家企业参加了可持续发展全球报告倡议组织（Global Reporting Initiative），然而到 2009 年，参加的企业为 1377 家。2009 年年末，彭博社开始在自己的彭博终端程序（Bloomberg Terminal）上发布与企业环保相关的社会和治理信息。

此次绿色榜单的上榜企业都被证实为股东创造了价值。但不少企业一开始开展环保工作时遇到了不少难题，譬如如何说服股东等利益相关人。对此，斯图尔特认为："履行企业责任和采取可持续发展行动并不只是'善行'（Good Practice），而是'聪明的做法'（Smart Practice）。我们有理由相信，那些市场领先的企业已经认识到这一点，它们不认为企业的绿色战略和企业的整体战略之间存在矛盾性。"

资料来源：商业评论网

参考文献

[1] 曹志强. 关于循环经济绿色会计绿色会计制度的探讨[J]. 铁道经济，2008(9)：478-481.

[2] 黄凤. 浅谈绿色会计核算体系[J]. 管理观察，2009(12)：252-253.

[3] 刘为娟. 浅谈绿色会计[J]. 全国商情·经济理论研究，2007(4)：92-93.

[4] 佟彦. 绿色会计计量方法研究综述[J]. 科技信息(科学·教研)，2007(36)：310-311.

[5] 王晓波. 绿色会计信息披露模式的构建[J]. 绿色财会，2006(8)：8-9.

[6] 岳金旺. 构筑我国绿色会计理论框架[N]. 中国建材报，2002(1).

[7] 曾敏. 关于构建绿色会计信息披露体系的探讨[J]. 金融经济(理论版)，2009(9)：63-64.

[8] 郑明彪. 浅析新时期绿色会计信息披露存在的问题与对策[J]. 湖北经济学院学报(人文社会科学版)，2008(10)：76-78.

第3篇　绿色创业与技术创新

【引例】

河北新奥集团绿色创业活动

河北新奥集团股份有限公司创建于 1989 年，是一家致力于清洁能源生产与应用的企业集团。公司以创新清洁能源为使命，依托系统能效技术和煤炭清洁利用技术的创新，围绕节能减排、传统能源的清洁高效利用和可再生能源的发展，系统为客户提供个性化清洁能源整体解决方案，满足社会日益增长的清洁能源需求与环保要求。

（1）智能能源。其旗下的能源服务公司——新奥智能能源集团以传统能源的高效清洁利用、节能增效以及可再生能源开发为核心业务领域，为园区、工业、建筑、交通等客户提供清洁能源整体解决方案，全方位满足客户高效用能需求并实现节能减排目标。目前公司已在系统能效技术、地下气化、催化气化和微藻生物吸碳技术等领域获得了重要突破，取得发明专利 200 多项。公司的煤基能源生产"零排放"试验中心也获批升级为煤基低碳能源国家重点实验室。

（2）新奥能源。新奥能源（原薪奥燃气）于 1992 年开始从事城市管道燃气业务，2001 年在香港联交所挂牌上市，主要为各类客户提供天然气、LPG 及其他清洁能源产品的分销，是目前国内覆盖用户规模最大的能源分销企业之一。截至 2010 年年底，新奥能源在中国 16 个省、直辖市、自治区成功运营了 88 个城市燃气项目，并取得越南国家城市燃气经营权，为 510 多万居民用户及 16000 多家工商业用户提供各类清洁能源产品与服务，敷设管道逾 15000 公里，天然气最大日供气能力达 2271 万立方米，市场覆盖城区人口逾 4500 万。公司还在全国 46 个城市，投资运营了 176 座天然气汽车加气站，为公共交通运输提供清洁燃料。

（3）太阳能源。薪奥太阳能源是一家为客户提供太阳能全息集成技术服务的企业。公司从光伏争邑源的高性能电池组件生产和集成服务切入，重点开发太阳能建筑、光伏电站及光伏充电站等应用领域，为客户量身定制最优化的系统集成解决方案。新奥太阳能源在河北廊坊建成了全球领先的非晶硅＋微晶硅双结薄膜太阳能电池生产线，生产 5.7 平方米太阳能电池组件。与此同时，公司还积极构建产业联盟，集成各类太阳能产品，在中国、欧洲、美洲、亚洲的多个国家构建了广泛的市场网络，提升太阳能源集成服务的整体优势。

（4）能源化工。新奥能源化工致力于煤基能源的全价开发与清洁利用，公司在内蒙古、山东、江苏等地投资建设了大型煤基甲醇、二甲醚及衍生品的生产基地，构建了资源、技术、成本等核心优势。公司搭建了遍布全国的产品分销网络，并拥有公路、铁路和港口三位一体的先进物流体系，为客户提供长期、稳定和低成本的产品与服务。

在为客户提供煤基清洁能源产品的同时，新奥能源化工还利用煤基低碳能源转化技术的创新，建设以地下气化采煤、煤催化气化、生物吸碳和气电联产等技术为主的煤基能源低碳循环生产基地，开展技术、管理和人才的培养与输出，为煤基清洁能源技术的创新与应用不断实践。

该公司认为，世界在资源和环境方面面临全球性的困境，人类必须找到应对的办法，因此绿色革命不仅是企业必须承担的责任，同时也是必须抓住的商业机会。

第9章　绿色创业

9.1　绿色创业的内涵

9.1.1　绿色创业的概念

绿色创业研究发端于20世纪70年代，到20世纪80年代后期，这种思想开始成为主导。进入20世纪90年代，针对绿色创业问题的研究日益增多，一些学者围绕"环境创业"、"生态创业"、"可持续创业"以及"绿色创业"等概念展开研究，呈现出不断丰富的发展态势，并逐步开始与一些创业主题发生融合。进入新千年以来，学者普遍认为绿色创业对经济和社会体系可持续发展具有至关重要的作用，其价值不仅仅在于它为那些识别和应用环境机会反应快速且超前行动的创业者提供新的机会，更重要的是，绿色创业还有可能成为一股社会力量，推动企业范式朝向更具可持续性的方向进行转换。

关于绿色创业的基本内涵，虽然目前对这一新兴主题的界定表述还尚未统一，但现有研究总体上形成了一个基本认识，即绿色创业整合了"（商业）创业"和"绿色化（可持续发展）"两个基本维度，强调创业过程对机会的识别与利用，而终极目的是实现环境、社会和经济的共同发展。

进一步而言，绿色创业还具有狭义和广义两层内涵。狭义的绿色创业是指既有企业出于追求在成本、创新或者营销方面的优势而实现绿色化，或是创立一个提供环保类产品和服务的创新性企业，这种绿色创业是短期的、局部的；而广义的绿色创业则是建立在环境创新基础上的一种创新性、市场导向、个体推动的价值创造形式，或是出于绿色化目的而创建新企业，并且这类企业是以"可持续"为目标，这种绿色创业是长期的、全面的。

> **【绿色故事】**
>
> **上海青浦淀山湖森林度假村的绿色创业**
>
> 上海静安置业集团淀山湖森林渡假村是一家以经营特色旅馆服务为主的国营企业，为位于上海市青浦区318国道57-58路界边，在淀山湖畔，面积达8.6万平方米。它始终倡导让游客有种回归大自然的享受，它将优美的环境作为了企业核心竞争力，非常符合我们关于环境企业的定义（经营环境资源，提供舒适性服务的行业）。

1. 减少污染，从工作中点点滴滴抓起

度假村根据国家和上海市有关环保等方面的法规条文和标准，结合度假村的实际情况，先后制定了包括节能、节水的管理制度，餐厅排放"三废"标准，度假村绿化建设制度，垃圾分类标准，旧电池回收制度，度假村"创绿"实施细则和节能降耗管理等项规章制度，使各项污染防治措施落实到位。针对节约水电两大能源消耗，专门建立能源消耗水电计量系统。对污水排放加大监管力度，统一处理达标排放，全部进入城市下水管网。厨房间安装了油烟净化装置。在清洗被单、衣服等物品中无磷洗衣粉使用率达到 100%，像这样的事例还有许多许多。

2. 关爱社会，培养员工社会责任感

青浦度假村的大部分员工是来自于外省市的打工青年。因为身处异地，往往缺乏社会认同感，社会责任感就更加谈不上了。管理层发现，某些员工因为强烈的离群感，对他人非常冷漠，减低了他们工作的热情，严重影响了服务态度。要改变这种现象，就必须提高员工的社会责任感，激发其主人公意识。所以公司展开了一系列的活动，鼓励员工走进社会，关爱他人，关心社会，积极主动地融入上海的工作环境。

在汶川大地震发生不到十天，公司就进行了"献爱心，救灾区"的捐款运动，员工积极响应，仅仅一个下午，就筹集了将近五万元的善款。通过一系列的爱心善举，大大提高了员工的归属感，员工深深的感受到了"国家－公司－个人"的一体关系，以身为中国人而自豪，以身为公司的员工而骄傲。据不完全统计，在过去的三年中，员工的离职率不到 10%，这在服务产业中是极为罕见的。

3. 使用替代能源，取得巨大经济效益

企业采取的很多节能环保的举措，达到了经济效益社会效益双丰收的效果。五年以前，因为度假村地处偏僻，电力供应不稳定，所以基本以柴油为主要能源。企业管理层意识到消耗柴油既污染了环境，又花费了大量的资源，就引进了一套太阳能发电设备。现在，在大部分季节中，光靠太阳能发电就基本可以解决燃料的问题。原先一年要花销柴油共计 17 吨左右，现在每年才不到五吨，直接节约开支就达百万，如果算上减少能源污染所带来的社会效益则更为可观。

9.1.2　绿色创业的特征

首先，在组织途径、形式和方式上，绿色创业是创业型的。所有的绿色创业者都承担了创业的风险，他们的创业结果是无法预计到的，失败的可能性也随时存在。与其他创业者相同，他们必须敏锐地认知并开发一个商业机会，通过资源的整合将创意转化为现实，同时构建和发展一套新事业规划并管理其成长过程。绿色创业的成功也需要一个合适的创业系统：一个创业者或小的领导团队，他们负责创业项目的实施；同时，存在一个合适的市场利基；配备相应的人力资源；足够的启动和成长资本；获取便利的商业支持和建议。同时，环境、机会和外部市场等创业因素对绿色创业同样重要。

其次，绿色创业一方面在组织途径、形式和方式上是创业型的，具有创新、承担风险、超前行动等创业基本属性；另一方面，绿色创业总体上会对自然环境产生积极的影响，促使其发展更具可持续性。一种可能的情况是，绿色创业作为一种结构体系，内部的各个要素和环节都会对环境产生或中立或积极的影响；但另一种更现实的情况是，整个绿色创业过程中某些方面是绿色的，而其它方面仍有可能是"棕色的"（不利于环境的）。不过，绿色创业创造并实施的项目对所处环境体系的综合影响是积极的。这也反映了组织与环境互动的关系。创业环境在本质的意义上是一种制度环境，需要组织遵从"合法性（Legitimacy）"，也就是某一组织向相同层次或更高层次体系正当化其存在权利的过程，因此，绿色创业也为组织获取其生存和成长所需要的其他资源提供了可能。

再次，绿色创业者具有"意向性"（Intentionality）。绿色创业者有自己的个人信仰体系———自身一整套价值观和理想抱负，往往能认识到自然环境的保护问题，并有一种推动环境朝向可持续道路发展的意愿，而且这对自身都具有重要意义。但是，这种对绿色创业的"意向性"会根据不同的绿色创业者的"意向性"程度而变化。在一些新创企业中，利他主义（Altruistic）的目标要比财务收益和财务流动性还要重要；还有一些企业，利他主义的地位与传统的经济和财务收益是相当的；同时仍有其他企业仍然把利他作为排在财务流动性之后的第二位目标。但是，针对"意向性"这一方面，我们可以把绿色创业与"无意识绿色创业"进行区分，后者指的是创业者开办的新企业经营是具有环境友好的特质的，但是，这种结果更多的是一种商业过程之外不曾预料到的副产品，而不是源于有意识地对绿色问题的关注。

【绿色故事】

绿色创业者

吉林市再生资源有限公司是 2005 年东北地区唯一一家以循环经济为主线的企业。随着社会资源节约和环境保护意识的提高，循环经济越来越成为经济社会发展的重要组成部分。同时，吉林市再生资源有限公司得到了市政府有关部门的政策和资金支持。董事长王媛娟，通过对于污染、节约、效益三笔账的计算，确定了对创业的方向。

第一笔"污染账"：一节随意丢弃的废旧电池，它的重金属以及废酸、废碱等电解质溶液可以让一平方米的土地失去耕种价值；扔一粒纽扣电池进水里，其中所含的有毒物质会造成几十万升水的污染，相当于一个人一生的用水量。

第二笔"节约账"：废弃物中含有大量的可再利用的资源，利用 1 吨废旧塑料可节省 3 吨原油；每回收 1 万吨铝，可少排放 1.5 万吨赤泥，节电 1.2 亿度；每回收 1 万吨废钢，可少排放二氧化物 3600 吨和 600 吨水。

第三笔"效益账"：社会发展对于资源的需求就是废品回收行业生存的保证，只要有需求就会有经济效益。

吉林市再生资源有限公司作为一家垃圾回收企业，是坚持"废品是没有放对位置的资源"为初衷，将垃圾回收利用变成资源。通过减少垃圾在城市中滞留的时间，从而减少对于环境的污染与破坏。这是对于可持续发展的另一种解释，也是董事长王媛娟的创业目的之一。从开始的时候遭受不理解，直到后来得到社会的认可，这个公司始终坚持着保护环境，降低污染的原则，将经济利益与保护环境相结合，推动了环境保护事业的发展，也成就了自身的企业利益，建立了属于企业自身的"垃圾王国"。

对于创业者王媛娟而言，在社会对于这个行业还没有提高重视的时候，她却觉得无论社会发展到什么程度，垃圾都是必须要处理的，这能够将社会的资源整合起来，并使其得到充分的利用和再循环利用。在公司取得经济效益的同时，废旧物资回收也创造了更多的社会效益。这是对于社会资源的一种责任。正是这种责任感，使得她背负了借款的压力成立了再生资源有限公司，正是这种对于社会和环境的责任感，使得垃圾有了新的归宿和新的循环利用方式。

9.1.3　绿色创业导向

绿色创业导向是将绿色创业融入创业导向后的概念，根据创业导向的概念将绿色创业导向定义为：描述了公司在运营、组织架构和资源分配等方面体现的一种用于肩负社会责任、关注环保事业、积极进取、勇于开拓、行动领先的经营哲学。绿色创业导向也可以被看作是一种企业层面的战略决策过程，企业通过这个过程将组织的目标和社会责任紧密结合，实现企业的愿景，推进环保事业，创造竞争优势。国外学者的研究发现，以下四个维度的创业导向对环保企业的绩效产生了积极的影响。

(1)创新导向。绿色创业导向中的创新导向是指企业追求连贯性的技术创新战略来不断地调节发展计划、获取和实施技术资源，达到更高的财务绩效。Miller 认为：创新导向是指企业或个人愿意通过实验或流程创新的方式来完成产品、服务或流程上的革新。创新导向能有效激发员工的能动性，提高组织绩效。

(2)行动导向。绿色创业导向中的行动导向是指企业通过捕捉原始性的信息来抓住市场机会，从而为在市场上占有领先地位打下基础。Miller 认为：行动导向是指企业领导者对市场机会的预见和把握能力，以企业引入的新产品/服务能否先于竞争对手满足市场的未来需求为显著特征。

(3)社会导向。绿色创业导向中的社会导向即企业重视并履行企业所应肩负的社会责任，在可能的范围内对公益事业做出贡献。Davis 和 Blomstrom 认为：企业社会责任就是指企业的决策者们在追求企业自身利益的同时所具有的采取措施保护和增进社会整体福利的义务。保护社会福利意味着企业首先应该避免伤害社会、给社会造成不良影响；改善社会福利意味着企业应该积极主动地为提高整个社会福利水平做出贡献。经济学家哈罗德·孔茨认为，企业的社会责任就是企业要从道义上认真地考虑自己的一举一动对社会的影响。

(4)环境导向。绿色创业的环境导向所区别于其他创业导向的要素之一，它是指：环保企业将自身发展与环保事业的可持续发展紧密结合的创业导向。环境导向的出发点就是要改变企业将环保问题看成企业的额外负担这一刻板印象，有条件的企业完全可以将环保产业作为促进企业发展的推动力，以一种更积极、更开放的心态将自身发展与环保事业的整体发展紧密结合，实现跨越式的发展。

9.2　绿色创业的主要类型

9.2.1　绿色创业的分类

绿色创业（或创业者）分类目前主要有两种：一是基于绿色关注程度的三分法，二是基于结构影响因素与创业导向相互作用程度的四分法。

9.2.1.1　绿色创业三分法

Schick、Marxen 和 Freimman（2002）根据创业者关注生态环境的程度把绿色创业分为绿色奉献、绿色开放和绿色抵制三种。

（1）绿色奉献型创业（eco-dedicated start-ups）。绿色奉献型创业是指为了实现绿色生态目的而实施的创业，这种绿色创业自始至终都具有强烈的生态意识，并且高度关注生态环境。一方面，绿色奉献型创业主动追求生态目标，按照生态优化标准来设计产品及服务；另一方面对环保市场保持更长远的前瞻性，并且把开发环保市场看作是提升自身竞争力、战胜传统企业（即非绿色企业）的重要手段。这类创业者非常注重环保技术和材料投资，并且坚信经过自身的努力，一定能够收回这方面的投资，并建立优于传统企业的竞争优势。

这种绿色创业风险较大，回报周期较长，因而更需要政策支持。

（2）绿色开放型创业（eco-open start-ups）。绿色开放型创业的基本特征在于创业者参与绿色创业的动力来自于对利润的追求，对绿色投入缺乏主动性，但并不抵制，而是采取开放的态度接受绿色创业的主张。这种创业者比较关注生态环境，他们的绿色参与热情主要来自于顾客或者市场对绿色产品和服务的需求。

这种创业者参与生态活动的底线是有钱可赚，他们进行绿色创业是为了通过满足市场上的绿色产品和服务需求来赚取利润，决不会平白无故地为了满足建设环境友好型社会的绿色要求而进行"无为"的投入。影响这种绿色创业的主要因素是时间和绿色环保信息的可获得性。但是，这种绿色创业可以被看作是生态建设的重要推动力量，因为这种创业者对绿色化采取开放的态度，并且能够接受绿色化的经营理念。

（3）绿色抵制型创业（eco-reluctant start-ups）。绿色抵制型创业是一种对待生态问题态度消极的创业。这种创业者把绿色化看作是一种经营负担，把所有的生态投入都视为经济损失。他们往往是极不情愿地执行环保方面的法律法规。绿色抵制型创业者采取绿色环保措施只是迫于法律法规的强制性。

【绿色故事】

培养新型农民推进"绿色创业"

看着一年前的荒地如今变成一片片满载丰收希望的千亩果园，29 岁的农民企业家李永平难掩心中喜悦。

"多亏了'绿色创业'为我提供的平台。"李永平是营山县七涧乡灯草村人，2008 年大学毕业后，他放弃年薪 18 万元的房地产项目经理职位，走进营山县就业管理服务局开办的创业培训班。2011 年初，他和大学同学合伙，投资 120 万元，在营山县七涧乡灯草村"流转"荒山荒地，注册成立了盛丰源果业农民专业合作社，目前，合作社已种植核桃 3800 亩，核桃苗成活率达 90% 以上。

开通创业绿色通道

"我们合作社就是得益于'纯绿层次'，在水、电、气、道路等方面得到了大力扶持。"李永平说。

"建设社会主义新农村，必须培养新型农民。"营山县就业管理服务局局长徐琼珍介绍，"绿色创业"是传统产业的"升级版"。围绕建设以种植畜牧业、特色乡村旅游业、农家乐等服务业为代表的绿色产业链，县就业部门着眼于提升劳动者的创业就业技能，不仅将培训教材搬下乡，在全县 10 个中心镇成立 SYB 培训室，还将培训课堂开进了蓼叶新村等行政村。

营山县将"绿色创业"分为纯绿、泛绿、绿化 3 个层次给予扶持。直接性绿色岗位，如造林环保等，为"纯绿"；间接性绿色岗位，以及由此实现的绿色生产方式、生活方式、消费方式等，为"泛绿"；绿色转化性岗位，如治理生产性污染、生产中改用节能环保技术等，为"绿化"。

在推进"绿色创业"活动中，该县围绕就业服务、示范引导、职业培训、社会保障"四大平台"建设，不仅在县城，同时也在各乡镇，规划建设了再就业、高校毕业生、已征地农民、返乡农民工、三峡移民等"绿色创业"就业园，实现了城乡统一的创业服务一体化。如县城三星工业集中区实行"三奖两减半"(前三年所征税收地方分享部分全额奖励给企业，第四至第五年所征税收地方分享部分减半奖励给企业)，位于乡镇、村的各创业园，同样可得到当地党委、政府提供的水、电、气、闭路电视、道路、排污管网等基础设施建设投入。

据了解，在"绿色创业"理念的引领和各项优惠政策的助推下，目前营山县已成功打造朗池镇、茶盘乡、火车站社区等 10 个"绿色创业"型乡镇(社区)，建成绿色创业就业示范园 28 个、示范街 5 条、示范基地 3 个，入驻企业 62 家，新增各类绿色经营场所 2061 个，带动 5.3 万余人灵活就业，安置就业人员 8000 余人，其中下岗失业人员 726 人。

9.2.1.2　绿色创业者四分法

Walley 和 Taylor（2002）根据 Giddens（1984）提出的结构行动理论对创业者进行了分类。结构行动理论（即社会与个人互动循环模型）认为，组织的结构塑造个人的行动，反过来个人的行动又会影响组织的结构。Walley 和 Taylor（2002）根据结构影响因素和创业导向两个维度，把绿色创业者分为偶然为之型、创新机会主义型、绿色愿景拥护型和伦理标新立异型四种类型。该结构的影响因素是一个从左面的软性因素（如个人经历、家庭、朋友等）到右面的硬性因素（如环保法律等）的连续统；而创业导向则是自上而下、从利润导向到可持续发展导向的动态过程。

（1）偶尔为之型（ad hoc enviropreneur）。偶尔为之型绿色创业者受利润驱动，但同时也受到软性结构因素（如人际关系、家庭）的影响。这类创业者在创业初期，主要受利润驱动，但在生产过程中偶尔也取得了绿色化的效果。例如，有机鸡肉生产商创立养鸡场，最初只是受消费者对绿色鸡肉需求的驱动，但最终实现了鸡肉产品的绿色化。

（2）创新机会主义型（innovative opportunist）。这类创业者主要因受制于硬性结构因素（如政府政策、法律法规）的影响，在绿色创业过程中采取投机取巧的行为。他们往往认为绿色化会增加企业的经济负担，采取绿色环保措施只是一种被动的选择。不过，他们被动的绿色创业行为却在客观上收到了绿色化的效果。例如，冰箱制造商迫于环境保护法而不得不研发氯氟氢冰箱的替代产品，这虽然是一种被动行为，但实现了保护环境的目的。

（3）绿色愿景拥护型（visionary champion）。这类绿色创业者是保护生态环境的坚决拥护者，他们以实现经营方式的可持续性为目标，对生态建设和未来社会拥有美好的愿景。当政府出台新的环保政策时，这类创业者往往会积极响应，以实际行动来推动绿色化进程。欧洲美体小铺的创立者就是这种创业者的典型代表，美体小铺的创建顺应了欧洲绿色革命的社会需求。

（4）伦理标新立异型。这类创业者主要受到柔性结构因素（如家庭、朋友、个人经历和受教育背景）的影响。这些柔性结构因素使得他们更倾向于建立非传统企业来实践绿色创业。在选择创业项目时，这类创业者往往较少受政策的影响，更倾向于选择新兴产业与标新立异的项目。

9.2.2　绿色创业的基本架构模型

从本质上看，绿色创业过程与其它主题的创业过程一样，其构成要素也包括创业机会、创业者以及创业环境等基本维度。通过对国外已有研究成果的梳理，可以提炼出 3 种基于不同视角而构建的代表性的绿色创业模型。

9.2.2.1　基于机会视角的绿色创业模型

这一类研究的关注点是绿色创业的机会，将绿色创业视为一种识别和利用绿色机会的战略，其基本主张是绿色创业能够创造竞争优势，强调绿色创业的根本特点在于绿色创业者将发现和解决环境方面的问题（机会）视为他们主要的经营目标之一。在这些学者看来，绿色创业就是绿色创业者从环境创新中识别、创造和利用市场机会的过程。从某种程度上说，绿色创业关注的核心问题集中在何种因素促进或者阻碍了绿色创业机会的开发。

（1）充足型战略（Sufficiency Strategy）对应的是绿色创业机会的识别阶段，该战略的出发点是，自然资源是有限的，会束缚经济的增长。根据"多少算够（how much is enough）"的思路，充足型战略要重新思考当前的消费和生产方式。这类战略的拥护者本着预防、谨慎和节约的准则，寻求现今生活方式的变化，以达到一种理想的健康状态。由于充足型战略对机会的开发着眼于社会创新，而且这种创新具有突破性，因此，很可能由于缺少社会接受度而被压制。

（2）效率型战略（Efficiency Strategy）对应的是绿色创业机会的开发阶段，该战略建立在资源生产力概念的基础上，把经济理论用在了生态环境和社会背景下。这类战略支持生产过程的非物质化（Dematerialisation），目的是优化当前产品和生产过程而不是寻找替代品。有学者批评该战略仅仅局限于在微观层面上使用更少的资源来获取收益，但在宏观层面上仍避免不了因资源消费和增加从而会弱化该战略的作用。

（3）永续型战略（Consistency Strategy）对应的是绿色创业机会的评估阶段，该战略的主要关注点在于提升原料消费方式的质量。具体而言，在绿色创业背景下，这类战略意味着适应性和一致性，要求原料流动与自然资源的循环相符。该战略的创新目标是用适宜的原料流动代替有害环境的原料流动，而这需要的是基础性创新。

这 3 种战略并不是相互孤立的，在现实当中通常是组合在一起进行应用的。这种基于机会的视角表明，绿色创业不只是一个多种利益相关者（multi‐stakeholder）作用的过程，而且还是一个多阶段、多维度创新的整合过程，这就意味着各种创新在绿色创业中是并行不悖且彼此影响的。

9.2.2.2　基于创业者视角的绿色创业模型

这一类研究关注的是绿色创业者的认知，通过采用认知方法（Cognitive Approach）来回答如何提高绿色创业者的认知水平以促进环境内创业（Environmental Intrapreneurship）的问题，同时，还揭示了创业者环境承诺和态度在绿色创业中发挥的作用。

（1）创新型的机会主义者（Innovative Opportunist）主要受硬结构要素影响并强调经济导向。这类创业者常常根据某国政府或者组织的硬性规定而改进技术，实现绿色创业。

（2）愿景型的先锋领导者（Visionary Champion）抱有变革、可持续的理念，他们着眼于对世界进行可持续导向的改造，正视各种硬结构因素的影响，在可持续发展根基上建立新事业，并处于领导者的地位。他们的创业活动就像在两种文化——商业常态（business-as-usual）和可持续社会——之间搭建了一座联系的桥梁。

（3）伦理上的特立独行者（Ethical Maverick）主要受亲友、社会网络和过去经历的影响而非改变世界的愿景。受可持续价值导向的激励，他们往往在社会边缘选择较可行的新事业，而不愿争取在主流或商业大街上赢得一席之地。

（4）非正式的环境创业者（Ad-hoc Enviropreneur）是一种随机型的绿色创业者，他们的动机是经济导向而非价值导向，个人网络关系、家庭和朋友对其的影响最大。

【绿色故事】

收购旧书 10 个月赚 4 万元

　　范松伟在大学读书时就在学校创业园租房收购旧书，他对旧书分类整理，把有价值的书作为二手书出售，这使原先做校园旧书收购的小贩很不平衡，认为生意被抢了就讥讽他。在绿色 SYB 创业班学习后，范松伟认定了自己做的是节源的生意，但在细节上他做了改进：说服小贩，不要把所有的旧书卖给纸厂化成纸浆，而是把这些资源分配给不同的人群再次利用，与国家提倡的低碳环保一致。

　　范松伟是江苏邳州人，目前在南京信息职业技术学院软件学院读大三，学校创业园对符合条件的同学提供"零租金、粗装修"。小范与其他 3 人组成创业团队，以旧书籍回收作项目。他们拿到园区一处 20 平方米的门面房，投资 4000 多元购置货架，做了门头。毕业学生的教材，同学们看过的旧书，都是小范回收的内容，每公斤他比小贩高出 3 角钱，同学们纷纷把旧书卖给小范，最多的一次，旧书在门外堆出 10 多吨。小范和伙伴们利用休息时间分类整理，按教材、社科、文学等类别让大家挑选，每本二手书平均售价在 3 元。开业 10 个多月共收购旧书 30 多吨，利润达 4 万元左右。其中 50% 以上被二次购买，其他的则卖给废品站。

　　范松伟去年参加了学校组织的绿色创业项目学习，对低碳、环保业有了新认识。"旧书对于不需要它的人而言毫无价值，但对于需要的人来说无异于宝贝。"面临毕业的小范透露，他的旧书回收将传给学弟学妹，自己准备先找份工作，积累经验和资金两三年后找个绿色项目二次创业。

9.2.3　基于创业环境视角的绿色创业模型

　　这一类研究关注的是创业的外部环境问题，基于社会历史（socio - historical）观点，通过挖掘环境经济学以及创业的基础理论，从环境主义和企业发展的本质入手，运用社会历史方法探索绿色创业对社会变革所产生的工具性作用。具体可分为绿色导向型创业和环境意识型创业。

　　这两类绿色创业模型在环境定位、创业过程以及应用领域维度上存在差异，同时在绿色创业规划以及健康产品、过程和价值方面具有共性。绿色导向型创业追求的是以环境为中心并兼具较好利润预期的机会，在环境行业表现突出。而环境意识型创业追求的是绿色创业的效率，即在使用更少量资源生产更好的产品和服务的同时，最小化对环境的不利影响。这符合可持续发展的"三维底线"（Triple Bottom Line）原则——环境友好、社会平等和经济繁荣。

9.3　绿色创业的实施体系

9.3.1　绿色创业发展战略

近年来，公众和政府对企业环境绩效的要求呈逐步提高的态势，而企业也被绿色市场的巨大商机所吸引。在这双重驱动因素的作用下，企业在制定发展战略时逐渐开始把环境问题纳入考虑范畴。已经进入成熟期的企业为了在新的社会、环境、法律条件下进行二次创业而主动或被动地实行绿色化再造的行为也可被称为广义的绿色创业。这种广义的绿色创业不同于狭义的绿色创业（即创建绿色企业），更加注重企业成长的可持续性与社会责任。

企业重视环境问题的程度的差异导致它们响应绿色创业发展战略的程度不同。一方面，重视环境问题的企业会主动制定和实施全面的绿色创业战略，以构建独特的、不可模仿的竞争优势，从而实现可持续发展；另一方面，有些企业则是迫于法律法规等外部压力而被动地实施绿色职能战略，由于这种战略的绿色化程度比较低，因此，在社会环保意识日益高涨的今天很难为企业可持续发展带来实质性的帮助。

在现实中，有不少企业在最终制定和实施绿色创业发展战略以前都经历了一个从被动响应到超前行动的发展过程。Banerjee 根据环境问题在企业发展战略中受重视的程度，把绿色创业发展战略分为公司、子公司、业务单元和职能部门四种或四个层次。

（1）绿色公司战略或公司绿色战略。这是层次最高的绿色创业发展战略，采取这种战略的企业以建设绿色化企业和实现可持续发展为目标。企业下属各子公司在各项活动中都要全面实现绿色化。然而，这种发展战略对企业的绿色化程度要求极高。现阶段，很少有企业能够真正实施这种绿色创业发展战略。

（2）绿色子公司战略或子公司绿色战略。这是层次较高的绿色创业发展战略，是为了实现绿色战略目标而制定的。绿色子公司战略要求企业下属子公司生产绿色产品、提供绿色服务、开拓绿色市场和采用更加环保的技术。

（3）绿色业务单元战略或业务单元绿色战略。这种战略是指通过出售、转让、兼并、收购等方式对企业的业务单元进行绿色化改造，以绿色化方式有效利用业务单元的资源和能力，以期在各业务单元构建绿色竞争优势，并实现最大的资本增值。该战略主要包括加大绿色投入、开拓绿色利基市场和实施绿色差异化策略等内容。

（4）绿色职能战略。这种战略的绿色化程度最低，只针对企业不同职能部门的活动。该战略包括新产品开发、新技术（尤其是污染防治和废物处理方面的新技术）开发和利用以及产品制造过程的绿色化等。

企业制定和实施绿色创业发展战略是一个静态和动态相结合的变化过程。从静态角度看，企业根据自身对环境的敏感度以及不同的绿色创业发展战略定位来制定和实施不同的绿色创业战略，以应对外部压力，打造自身的绿色核心竞争力；从动态角度看，随着绿色价值观的普及和社会对绿色企业认可度的提高，越来越多的企业趋于选择更高层次的绿色创业发展战略。

9.3.2 目前我国绿色创业的发展现状

我国在培育绿色创业的各个方面都比较薄弱，具有超前环境理念的绿色创业者主要是少数深受传统文化影响的处于基层的草根绿色创业者和面临国际市场竞争的跨国企业，大量处在中间地带的中小企业仍然处于被动，甚至持抗拒环境变革的立场。不过，我国是突破性技术（比如太阳能、风能发电等可持续能源技术）的理想目标市场。保护生态环境，走可持续发展道路已经成为大势所趋，无论对政府，还是企业、个人而言，都应该重视绿色创业。

创业普遍难，比起创业来，绿色创业需要更多条件，因此，存在的问题也比较突出。

9.3.2.1 主观方面存在的问题

绿色创业行动少。虽然在各项调查中显示，企业有绿色创业愿望的比例较高，但在实际参与绿色创业活动中，比例却非常低。企业在考虑发展时首要的是经济效益，其次才是社会责任。

创新意识薄弱。绿色创业不同于社会人员创业的其中一个特点就是环保性，企业创业无论在资金、场地、经验等各方面都无法和政府相比，所以企业创业要走技术创新的道路。但是实践表明，我国企业的创新意识还是比较薄弱的。

创业能力弱。创业能力包括专业技术能力、经营管理能力、社交沟通能力、风险承受能力、创新求变能力等，具有很强的综合性。虽然现在有很多的实践机会，但真正主动参与的少，能够兼顾到经济效益、社会效益和生态效益的更少。

9.3.2.2 客观方面存在的问题

创业的基础设施不完善。目前，我国与创业相关的政策、法律、金融等设施不完备，特别是缺乏风险资金投入。由于企业绿色创业在我国的历史比较短暂，各方面认识不够，鉴于特定的国情，还不能如美英等发达国家那样能够吸引一些风险投资家的青睐。

系统化绿色创业教育缺失。学校的教育还是没有相应跟上，多数高校没有开设绿色创业教育的课程，绝大部分缺少系统化的绿色创业教育体系。

公众消费需求的变化是绿色创业发展的重要动力。随着全球环境保护与可持续发展意识的加强，"绿色消费"逐渐成为新的生活时尚。

企业在绿色创业革命中起到主体作用。绿色创业将引起生产领域的彻底革命，而企业则是这一变革的主体。

9.3.3 绿色创业的现实意义及对策建议

绿色创业能够缓解我国严峻的就业市场压力。"中国经济面临的最大难题就是劳动就业问题"开始成为现实，同时劳动力增长水平较高，国民经济总体的劳动生产率也在提高，使得劳动市场就业压力持续增大。在人才市场上，当前政府减员增效、高校扩招、非国有经济形式发展不容乐观的情况下，社会对人才的需求规模不见涨，人才市场供大于求的矛盾日益突出起来。而农民工返乡创业，大学生的自主创业在很大程度上都能够缓解就业压力问题。

绿色创业迎合了产业发展转向"绿色环保经济"的趋势。随着绿色环保经济在中国逐渐萌芽，经济增长对人才的需求也逐渐由过去的简单型转向复合型，由知识型转向技能型，高新技术产业、第三产业和民营经济将是人才需求新的增长点，其中大部分产业更加强调绿色环保，这刚好迎合了产业发展转向"绿色环保经济"的趋势。

绿色创业可以实现保护环境和经济增长双赢局面。党中央、国务院高度重视绿色创业，为应对国际金融危机对我国经济的冲击，中央出台了扩大就业促进经济增长的一揽子计划。在制定和实施这些政策措施中，始终坚持绿色创业不动摇，把绿色创业作为增就业、保增长、调结构的重要内容，取得明显成效，实现了保护环境和经济增长双赢局面。

对于推进我国绿色创业有如下对策建议：

（1）政府应该给予绿色创业更有效的政策支持，降低绿色创业门槛。由于区域经济不均衡，普通创业者资本积累有限，融资体系不发达，市场体系发育不完善等因素，生存型创业仍然将在一段时期内成为我国创业的主要特征（主要靠资源掠夺来达到原始资本积累）。而现有的创业优惠政策主要是针对传统型创业群体，政府可以从以下 3 个方面来扶植创新型绿色创业：①提高政策的针对性和协调性，例如减免相关税费、提供小额贷款等；②对下岗工人、失地农民等弱势人群提供有价值的培训和技术支持，提高他们的创业热情和素质技能；③简化创业申办手续、向绿色创业者提供服务信息和公共产品等，以降低绿色创业成本和绿色创业门槛，更好地鼓励和推动我国的绿色创业活动。

（2）企业和创业者自身需要加强管理和提高创业生存能力。对企业和创业者来说，应该客观面对当前的宏观经济环境，通过自身进步，努力规避和抵消宏观经济环境中的不利因素。在当前资源成本不断上升的形势下，尤其要更加合理、有效地整合和利用资源。企业和创业者必须通过利用新技术、提高管理水平等方式提高资源配置的有效性，并且尽可能选择高附加值、高科技含量的行业进行投资，努力进行创新转型和产业升级。

（3）企业实施绿色持续创新。绿色持续创新能为企业带来巨大的经济效益。一方面，绿色持续创新能提高资源、能源的利用效率，为企业带来巨大的经济效益。另一方面，企业绿色创业的根本目的，就是通过绿色持续创新提高企业的竞争力，扩大企业的生存空间，追求长期的经济效益和社会效益。

目前，我国绿色创业的发展问题，无论从理论上还是实践中都处于幼年时期。绿色创业也是学者们关注和研究的重要议题。综观现有研究成果，绿色创业在改善环境的同时，还刺激了经济发展与技术进步。因此，引入和积极推行社会绿色创业活动，对于我国构建和谐社会将产生深远影响。

【案例应用】

不同绿色创业类型案例

（一）远泉公司

林远泉是江西省上饶县董团乡人，虽然只读了 4 年书便辍学工作，但是在进城之后，善于观察的他发现了一个花卉行业的商机，这成为了他绿色事业的开端。在这一年，林远泉筹资创办了一个 1 亩地的小花圃，取名为春光花圃，专门种植当时很畅销的茶花、茶梅和君子兰，当时正值国际和国内花卉市场最繁荣的时期，他赚到了人生的第一桶金。然而在此后的 3 年，花卉市场价格连年下跌，数年的努力和心血一时间化成了泡影，一切都要重新开始。他坚定信念，拜师学艺，用学到的技术种植桑苗，这是他人生第二桶金，至此，他建立了远泉种植有限公司。然而，几年后，蚕茧价格以数倍的价格狂跌，直至无人问津，眨眼间心血再一次化为一堆柴草。

在经历了这些成败之后，林远泉认识到，经营项目的单一性，产品的差异化不明显，都使得农业产业很难抵挡市场风浪的侵袭。于是他积极学习，深入思考，最终选择了一条以人才为动力，提升产品技术含量和品牌价值，走以绿色为主题，实施苗木、茶叶、果业、水产等综合开发的发展之路。至此，林远泉开始了真正的绿色创业。而最终，在他的努力之下，远泉集团也成为了名副其实的绿色王国。

林远泉在花卉市场繁荣的时候，通过自身对于经济的敏感，积极开发花卉行业，以此作为创业的开端。在经济利益的驱动之下，抓住市场机会进行创业，这是市场机会导向的影响。特别是在品种价格上涨的时候，为追逐经济利益而不断扩大基础设施的建设，增加对于环境产业的发展。

而对于他个人来说，在开始的时候，他对于环境保护的意识和可持续发展的意识并不是很强烈，主要是在经济机会和利益的驱动之下，才开始以绿色为主题的产业发展，其目的是为了实现产品的差异化。但是他个人在不断学习和研究的过程之中，接受了可持续发展理念和相关环境理念的教育，因此在后期个人教育也起到了重要的作用。

不仅如此，林远泉从事的农业种植行业本身就是一种对于环境破坏性较小的行业，充分利用行业特点，这是对于环境有利无害的。林远泉通过自身业务的发展形势，逐步地在业务过程中寻求差异性，最终选择了绿色创业的道路。

（二）华泰纸业

山东华泰纸业股份有限公司始建于 1976 年，集造纸、化工、印刷、热电、林业、物流、商贸服务于一体，是中国造纸行业中最具代表性的企业，也是成为造纸业的环保标兵。总裁李建华带领华泰从 1987 年开始，就寻求解决造纸污染的方法。通过投资建设水资源回收设备，提高水的利用率和重复利用率，并且利用贷款增加了洗草水回收项目和板纸水回收项目，基本实现了白水和板纸水的零排放。在此基础上，通过增加现代化的造纸设备，如：16 万吨新闻纸项目、20 万吨轻涂纸项目，实现了水的全封闭循环利用，吨纸耗水不足 15 立方米。

华泰集团在经历了两次飞跃之后，此时造纸行业竞争日趋激烈，中低档纸市场趋于饱和，许多造纸厂破产，华泰股份积极投资，兼并投产，使得企业发展登上新台阶。华泰企业以"企业发展，环保先行"为公司的文化理念，并将其深入到了工作中的每一个细节。尤其在业内得到称赞的就是，华泰股份污水处理厂的蓄水池。金鱼在"造纸废水"中嬉戏，而这些金鱼就是用来测试"造纸废水"净化程度的。华泰股份通过耗巨资引进国际国内先进的厌氧耗氧生物处理系统、三级化学处理系统、超效浅层气浮装置、同向流净水器、回收池回收塔、多圆盘过滤机、烟气除尘脱硫设备等多种节能环保处理工艺装备，实现了环保水平的大幅度提升，不仅外排水达到鱼类存活标准，而且处理后的达标水全部用于园区绿化，灌溉芦苇和造纸速生林，真正实现了生产资源的循环利用。

华泰纸业，本身就是一种对于环境有很大破坏性的行业。趋于经济机会导向的引导，为了降低成本，在日趋激烈的竞争中获取立足之地，华泰采取引进先进技术，吸取国外经验等方式，建立了一系列的废水治理系统。尤其是最近 10 年，华泰的绿色环保体系在经济利益有了更加明显的体现。华泰股份造纸的产量扩大了 20 倍，销售收入增长了 32 倍的同时，生产的总用水量却不足 10 年前的一半，吨纸综合能耗下降了 60%，各项指标均达到世界先进水平。成本的降低是华泰纸业在经历经济危机的时候，能够继续发展下去并且赢得市场的重要因素，而这正是华泰走向绿色化走向可持续的动力。

立足于可持续发展政策的推动之下，建设绿色生态纸业成为华泰纸业的企业文化之一，公司始终将污染治理视作企业的"生命工程"。在先后投资数亿元进行废水的综合整治后，公司的外排水质量达到了国家规定的二级排放标准。其中碱回收项目开创了我国草浆碱回收成功投运的先例，被原国家经贸委、国家环保局等五部门确定为国家"九五"重点科技攻关项目，并且作为样板工程向全国推广。在国内同行业中，华泰公司也是市场上治理污染投资最大、设备现代化程度最高、运转最稳定的造纸企业。华泰不仅仅得到了政府同行的认可，也得到了消费者和市场的一致认可，达到了经济利益与社会利益的平衡。这些都是市场突破型的机会创造者的体现。

思考：

按照绿色创业不同的分类标准，远泉公司和华泰纸业分别属于何种绿色创业？结合绿色创业的基本架构模型，试分析两个公司的绿色创业发展战略。

【国际经验】

绿色创业

气候变化与能源枯竭为全球经济结构带来剧变。但是，如果企业能够准确定位并适时制定可持续的商业战略，那么这些趋势便不再只是风险，同时也是巨大的机遇。罗兰贝格管理咨询公司合伙人托斯滕·亨泽尔曼博士（Dr. TorstenHenzelmann）在其"利用绿色改革获得成功"的研究中，研究了欧洲以及德国企业如何定位，从而为气候变化与资源枯竭等趋势做准备，以及如何从准备过程中获得竞争优势。他的结论是绿色改革的挑战在于需要对这些大趋势进行创新管理。可持续的创业不是用于建立企业形象的"绿色奶油浇层"，而是可持续企业管理的核心。绿色改革必须是企业管理层的当务之急。

"气候变化与资源枯竭正在给全球企业与商业发展带来新的挑战"，罗兰贝格管理咨询公司合伙人同时也是特里尔应用科技大学可持续商业学教授托斯滕·亨泽尔曼博士认为。"所以建议利益相关方、高管以及管理层去思考这些大趋势如何影响他们的企业商业模式，并将这些趋势融入到他们的长期战略规划。"

将节能作为竞争优势

墨西哥湾石油灾难等事件再次表明现在亟需出台提高能源效率与可再生能源发展的能源政策；德国与欧洲已经在朝着这个方向积极行动，但是企业本身也需要做出承诺并在这些方面投资。罗兰贝格中国区能源业务合伙人刘文波认为，这不仅仅对环境有益，更是符合企业本身的根本利益：不断攀升的能源价格使企业成本也在不断增加，而唯一的解决方法便是提高能源效率。气候变化与能源枯竭的经济影响对企业本身并不是消极的：虽然它们确实带来风险，但它们同时提供新的机遇。

环境、社会责任与经济学 = 可持续的创业

企业能够抓住这些机遇，便会获得成功，而最佳途径便是建立"可持续的创业"。这种模式将环境、社会责任与经济学融入企业整体战略与流程。"这种整体策略不仅仅是理念的拼凑或是对企业形象的表面美化：这种理念需要全面分析企业以及它的环境"，亨泽尔曼博士认为，"从根本上讲，这是在确定与评估，气候变化和资源枯竭给价值链上每一环节带来的风险与机遇"。这种分析为企业的绿色改革战略奠定基础。"这意味着需要系统并批判地分析现有资源，制定全面的改革流程，从而在各个层面上为所有业务单元建立新标准"，亨泽尔曼博士评论。

资料来源：商业评论网

参考文献

[1]陈晟杰. 绿色创业导向对企业绩效的影响基于环保企业的实证研究[D]. 上海：上海交通大学，2009.

[2]高嘉勇，何勇. 国外绿色创业研究现状评介[J]. 外国经济与管理，2011，33(2)：10 – 16.

[3]揭昌亮，李华晶，王秀峰，等. 我国绿色创业问题及发展对策研究——以河北新奥集团绿色创业活动为例[J]. 科技进步与对策，2011，28(16)：79 – 82.

[4]李华晶，邢晓东，揭昌亮. 机会、创业者与环境：绿色创业的基本模型研究[J]. 科技进步与对策，2010，27(15)：15 – 18.

[5]李华晶，邢晓东. 绿色创业内涵与基本类型分析[J]. 软科学，2009，23(9)：129 – 134.

第 10 章　绿色技术

10.1　知识转移与绿色技术

10.1.1　知识转移的概念及内涵

知识转移是知识接收者与知识拥有者的互动，是在一定的环境中实现知识源（知识势能高的主体）到知识受体（知识势能低的主体）的传播，这个过程伴随着知识的使用价值让渡，一般会带来相对应的回报。知识转移的目的是吸收并有效地利用新知识。对知识转移研究视角不同，不同学者有不同的定义。但一般认为知识转移概念需包含三点：知识源和知识受体；特定情境或环境；特定的目的。

知识转移与知识共享的概念相当接近，广义上都是指不同的人提供不同的知识，并通过知识的外化、共享、互补及效应产生出对组织更有价值的集体知识。但知识转移又不同于知识共享，知识共享更多地意味着全部的知识免费共享，而知识转移则强调仅转移所需的知识，并且应该"付费"。再者，知识转移不仅强调知识的传递过程，也强调知识的应用及其收益。

☞ **重要概念**

知识的隐形特征

隐性知识的开发和利用过程也就是企业员工隐性知识与显性知识的不断动态交互的过程。通过隐性知识的开发和利用，最终形成企业的知识资产以及竞争优势，如信誉、服务、商标等；体现智力劳动的资产，如专利、商标、版权等知识产权；体现企业内发展动力的资产，如企业管理和经营方式、企业文化和企业信息支持系统；企业拥有的信息资源，如各种记录型文献，企业员工的知识、能力、经验、工作技巧等。企业能否进行有效的知识转移，对企业提高竞争优势至关重要。企业所拥有的知识绝大多数是隐性知识，隐性知识不容易交流与共享，是高度个人化的。隐性是造成知识转移困难和失败的原因，这是由于隐性知识存在着不可编码、非结构性以及与特定组织密切相关的个性化特征，学习的难度较大。隐性知识主要通过人际交往、精神形式、技术技巧和经验交流的方式传递。如果一个技术所包含的隐性水平很高，那么就不容易学习和掌握；如果大部分与生产有关的知识是隐性的，那么组织成员间的知识转移就非常困难。

10.1.2 绿色技术产生的背景和内涵

追溯绿色技术的历史，最早可追溯到 20 世纪 60 年代，随着科学技术的突破性进步，使社会生产力迅速提高，创造了巨大的物质财富。但是同时人类对自然资源的过度开发和利用以及增加排向环境的有害废物导致生态环境不断恶化，一些发达国家制定了控制环境污染的法规，改变人们传统的科技观念，运用科学知识建构新的技术观，推动了末端技术的创新与发展，以保护生态环境，实现社会的可持续发展。

环境友好型技术(environmentally friendly technology，EFT)，亦即绿色技术，这一概念最早是由 Brawn 和 Wield 于 1994 年提出的，其研究经历了末端技术、无废工艺、废物最少化、清洁技术和污染预防技术等五个阶段，主要包括清洁能源技术、清洁工艺技术和清洁产出技术三个方面，是减少环境污染，降低原材料、自然资源和能源消耗的方法、工艺和产品的总称。绿色技术是经济与环境和谐发展要求的产物，具有实现原材料和废弃物再利用的闭路循环特征，体现了经济效益与社会环境效益的和谐统一。

从经济学角度讲，绿色技术指有助于减少生产与消费的边际外部成本的可持续利用的技术。通常把能节约资源、避免或减少环境污染的技术都称为绿色技术。它不是一个单纯的技术概念，它突出强调绿色观念、绿色产品以及绿色工艺与技术的研究开发与应用；强调以绿色市场为导向，促进绿色技术成果的转化；强调机制创新以及生产组织方式、经营管理模式、营销服务方式等多方面创新的结合。它是既能满足目前的需要又不损害未来利益的技术，它能高效率的利用能源和资源、回收利用废旧的物资和副产品，把一个生产过程产生的废品变成另一个生产过程的原材料，保持资源利用的不断循环。

☞ **绿色链接**

中国绿色技术的发展现状

1996 年制定的《中国跨世纪绿色工程规划》中，确定中国的环境保护重点有：煤炭、石油、天然气、电力、冶金、有色金属、建材、化工、纺织及医药。这些行业污染物排放量占中国工业污染物排放量的 90% 以上。与此对应，中国发展绿色技术的主要内容是：能源技术、材料技术、催化剂技术、分离技术、生物技术、资源回收及利用技术。

中国的能源丰富，但地域分布不均衡，能源结构以煤为主，能源供应短缺与浪费并存。洁净煤技术是中国开发的比较成功的绿色技术之一。中国大力推行少污染开采、煤的液化汽化技术。以改善环境，节约能源，节约材料使用量，减少材料使用种类等为目的的材料技术也有较好的发展。中国引进并自主开发绿色新材料，如：可降解塑料、纳米材料、特种陶瓷、智能材料、工程塑料、绿色建材等都有不同程度的发展和应用。生物技术在农业上发展应用的比较成功，主要是基因工程和分子生物学在育种上的应用和信息技术与常规育种技术结合为主要途径，以培养超级木薯、超级水稻、短季抗病马铃薯、特种玉米、抗病小麦为代表的技术。到 2008 年，中国已获得转基因植物 100 多种，在这方面取得了许多世界领先的成果。比如，抗花叶病毒的转基因烟草，抗棉铃虫转基因棉花等。农业生态工程是 21 世纪初期中国兴起的一项以生物技术为主，结合多种技术的新型绿色技术，发展得也很成功。

10.1.3 绿色技术的实质

10.1.3.1 绿色技术的内容

绿色技术主要包括四方面的内容：绿色产品、绿色工艺、绿色意识和绿色行为。绿色产品主要是指无污染、节能、适宜于人的产品，包括绿色食品、绿色汽车、绿色冰箱、绿色材料和绿色建筑等。绿色工艺是指在产品设计和制造过程中，提高资源利用率，减少废弃物排放，减轻对环境和人体危害的工艺流程。绿色工艺包括绿色设计和绿色包装。绿色意识是人类在应用技术的过程中所具有的保护环境的思想、观念、行为等，包括绿色教育、绿色消费和绿色营销。绿色行为是指在经济发展过程中人们表现的可持续发展的行为。

10.1.3.2 绿色技术的经济价值

绿色技术是随着环境问题的产生而产生的。绿色技术的经济价值主要包括三部分：

（1）绿色技术开发者或绿色产品生产者获得的价值。如绿色技术转让费，清洁生产设备、环保设备和绿色消费品在市场获得的高占有率等。

☞ **绿色链接**

绿色包装膜改性技术

绿色包装膜改性技术研制成功，具有较高的经济价值。效果实现产业化后，目前该成果的配方和工艺条件已向企业胜利转移。表示有望打破国外公司的技术和市场垄断，提升我国 PVDC 树脂的市场竞争力和占有率。

中科院宁波资料所完成的国产 PVDC（聚偏二氯乙烯）薄膜加工改性中试技术日前通过专家鉴定。专家认为具有较高的经济价值，该中试技术效果已达到国际先进水平，建议尽早投入规模生产。

据介绍其被广泛应用于食品、药品、军用品等领域。但由于现有工艺和国产 PVDC 树脂原料不匹配，PVDC 国际上被视为高端绿色包装资料。这种高性能隔阻材料是现有塑料中阻水阻氧性能最高的聚合物材料之一。制备的膜产品机械性能差、晶点偏多，而且生产过程清模周期短，大大限制了国产 PVDC 树脂的市场竞争力，一直被国外公司垄断。

宁波资料所的薛立新团队经过竞争产品分析、实验室小试探索、配方优化和中试放大。开发出了改进的稳定吹膜配方。不改变原有的加工设备和工艺过程的条件下，以国产的 PVDC 为原料。膜的阻隔性能和力学性能得到不同水平的提高。同时，膜面大于 20 微米的晶点减少 50% 与国内外同类产品相比，新产品的断裂伸长率和氧气阻隔性达到国际领先水平，其他力学和阻隔性能均达到国际先进水平。

（2）绿色技术使用者和绿色产品消费者获得的效益。如用高炉余热回收装置降低能源消耗，用油污水分离装置清除水污染，使用绿色食品降低了人们的发病率等。

（3）间接外部价值。指未使用绿色技术（产品）者获得的效益。这是所有社会成员均能获得的效益（如干净的水，清新的空气），也是绿色技术负载的最高经济价值。

10. 1. 3. 3 绿色技术的界定原则

（1）系统性原则：指绿色技术的界定既要概括绿色技术的全部内涵，又要避免概念边界的模糊，科学系统地概括绿色技术的全部内涵。

（2）层次性原则：指绿色技术的界定应遵照一定的客观标准，对绿色技术的概念与内涵层层划分，不同层次之间具有紧密的内在联系。

（3）可操作性原则：指绿色技术的界定应有明确的内容，便于实际动作中对绿色技术进行界定和分类。

10. 1. 3. 4 绿色技术与清洁生产的关系

按联合国环境规划署的定义，清洁生产是关于生产过程的一种新的、创造性的思维方式。清洁生产意味着对生产过程、产品和服务持续运用整体预防的环境战略，以期增加生态效率并降低人类和环境的风险。无疑地，清洁生产技术属于绿色技术，但绿色技术不能等同于清洁生产技术。

假定在一个孤立、封闭的地理系统，生态平衡，没有污染。由于地理系统内部的居民一直使用清洁生产技术，从不使用任何污染技术，因此，地理系统中人与自然关系处于和谐状态。这时，清洁生产技术等同于绿色技术。但在地球表面，不存在严格孤立、封闭的地理系统。不同地理系统之间存在着相互影响、相互制约的关系，任何地理系统的污染都会影响比邻地理系统。并且，人类在工业化进程中，一开始使用的技术具有高排放、高消耗和污染性质，造成了环境问题。正因为出现了环境问题，作为一种反思，才提出清洁生产技术概念。在已出现污染和地理系统呈开放的条件下，即使今后都采用清洁生产技术，也只能部分解决环境问题。理由是，清洁生产技术只能防止未来的污染，而不能消除已存在的污染。从这个意义上讲，清洁生产技术只是绿色技术的一部分，而不是绿色技术的全部。

在功能上，绿色技术中的治理污染技术与清洁生产技术互补。治理污染技术是通过分解、回收等方式清除环境污染物，即解决存在的污染问题，而清洁生产技术是保证未来不发生污染问题。在没有人为干扰的情况下，局部自然生态也可能出现恶化，如沙漠化、泥石流、湖泊沼泽化等。自然生态恶化同样会影响人类的生存，因此，需要相应的技术来改善自然生态，如沙漠植草、土石工程、湖泊疏浚等。尽管这些技术属于常规技术，但在功能上应划入绿色技术。

☞ **绿色链接**

绿色技术与企业社会责任

绿色消费的兴起、企业价值评估重心的转变使企业的生存和发展环境发生了改变。一方面，消费者环境意识增强，对环境事件给予更多的关注，并开始偏好环境友好型的产品和服务，绿色消费需求的增长使企业环境责任从负担转变成机遇；另一方面，随着企业影响力的加大，企业的利益相关者越来越重视企业运作对经济以外的环境和社会造成的影响，评估企业的标准已不再局限于是否制造出质优价廉的产品，而是延伸到对产品制作过程的评估，企业价值评估重心开始从传统的经济指标向社会、环境等新指标扩展。在金融市场上，有关企业在环境与社会方面的信息也受到越来越多的重视，社会责任投资（SRI）的出现即是最好的证明。

10.1.4　开发绿色技术的意义

绿色技术促进科技与人文和谐发展，从而最终实现社会的可持续发展。

绿色科技引出绿色生产，促进了人与自然的和谐。现代科技革命带给人类的不全是福音，越来越严重的全球性生态危机正威胁着人类的生存和发展。因此如何避免科技进一步加剧人与自然关系的恶化，重新把我国纳入经济社会环境协调发展的道路，是一个极为紧迫的问题。因此，最有效的方法是发展绿色科技。绿色技术首先提倡绿色生产，即生产中使用"低耗高效的循环性能，自我调节和控制的运行机制及和谐统一的美学规律"，除了考虑产品的成本、质量外，还考虑产品的回收和处理。这样大大的节约了能源，减少了污染物的排放。另外，绿色技术在预防水土流失、保护森林等方面都起着至关重要的作用。可见，从任何角度来看绿色技术它完全可以促进人类与自然和平相处、共生共荣。

绿色技术利于促进人与人之间的和谐。我们正在为建设和谐社会而努力，和谐社会是一种有层次的和谐。其核心层是人与人之间关系的和谐，要想促进人与人之间的和谐，需要社会的政治、经济和文化协调发展，与和谐社会的要求相配套，也就是说和谐社会必须在一个适宜的生态环境中才能保持发展。绿色技术在全社会掀起了和谐和环保的浪潮，它推行较低污染的生产模式和可持续发展的观念，秉承着这个观念，人会更加珍惜自己的美好生活，会更加注重处理人与人之间的关系，因而使自己生活在处处和谐的新环境中。

绿色技术是社会可持续发展强大技术支持。从人类的可持续发展的角度看，绿色技术确实是解决我国资源、环境问题的最佳选择。绿色科技在可持续发展中的动力作用体现在以下几个方面：首先，它是促进社会经济发展的驱动力。为了实现可持续发展，就必须借助绿色科技，促进经济增长方式的转变。其次它是解决资源问题的最好方法。依靠绿色科技减少资源的用量、提高资源的使用效率是我国经济可持续发展的策略，它是解决资源环境问题的基本手段。再次，绿色技术有利于降低企业的经营成本。企业通过绿色技术创新，开发各种能节约原料和能源的产品；提高利用效率；减少生产过程和使用过程中的污染，降低原料成本和环境成本。这有利于企业在市场竞争中取得较强的竞争力，进而利于企业的可持续发展。

总之，只要我们大力发展绿色科学技术，努力促进资源的合理使用和环境的健康运行，就会促进社会的可持续发展和人与自然的和谐。

10.2　绿色技术创新

10.2.1　绿色技术创新的概念

绿色技术创新（Green Technology Innovation，简称 GTI）是将环境保护新知识与绿色技术用于生产经营中，以创造和实现新的经济效益与环境价值的活动。绿色技术创新强调以知识产业为支柱、以高科技产业为主导，将环境保护新知识与绿色技术用于生产经营中，以创造和实现新的经济效益与环境价值的活动。它突出强调绿色产品、绿色工艺与技术的研究开发应用，强调以市场为导向，促进绿色技术成果的转化，强调绿色技术应用与绿色观念、机制创新以及生产组织方式、经营管理模式、营销服务方式等多方面创新的结合。绿色技术创新是从研发到建立高效节能的生产经营系统再到技术创新扩散的动态过程，包涵了清洁能源技术、减量化投入、清洁生产技术和工艺、绿色产出技术、末端污染治理技术、废弃物循环利用等方面。它可以使企业的经济效益与生态效益协调一致，通过获得绿色竞争优势，实现企业自身的可持续发展。

10.2.2 绿色技术创新的内涵

绿色技术创新与绿色技术研发与扩散紧密相关，但它并不是一个单纯的技术概念，而是包含了绿色技术从思想形成到推向市场并及时反馈的全过程。与技术创新的内涵相一致，绿色技术创新涉及到绿色产品创新、绿色过程创新和绿色管理创新三方面内容，是环境责任思想的全程体现，由此形成一条"绿色设计—绿色制造—绿色产品—绿色营销—绿色设计"的可循环的生态链，并通过环境管理系统（environmental management system，EMS）的构建与运作，有效实现企业整个产品生命周期的环境影响最小化，消除或减少污染及浪费，并尽可能地回收利用零件材料。这一绿色技术创新生态链表现出以下特点：强调绿色思想、绿色产品以及绿色工艺与技术的研究开发与应用；强调以绿色市场为导向，促进绿色技术成果的转化；强调机制创新以及生产组织方式、经营管理模式、营销服务方式等多方面创新的结合，以使企业的经济效益与生态效益协调一致，提升责任竞争力，实现企业的可持续发展。

从企业产品生命周期来看，绿色技术创新是将技术创新与企业环境责任相结合，在创新过程的每一阶段加以环境责任考虑，以实现产品生命周期总成本最小化的活动。其实质是减少产品生产和消费过程中产生的、由生态环境传递的外部非经济性。

☞ 绿色链接

美菱冰箱：以技术创新求发展，技术创新市场化

美菱集团是安徽合肥的一家以电冰箱生产为主业的企业集团，大约在国内冰箱市场接近饱和阶段时介入冰箱产业，起步较晚。但经过多年的奋斗，已经成为与国内另外数家冰箱名牌企业并存的冰箱市场中的几朵"红花"，并受到严酷的冰箱市场饱和与需求刚性的市场挤压。

可是，美菱并没有沉沦，而是坚持走企业技术创新的道路，大胆更新产品观念和市场观念，硬是在刚性的冰箱需求面上找出一道需求"缝隙"——保鲜冰箱，从而开拓出一个新市场，得到了又一份市场份额。

美菱首先看到了冰箱的"冷"观念随市场经济的变化而变化。他们发现，中国冰箱消费者已从以前所追求的"大容积、深制冷，以冷为佳"，转向渴望将时令的鲜菜瓜果存放于冰箱，随时尝鲜饱口福的愿望。对此，美菱认为"不用天天上菜市，就能天天吃新鲜"的愿望，是冰箱主要的目标市场都市人的消费心理态势。

美菱保鲜冰箱对消费者选购冰箱的理念是一种突破。长期与美菱合作进行保鲜技术开发的中国农业大学食品研究院院长南庆贤教授强调："冰箱上提出保鲜这个概念非常新颖，因为食品质量的关键就是保鲜。"

"保鲜"是个很有诱惑力的概念，和保质这一惯性概念有着根本的不同。保鲜比保质更上一个档次，保鲜的食品肯定能保质，但保质的食品未必能保鲜。保质是保鲜的基础，保鲜是保质的提高。

事实上，美菱集团在冰箱业中开展的技术创新活动分为两个阶段：一是率先在国内推出181 升大冷冻室冰箱，使冰箱由冷藏室发展到了冷冻；二是推出保鲜冰箱，使冰箱保质有了绿色革命的意义。这两次技术创新，使美菱集团由小到大，由弱变强，由赶"末班车"到进入中国家电队伍中的第一个方阵。

10.2.2.1　绿色技术创新的分类

绿色技术创新在内容上首先要满足三大"绿色"要求，即节约 、回用 和循环 ；具体的可分为三种类型：末端技术创新、绿色工艺创新和绿色产品创新。其中，绿色产品创新指开发各种能节约原材料和能源，在使用过程中及使用后不危害或少危害人体健康和生态环境，并且易于回收利用和再生的产品。绿色工艺创新指开发能避免或降低生产过程中污染物产生的"无废工艺"或清洁生产工艺。末端技术创新指开发能尽可能多的使已经产生的污染物转化为对环境无害的物质或使已被破坏的环境能尽早恢复的技术。

按照技术创新的传统划分，绿色技术开发可区分为一次创新和二次创新两大类。绿色技术的一次创新是按照生产活动的目的，在新技术原理构思的基础上，通过广泛吸纳各相关技术体系的新型单元技术构建而成的，对生态环境消极影响甚微，或者有利于恢复和重建生态平衡的全新产业技术系统。现实中这类创新多出现在绿色产品技术系统的开发活动中。绿色技术的二次创新是在不改变原有产业技术系统技术原理的前提下，运用系统分析方法把技术系统还原为相互制约的多项单元技术，并在相关技术体系中分别寻求或研制新的替代技术单元；然后运用系统综合方法，把各替代技术单元组合到新技术系统之中；并运用反馈方法对技术系统结构进行整体优化，使新、旧各技术单元之间相互匹配，形成高效率的新产业技术系统。

10.2.2.2　绿色技术创新的特点

与传统的技术创新相比，绿色技术创新主要有以下几个特征：

第一，以可持续发展观点为指导、传统的技术创新观以利润最大化为目标，把"效率"放在关键的位置上，就是要以最小成本获取最大的利润。也就是说，它使得人们在生产过程中最大限度地消耗各种资源(当然也包括各种自然资源)，从而达到提高经济效率，促进经济增长的目的。所以，传统的技术创新客观上加速了对自然资源的耗费，造成了生态平衡的破坏，最终可能由经济发展的"内在动力"变为可持续发展的最大阻力。而且随着创新力度的加深，创新目的的单一性程度就越高，兼顾性越差，对生态环境造成的破坏也就越大。而绿色技术创新是以追求经济效益、社会效益和环境效益的统一为原则，追求人与自然的和谐统一，环境保护与经济社会发展相协调。绿色技术创新为开发绿色产品、发展绿色产业、开拓绿色市场、引导绿色消费创造了机遇，成为国家实施可持续发展战略的重要举措。

第二，实现价值的多重性决定创新主体多元化。传统的技术创新观以经济价值为单一取向。它强化了整个社会片面的经济发展观，它突出的是功利主义的价值追求，由于这种价值追求在科技繁荣、技术创新规模急剧扩张的时代不断得到固化和强化，以致相应地削弱了人类在其他方面的价值追求。传统技术创新总是以最大限度地提高经济效益为最终目的，而很少考虑生态环境因素。由于绿色技术创新是以实现经济效益、社会效益和环境效益的协调统一为原则的，因此绿色技术创新实现的是一个价值统一体，要考虑技术价值、经济价值、社会价值，还包括环境价值。与传统技术创新行为主体仅仅是企业不同，绿色技术创新价值多重性决定了绿色技术创新拥有以企业为核心，政府、国际组织、科研院所以及公众等参与并制约企业创新行为的多元行为主体系统。

第三，与系统论和生态学关系密切。与传统的技术创新不同，绿色技术创新与系统论、生态学等学科关系很密切，绿色技术创新是一个由技术、经济、社会、自然有机构成的和谐系统，绿色技术创新的技术运行模式是非线性和循环的。它应用生态学研究成果，通过模拟生物圈物质、能量的运动、循环和再生过程，来研制、开发、设计生产技术与工艺。因此与传统技术创新相比，绿色技术创新的技术的发展要在生态学发展到一定程度的基础上进行，更要注重与生态学的融合性，技术复杂性更高。其对于人才的要求也更高，不仅需要一般的技术研发人员，还需要专门的环保类的技术人员。

第四，能提高生产要素的产出率。绿色技术创新优化了资源配置和产业结构，提高了经济增长的效率和质量，改变了以"高投入、高消耗、低产出、低效益"为特征的传统经济增长方式的不可持续状况。绿色技术创新能促进经济系统改变传统的发展模式，实现由粗放型、资源型、劳力型经济向集约型、生态型、知识型经济转化，提高资源利用率。

从以上绿色技术创新的特点和性质看，绿色技术创新需要在创新的各个层面和阶段中遵循生态学规律，以可持续的方式使用资源，将环境保护知识和绿色技术融入生产经营活动中，引导创新向降低资源和能源消耗，尽量减少污染和对生态的破坏的方向发展，创造和实现新的生态经济效益与环境价值。因此，绿色技术创新能够降低企业生产对环境造成的外部性，减少资源消耗与环境污染，循环利用废弃物，符合生态规律和经济规律，促使经济发展与生态环境协调发展。可见绿色技术创新是人类由工业文明走向生态文明的标志，也是实现可持续发展的必要条件。

☞ **绿色链接**

绿色技术创新与茶业可持续发展

绿色技术创新是在环境保护陷入困境的情况下，进行技术方向调整而提出的。目前，发达国家都先后制定了苛刻的环境标准，世界贸易形成绿色壁垒。自2001年11月我国加入WTO以来，逐步削减了关税壁垒，但非关税绿色壁垒作用却大大加强了，发达国家制定了苛刻的绿色市场准入制度禁止或限制某些产品的进口。

1. 茶树营养管理技术创新

技术和智力的大量投入部分地替代物质(如化肥)的过高投入以维持生态平衡。同时，要特别注意提高肥料利用率，测土配方施肥是提高肥料利用率的核心，在我国已有运用，但还没有普及。因此，建议大力推广农业信息技术。农业信息技术包括计算机农业信息系统、决策支持系统、综合地理信息系统，其中综合地理信息系统又包括土壤类型，土壤取样化验获得的结果，再结合该地以前的产量分布、年度单产指标和病虫控制指标等，根据这些结果和指标通过计算机农业信息系统、决策支持系统，做到"精确农作"。

2. 病虫害防治技术创新

有害生物的防治要和生态环境相结合，走持续发展之路，实施 ITM 技术(Intergrated Pest Management)，即在防治策略上，以保持生态系统的平衡为目标，将有害生物用生态调控的方法控制在经济损害水平之下，而不消灭有害生物种群；在防治措施上，以农业措施为基础，尽可能应用生物防治手段，辅之以物理防治等多种战术，以此达到综合治理的目标。此外，抗性品种，作物布局，水肥管理，茶树修剪及其他生态措施(伴生植物、环境改良)的手段与方法也是解决自然资源持续与外部能源投入相矛盾的最佳策略与措施。

3. 茶叶安全技术创新

对于发达国家特别是欧盟国家对我国竖起的绿色壁垒，我们必须尽快与国际接轨，建立茶叶生产保证体系——HACCP。近 30 年来，HACCP 已经成为国际上共同认可和接受的食品安全保证体系。当然，从目前来看，茶叶企业全面实施 HACCP 管理尚有一定难度，可以首先从容易引起安全问题的部分入手，实施 GMP(良好操作规范)和 SSOP(卫生标准操作规程)，从而建立相应的 HACCP 体系，并逐渐在茶叶企业中推广。可以先从大型企业开始，中、小型茶叶企业分批、分阶段逐步实施。

10.2.3　企业实施绿色技术创新的意义

绿色技术创新是实现企业可持续发展的必由之路。绿色技术创新强调经济系统与生态系统的和谐，以提高企业的生态经济综合效益为目标。因此，企业通过绿色技术创新，采用使经济和生态环境相协调、具有生态正效应的绿色技术，推行生态化、清洁化的生产方式，可使废弃物得到循环综合利用，把污染物尽可能地削减在源头和生产过程中，克服传统技术创新过分强调经济利益，忽视资源保护和污染治理的缺陷，走出"高投入、高消耗"的传统发展模式，有效纾解企业发展所面临的资源环境压力，实现企业经济增长和生态环境保护之间的良性循环。

绿色技术创新是企业有效应对日益完善的环保法规的需要。目前，我国已经形成了较为系统的环境法律体系。在日益完善的环保法规下，企业要使自己的行为符合环保要求，不受法律处罚，就必须进行绿色技术创新。

绿色技术创新是企业突破绿色壁垒，开拓国际市场的重要手段。面对日益严重的全球性环境污染与生态破坏，国际社会采取了许多措施，其中之一即将环境与贸易挂钩，设置绿色贸易壁垒，通过限制或禁止对环境有害的产品、服务、技术等贸易的方式来促成对环境的保护。许多发达国家还把保护环境作为新的贸易保护主义措施加以利用。因此，为突破绿色贸易壁垒，企业必须进行绿色技术创新，大力采用绿色工艺，生产绿色产品。

绿色技术创新是企业利用市场机会的需要。科技的进步和文明的发展，使得人们追求健康，保护环境的意识不断加强，一种新型的消费观即绿色消费观由此出现。绿色消费观改变了以往人们只关心个人消费，很少关心社会、环境利益的传统消费观，将消费利益和保护人类生存利益结合在一起，抵制那种在生产和消费过程中对环境造成破坏和污染的商品。在我国，绿色消费也已经起步，随着消费者收入水平的提高、健康和环保意识的增强以及政府部门一系列强制性环保措施的出台，我国的绿色消费将有一个长足的发展。面对这个潜在的巨大的绿色消费市场，企业进行绿色技术创新，采用生态工艺和净化技术生产绿色产品，无疑可以使企业获得良好的发展机遇。

绿色技术创新是实现我国经济发展模式转变的客观需要。我国面临着发展经济与保护环境的两难选择。一方面我们需要高速发展经济，非此不能满足十三亿人口的生存需求，不能实现我国既定的发展目标；另一方面我国又面临着人口、资源、环境方面的压力，我国人口众多，资源短缺，为多灾害国家之一，工业整体水平落后，能耗高、经济效率低，为追求经济高速发展所付的代价很大。为此，我们必须坚持科学发展观，大力扶持和推动企业实施绿色技术创新。

企业实施绿色技术创新，还有利于其社会形象的塑造，获得消费者的认可，提高其市场份额。可以通过提高资源的综合利用效率，节省原材料，进行绿色技术转让等，降低企业的成本，获得创新收益。

10.2.4　实现企业绿色技术创新所面临的障碍及对策

很多企业对绿色技术创新仍不够重视，企业在选择技术创新的模式和方向时，由于追求利润最大化、资金投入少，绿色管理不利等往往不会主动选择绿色技术创新，影响了企业的可持续发展。企业实施绿色技术创新所面临的障碍如下：

第一，企业缺乏绿色意识。多数企业对眼前利益看得过重，对绿色技术创新关注较少，没有从战略高度来看待绿色技术创新扩散和应用。由于我国环境保护起步较晚，无论是消费者还是企业都缺乏对绿色消费的全面认识，绿色消费认识模糊使绿色产品市场秩序混乱，无法形成公平竞争局面，很多企业借绿色之名行污染之实。

第二，企业采用绿色技术不足。绿色技术要兼顾生态、资源、环境和社会后果，技术性强，复杂程度高，难度大，风险大，其技术投资和运行费用相当昂贵，这就使得企业不愿意采用绿色技术。同时，绿色技术与企业现有工艺、技术水平不匹配也是阻碍绿色技术创新与推广的另一个因素。因此使得企业采用绿色技术严重不足。

第三，企业绿色技术创新的人力、资金缺乏。绿色技术创新需要投入大量资金，需要高素质的人才。我国绿色技术创新资金远远低于发达国家水平，我国劳动力素质偏低，科技力量薄弱，人才匮乏，资金得不到保障，使一些企业力不从心，延缓了绿色技术创新扩散与应用的速度。

第四，企业的绿色管理不力。企业组织结构不合理，创新组织不力，绿色技术开发中心和服务中心普遍尚未建立，技术信息网络机制不健全，严重阻碍了绿色技术创新。

然而，促进企业绿色技术创新也有如下对策：

（1）建立健全企业绿色技术创新的外部激励机制。绿色技术创新所带来的经济效益具有外部性，使许多企业都有了一种"搭便车"的心理，这不利于中国企业的绿色技术创新。技术创新单靠市场机制的推动是远远不够的，要依靠政府制定法律，颁布政策，资金和技术的大力支持等。如政府政策法规的强制管理，政府环境管理的经济刺激手段，或是国家产业政策、技术政策的客观调节。

（2）建立良好的企业技术创新的内部环境。企业要树立绿色理念，形成有意识的、持续发展的经营理念和创新理论。绿色理念是企业在生产经营过程中形成的对绿色战略的认同感，是企业文化的一个重要内容。企业经营者应树立绿色经营理念，认识到实施绿色战略的必要性和紧迫性。同时对企业员工进行绿色教育，使员工逐步认识到绿色战略的实施关系到企业自身乃至社会的可持续发展，从而在生产经营过程中自觉地树立、维护企业的"绿色"形象，提高企业绿色技术创新意识。我国绿色技术创新必须加大企业资金投入，这是推进我国企业绿色技术创新的重要对策和措施之一。绿色管理是把绿色理念贯穿于经营管理中，这就要求进行企业管理系统创新，建立一种生态与经济相协调的管理模式，以提高企业生态综合效益，并推动企业绿色技术创新。

（3）建立健全企业绿色技术创新的社会配套服务体系。技术创新社会服务体系是技术创新体系的重要组成部分。同时应建立技术信息网络和信息传递机制，及时向社会发布有关循环经济的技术、管理和政策等方面的信息，以使企业及时了解国内外循环经济技术创新和扩散的最新发展动态，提高技术创新信息的传递效率和准确性，提高创新效率。同时企业应结合自身实际，利用外界力量合作创新，如与科研机构、高等院校的合作创新。环保部门不仅要加强法规、标准的执行和监督力度，而且要积极起到中介、协调和服务的作用，提高企业绿色技术创新的能力。

绿色技术创新是保护环境，实现企业可持续发展的必然选择。由于我国一些企业技术水平低下，缺少绿色技术创新的资金、人才以及激励措施，严重阻碍了企业绿色技术创新的扩散与应用。为了促进企业绿色技术创新，国家应积极构建企业绿色技术创新的外部环境，企业自身也要提高绿色技术创新能力，通过与科研机构、高等院校的合作创新，有步骤地推动绿色技术创新在企业中的推广，实现企业的可持续发展。

【案例应用】

新兴绿色技术——水生植物修复技术

（一）人工湿地技术

人工湿地（Constructed Wetlands）是 20 世纪 70 年代发展起来的一种废水处理新技术，与传统的污水二级生化处理工艺相比，具有净化效果好、去除 N 与 P 能力强、工艺设备简单、运转维护管理方便、能耗低、对负荷变化适应性强、工程建设和运行费用低、出水具有一定的生物安全性、生态环境效益显著、可实现废水资源化等特点。人工湿地是人工建造的、可控制和工程化的湿地系统，其基本原理是通过湿地自然生态系统中的物理、化学和生物作用来达到废水处理的目的。

　　加拿大潜流芦苇床湿地系统在植物生长旺季中的 TN 平均去除率为 60%，TKN 为 53%，TP 为 73%，磷酸盐平均去除率为 94%。英国芦苇床垂直流中试系统用于处理高氨氮污水，平均去除率可达 93.4%。靖元孝等利用种植风车草的潜流型人工湿地对生活污水进行净化，TN、TP、COD 和 BOD 的去除率分别为 64%、47%、74% 和 74%。崔理华等在垂直流人工湿地中采用煤渣、草炭混合基质代替砂砾基质，以风车草（ Cyperus alternifolius）为湿地植物构成垂直流人工湿地系统，以观察其对化粪池出水中 P、N 和有机物的净化效果。结果表明，对化粪池出水中的 COD、BOD5、NH+4−N 和总 P 的去除率分别为 76%~87%，88%~92%，75%~85% 和 77%~91%。

(二)水生植被的组建及恢复

　　在湖泊、水库组建常绿型人工水生植被，使之形成生长期和净化功能的季节性交替互补，不仅可以净化湖泊、水库内的水质，而且可以阻止大量的外来污染物进入水体。对水生植物构成的水陆交错带对陆源营养物质截流作用的研究，如在白洋淀进行的野外实验，表明其湖周水陆交错带中的芦苇群落和群落间的小沟都能有效地截流陆源营养物质。多种植物组合比单种植物能更好地对水体净化，目前有越来越多的试验研究采用多种植物的组合。这可能是因为：不同水生植物的净化优势不同，有的可以高效地吸收氮，有的却能更好地富集磷；每种植物在不同时期的生长速率及代谢功能各不相同，由此导致不同时期对氮、磷等营养元素的吸收量也不同，而且随着植物发育阶段不同，附着于植物体的微型生物群落也会发生变化。微型生物群落的变化会直接影响植物对水体的净化率，当多种植物搭配使用时就有利于植物间的取长补短，保持较为稳定的净化效果；多种植物的组合具有合理的物种多样性，从而更容易保持长期的稳定性，而且也会减少病虫害。

(三)水生植物的资源化利用

　　所有水生植物体都可以作为能源，即产生沼气加以利用。有些水生植物还可以食用，如莲藕、菱角等。眼子菜、芦苇、莕菜等可以入药。芦苇可以编制苇席，这已是白洋淀人民经济支柱。水生植物是良好的绿肥，又是好的饲草，它们营养丰富，生长很快，水中的氮、磷被它们吸收后转化成蛋白质等营养物质。如果用这些草来养鱼、养鸭、养鹅又能产生一定的经济效益。所以在种植水生植物时，可有目的地挑选一些利用价值较高的水生植物如绿萍、浮莲、水花生、水葫芦等。再在水中放养适量鱼虾和水禽，适时收获水产品，使水体保持一个较为稳定生态环境，从而获得环境效益和经济效益双丰收。

问题：

　　上述材料中提到的技术属于何种绿色技术？如何评价这些绿色技术带来的经济效益和环境效益？

【国际经验】

美国绿色技术创新的实践和探索

从世界范围来看，传统技术创新向绿色技术创新转变已成为一股潮流和趋势。通过分析美国推进绿色技术创新的成功经验，总结发达国家发展绿色技术创新的经验对我国具有重要的借鉴意义。

1. 建立促进绿色技术创新发展的法律法规

美国具有健全的绿色技术创新法律体系。一方面，美国具有日趋完善和严格的环保法律体系和执法机制，这在相当程度上促进了美国绿色技术创新。美国从 20 世纪 70 年代以来，通过了 26 部环境法律，涉及水环境、大气污染、废物管理等方面，每部法律都对污染者和公共机构应采取的行动有严格的法律要求。另一方面，美国还具有完善的技术创新方面相关法律体系，美国早在 1980 年就专门制定了《史蒂文森—威德勒技术创新法》，还制定了《全国合作研究法》《技术转移法》《小企业创新发展法》《大学与小企业专利法》等一系列技术创新相关法律，这对促进美国的绿色技术创新发挥了巨大的作用。

2. 加强对绿色技术创新的宣传教育

在美国很多大学中有环境讲座，并开发了许多解释自然的程序，从硬件到软件均十分完备，目前全美像"自然学校"这样的环境教育设施约有 5000 个之多。他们以自然为对象作为环境教育的基地，教员的能力也很高。与环境有关的一些社会团体还可得到州政府和联邦政府的资金资助。当需要进行特别普及环境教育时还可提供免费教育，向参加者配发教材以刺激学习积极性。统计表明：有 73% 的美国人都确信自己是一个环境保护主义者；77% 的美国消费者表示企业的环保形象会影响他们的购买意向；有 4/5 的人把环境污染看作最重要的社会问题，这更加促进了美国社会再生产的各个环节无不以"绿色环保"作为追求目标。

3. 完善绿色技术创新的经济制度

美国采取了项目免税和直接资金补贴两种方式对绿色技术创新进行鼓励。美国政府的投入比重比较大，约为 50%。在税收政策上美国利用直接税收减免和投资税收抵免等税收优惠政策来促进企业研发绿色技术。1991 年美国的 23 个州对循环投资给予税收抵免扣除，购买循环利用设备免征销售税。美国绿色技术创新过程模式基本是：政府规定—市场需要—销售信息反馈—技术创新—生产—投入市场。通过这种稳定的循环，创新主体获得的是风险小，成本低，且具有重大商业价值的创新成果，它同时还能提高创新主体的生产效率和竞争地位。

资料来源：陈国玉. 绿色技术创新研究[D]. 南昌：南昌大学，2008.

参考文献

[1] 鞠晴江，王川红，方一平，等．基于环境责任的企业绿色技术创新战略研究[J]．科技管理研究，2008，28（12）：9 – 12.

[2] 李鸿燕．促进企业绿色技术创新的对策研究[J]．商场现代化，2007，（36）：233 – 234.

[3] 刘慧，陈光．企业绿色技术创新：一种科学发展观[J]．科学学与科学技术管理，2004(8)：82 – 85.

[4] 刘晓音，赵玉民．环境规制背景下的企业绿色技术创新探析[J]．技术经济与管理研究，2012，(2)：43 – 46.

第 11 章　基于绿色技术的创业活动

【引例】

中国—阿拉伯化肥有限公司

中国—阿拉伯化肥有限公司位于河北省秦皇岛市，注册成立于 1985 年，为国家"八五"重点建设项目，也是当时我国与第三世界国家间最大的经济合作项目，系全国 520 家重点企业及中国化工百强企业之一，在华北、华中和西北地区均设有大型生产基地。中阿化肥始终推行现代企业模式胜任，在国内同行业中率先通过 ISO9000 质量体系认证。公司的"撒可富"系列复合肥填补了国产高浓度复合肥生产零的空白，并且建立了遍布全国 20 多个省份的市场营销和农化服务网络，开发了适用于不同土壤和作物的系列专用复合肥 50 多个品种，创立了卓越的品牌优势。1994 年以来，中阿化肥持续稳健增长，2007 年实现销售收入 47 亿元，实现净利润 1.7 亿元。

20 世纪 90 年代末期，中国化肥行业的产能达到巅峰，同类产品之间的竞争趋于白热化，大量的企业陷入残酷的价格竞争。与此同时，广大的农户也越来越深刻地感受化肥在农业生产中所起到的巨大作用，逐渐形成了一种对化肥的畸形依赖，普遍认为化肥用得越多，产量就会越高。化肥价格的快速下降更是让大量的农户欢欣鼓舞，过度施肥的恶果很快就显现出来。一方面，大量的肥料养分由于无法被作物吸收，其中的化学物质残留在土壤之中造成土壤板结地力下降，甚至污染了地下水造成水体的大规模富营养化，另一方面，化肥有效成分的平均利用率不足 30%，形成了严重的资源浪费。

针对这一情况，中阿化肥认为必须引导广大农民树立正确地施肥观念，最为关键是尽快推出不会对土壤造成污染的化肥产品，否则若干年后整个化肥行业将出现致命的危机。1998 年，中阿化肥在同行业中率先推出不同氮磷钾配比的专用复合肥产品，适应了不同土壤和作物需要，同时开始在广大农户中普及平衡施肥的理念，通过专家讲座、宣传手册、产品推介等渠道教育农户对化肥的作用形成客观全面的认识，由此带动了专用复合肥在中国市场得到大范围推广使用。为了配合专用复合肥产品的推广，中阿化肥建立了遍布中国 20 多个省份的田间肥效试验及农化服务网络，还在我国的主要农业产区建成了 9 个土壤分析中心和 200 多个长期肥效试验点，每年可分析 10 万个土壤样品、培养近万个平衡施肥示范户，由此提高化肥养分利用率约 10%，增加农作物产量 8%，累计推广 370 万吨各类专用肥，使农民增收约 21 亿元。

在市场竞争的拉动下，主要的化肥生产企业纷纷效仿中阿化肥的做法，这直接促成了国内专用复合肥市场的迅猛发展，但随之而来的是市场的混乱和无序竞争。中阿化肥在 2001 年末从市场抽取了 153 个较为知名的化肥样品，检验结果合格率仅为 11%。有的生产厂家在包装标识上大做文章，肆意夸大宣称有效养分的比例。很多所谓的新型肥料根本无效甚至会造成负面效果。这些恶性行为的最终受害者都是处于社会底层的农民。为了规范行业标准和产品标识，杜绝假冒伪劣化肥的蔓延和坑农害农事件的发生，中阿化肥积极倡导并作为唯一的企业代表参加了国家复合肥标准的研究和起草工作，并且率先推行新的复合肥检测标准，推动了全行业管理的规范化工作。2007 年，多家中央媒体报道了中阿化肥引领了国内复合肥业发展，为农业增产、农民增收、环境改善和资源节约做出了巨大贡献的先进事迹。

20 世纪 90 年代末期，中阿化肥的专用复合肥产品得到了市场的广泛认可，但其产能却逐渐陷入瓶颈。特别是在华中、华南的市场，由于没有南方的生产基地，这个问题显得尤为突出。长距离运输不仅造成成本上升，而且很多时候就连火车车皮都不好找。湖北大峪口矿肥结合工程是"八五"期间经国家批准利用世界银行贷款建设的国家重点建设工程，总投资 35.9 亿元，1997 年 6 月底建成投产，但是 1999 年之后就因为生产成本过高，没有市场需求而一直停产，造成了国有资产被闲置浪费，上万名职工下岗待业，群众集会、示威游行等大型突发性事件时有发生，形势非常严峻。对于大峪口问题，中央十分重视，朱镕基、吴邦国等党和国家领导人多次做出批示，要求尽快解决。湖北省委政府领导为此多方联系，希望有实力的企业能够入主大峪口项目，但当时很多国内外的大型化工企业在考察之后都认为风险过大不愿轻易介入。

中阿化肥偶然获得这一消息，主要高层立即赴大峪口实地考察，从战略角度对重新启动该工程的可行性及总体思路进行了分析和谋划，并向国家经贸委提出了借助中阿化肥的管理经验、企业文化和市场网络优势来将大峪口工程建成中阿化肥南方生产基地的方案，得到了当时国务院分管领导的高度认可。2002 年底，中阿化肥向大峪口工程派出了精干的管理和技术团队，开始落实各项接管工作。在随后两年多紧张艰苦的修复改造过程中，工作组加班加点，克服了许多难以想象的困难，将中阿化肥的企业文化和团队精神带到了大峪口，使大峪口的面貌发生了彻底的变化。2005 年 4 月改造项目全面完成，目前大峪口工程已经形成了年产 50 万吨复合肥、30 万吨磷肥、56 万吨硫酸和 20 万吨磷酸的生产能力，产品也已经全面投放市场，并且获得了良好的经济效益和社会效益。重新启动的大峪口工程不仅为国家挽回了巨大的损失，而且显著地降低了中阿化肥拓展南方市场的成本，完善了自身的战略布局，在与同行的竞争中形成了更加明显的优势。

　　中阿集团成功的应用了绿色技术来创业，在实现了高经济效益的同时，还对环境的可持续发展做出了杰出贡献。绿色技术是每个创业者和企业家都应注重的企业发展关键点。本章内容就来探讨企业和非营利性组织应如何更好的走出绿色创业之路。

　　资料来源：盛南．社会创业导向及其形成机制研究：组织变革的视角[D]．杭州：浙江大学，2009．

11.1　企业内创业与技术创业

11.1.1　企业内创业的本质和内涵

　　自从 20 世纪 80 年代，创业就已与发达工业化国家的新兴、高技术部门的形成紧密联系起来，尤其是，在某种意义上，创业已成为科技研究和产业化之间结合的重要催化剂。所谓内创业，是指企业发展到一定阶段之后，在现存组织内部，为了获得创新性成果，而得到组织授权和资源保证的创业活动。简单地说，内创业就是现存公司内部进行的创业活动。在经济高速发展，技术日新月异，竞争日趋激烈的今天，内创业是企业尤其是成熟企业获得新生的重要途径。

　　企业内创业（intrapreneurship），也称公司创业（corporation entrepreneurship），目前，对其比较一致的定义是：为了获得创新性成果而得到组织授权和资源保证的企业创业活动。企业内创业的本质是将创业精神注入已经建成的企业当中，鼓励员工在企业内部像企业家（entrepreneur）创建新企业一样做事，培养和造就内企业家（intrapreneur），以推动企业的持续创新，并由此赢得持续性的竞争优势。内创业包含多类创造和创新活动的过程，包括战略的更新、经营业务的拓展或者创造、技术上的创新、组织结构、文化及管理体制的创新等等。

11.1.2　技术创业

　　技术创业是基于技术能力和技术创新基础上的新事业创建行为，是创业者组织来自本身或外部的技术以及其他创业资源对技术创业机会进行开发的过程，技术创业可以在组织内部进行，也可以在组织外部进行。

　　技术创业和技术转移是两类既有联系又有区别的技术经济活动，技术转移通常发生在不同主体之间，而技术创业者既可从外部通过技术转移获取创业所需技术，也可以利用自身创造的技术；技术转移和技术创业的目的都是为了实现技术的商业化及其经济价值；技术创业已是现代知识经济社会中大学、科研机构以及企业之间重要的技术转移方式，技术创业活动常常伴随着技术转移活动。

　　而技术创业和技术创新是两个跟"创造"有紧密联系的概念，但前者强调创造新的事业，后者强调创造新的产品或工艺。此外，技术创业与技术创新两者都涉及到技术活动，但创业活动毕竟不同于创新活动，因此两个概念存在较大差别。罗伯特等认为，技术创业是创建新的资源组合，使创新可以实现的一系列活动，它以一种可以盈利的方式把技术和商业结合起来。技术创业可能只涉及到一个人（独立技术创业），也可能是公司内部多个人参与的一系列活动（公司技术创业）。

虽然技术创业包括技术创新，但技术创业者也可以利用别人的技术创新成果进行市场开发活动，即技术创业可以不进行技术创新活动，而只是利用技术创新结果开发市场。但技术创业一定包括创新活动，如果没有创新，连创业都算不上，更别说是技术创业了。比如一个生产型企业通过购买国外成熟技术在国内进行加工生产，如果在此过程中企业不断吸收国外技术，通过引进、吸收和消化，最后形成了自己的核心技术优势，就可以称为技术创业。否则，如果只是简单复制国外技术，没有创新，就只能算做加工贸易型创业。技术创新活动是指企业不断进行产品或工艺的改进，其结果是新产品或新工艺的产生；而技术创业活动是指企业对一项新产品或新工艺不断开发其商业用途。技术创新是发现并开发技术的新用途，而技术创业是考虑如何实现这些新用途，所以可以用专利衡量企业技术创新的程度，用新事业数量来表示技术创业的程度。

11.1.3　社会创业家

社会企业家注重实效，以及重视结果甚于过程，而其他许多的民间部门则是重视过程大于结果。他们不断提供创意和开发切合社会需求的产品或服务，为弱势社群提供真实的工作环境，从而逐步改变弱势社群的心态，提高他们的现代技术能力，使他们最终能自力生活，真正融入社会真实的生产力。再者，社会企业家倾向于回避意识型态的职位，也不会紧紧抓住声称改善苦难，却对实质现状没有提升的慈善模式，社会企业家勇于追求现状的转变。

【绿色故事】

社会企业家寻路中国——转折 2008

他们做的是公益事业，却不靠捐款维持运转；他们是企业家，以商业运作方式取得利润，但又不以赚钱为第一目标；他们叫做"社会企业家"——在中国他们还只是小小的一群，但他们的事业天地广阔。

在距离成都 50 公里的大邑县，任旭平和张书平这对患难夫妻，从 20 世纪 80 年代开始养兔子，成为远近闻名的"兔王"。2008 年的大地震，也把他们的兔王产业推到了灾区重建的最前沿。

"当时很多 NGO、大学研究机构都找我们，包括中国台湾、美国，希望我们帮灾区做事。"一开始，张书平夫妇是通过基金会整合资源，领一笔资金，到灾区做一些项目，后来张书平发现，灾区重建是个长期而漫长的过程，太多地方需要资源，她决定不再拿基金会的钱，而是以自己的企业为主体来做社区发展，"从兔子做起，我们为妇女做家庭发展计划，还给政府提建议，等等。"

　　他们提供的种兔和技术是收钱的，虽然收得很低，还常常对贫困户免单。其实在地震前任旭平和张书平夫妇一直在这样做。在他们看来这是自然而然的事情，在现实中却备受质疑。"经常会有人质问我们，是不是把公益当作生意来做？"一边做企业，一边做慈善，他们自己也弄不清楚，到底哪一项属于公益哪一项属于商业。这样的疑惑一直困扰着夫妇俩。

　　幸运地是，这一年，张书平获得了一个社会企业家技能培训的机会，培训班里接触到的新概念，让她觉得挺震撼的。一个星期的培训中，老师对国外社会企业家的理念进行梳理，把国外的经验、运作模式、受益面给大家做个介绍，让大家有个清晰的认识，还要求大家把企业的愿景、使命和宗旨梳理清楚，知道以后的路该怎么走。

　　通过培训，张书平终于明白，商业企业从诞生的那天就要实现利润最大化，"而我们，除要留一部分利润作为我们企业发展的必需之用，我们会把大部分利润用于回馈社会。"社会性企业不但既要对企业负责，对员工负责，还要对生产链的上下游负责。也就是说，它们对社会要负有更大的责任。多年困扰他们的疑虑终于烟消云散，"我们一直就是那么做的，却不知道这就是社会企业。"

　　社会创业者具有以下几点特质：

　　（1）强烈的社会使命感。社会创业的目的是解决社会问题，具有强烈的社会使命感的人对目标群体负有高度的责任感，他们在物质资源和制度资源稀缺的情况下，为了实现自己的社会目标，不断发掘新机会，不断进行适应、学习和创新，克服重重困难寻找解决社会问题的方法。并在社会、经济和政治等环境下持续通过社会创业来创造社会价值。正是具有了强烈的社会使命感，才使得社会企业家将追求社会效益而非经济效益作为企业的根本目标，并且能够在之后的企业管理中始终坚持社会目标的方向，不至于使社会企业偏离初衷。

　　（2）广泛良好的社会网络。社会创业者如果在其所服务的领域内具有较好的信誉和威望，将更有利于其创造性地利用各种社会资源，调动广大的社会人群共同参与到其社会企业的创立及发展中。并且社会问题的解决需要社会、政府、企业及非营利组织等的广泛参与，良好且广泛的社会网络将更有利于发现和利用社会资源更有效地解决社会问题。

　　（3）创造性。在有限的资源条件下扩展社会创业的组织能力，必须关注资源之间的网络关系，能够创造性地安排这种关系。对于社会创业而言，商业网络是很重要的资源，政治和社会关系网络对社会创业者来说也是至关重要的资源源泉。因为社会创业者需要的很大一部分资源不是他们能够直接控制的，他们必须依靠更具创造性的战略来实现社会资本的良性循环，用以招募、留住和激励员工、志愿者、会员和创立者。因此，社会资本的良性循环是社会创业成功的基本要素。

11.2 绿色技术与公司创业

11.2.1 公司技术创业

公司创业(corporate entrepreneurship)的概念由 Miller 在 1983 年提出,他把创业研究的焦点从个人创业转移到公司,并在研究中考察了创业与环境、结构等的关系。Burgelman(1984)认为公司创业就是将公司内部拥有的资源通过创新的方法进行整合,从而拓展和挖掘公司竞争领域的新机会。Lumpkin 和 Dess(1996)认为公司创业体现在创业导向,并定义了自治、创新、风险承担、超前行动性和竞争主动性等作为创业导向的五个维度。Sharma 和 Chrisman(1999)则认为公司创业是组织内的个体或群体与其组织联合创造新的业务单元,进而推动组织内部战略更新和创新的过程。吴道友(2003)提出公司创业活动不仅包括新的业务领域产生,还应包括其他创新活动,如新服务、新技术、新产品和管理技能的开发,以及新战略和新的竞争力的形成。可以看出公司创业就是在现有组织内部的创业,是组织或其个体为创造内部价值和达到战略更新目的,根据内外部环境变化对现有资源进行重新配置和管理的过程。

就公司技术创业而言,学术界并没有一个公认的统一定义,而是借鉴公司创业和技术创业定义,作为公司创业的一个子集看待。公司技术创业可以包括新的生产方式和程序(Schollhammer, 1982),而技术领导倾向被认为对技术创业态度非常重要(Covin & Slevin, 1991)。公司技术创业可以被定义为:现有组织内的一个或一组创业者基于研究、技术、创新等创立并管理新事业的过程;在这个过程中,承担风险是其典型特征,技术创业者通常拥有技术知识,但对于成功运作基于技术的新创事业缺乏必要的商业知识和技能(Antoncic & Prodan, 2008)。我国学者严志勇等(2003)从基础创业源的要素投入和创业机制上,把技术创业分为研发单位衍生公司、技术创业家寻求资金自行创业成立公司、公司内部技术创业衍生公司、公司技术引进或技术移转而衍生新公司、资本家寻求技术创业家合作发展成立公司等五种形式。

11.2.2 从技术创业到绿色技术创业

随着经济的不断增长,各种环境问题给人类社会发展的可持续性带来了严重的威胁,并且越来越成为人们关注的焦点。为了解决环境问题和可持续发展危机,政治、社会、经济等各个领域的组织和个人均采取了多种多样的行动。在这样的社会背景下,企业原有的以破坏生态环境为代价的经营模式,可以以一种兼顾生态效益和经济效益的企业发展形式——绿色创业进行发展。绿色技术创业是一种注重长远发展的经济模式,是获得企业独特竞争力的企业发展形式。绿色技术创业既能使企业拥有技术革新带来的优势,又不以损害环境为代价。既达到发展企业经济的目的,又能保护好人类赖以生存的土地、森林等自然资源和环境。

11.3　基于绿色技术的非营利组织创业

11.3.1　非营利组织创业

所谓非营利组织(NPO，nonprofit organization)顾名思义就是不以盈利为目的的社会团体。作为一种组织形态，它在人类历史的早期就已经存在，但作为一种在20世纪后半期发挥重要作用的社会政治现象，它有着自己独特的内涵和指向。

美国研究非营利组织的专家，约翰·霍普金斯大学的莱斯特·萨拉蒙(Lester M. Salamon)教授指出，非营利组织有六个最关键的特征：①组织性(正规性)，即有一定的组织机构，是根据国家法律注册的独立法人；②民间性，即非营利组织在组织机构上独立于政府，既不是政府机构的一部分，也不是由政府官员来主导；③非营利性，即不是为其拥有者积累利润，非营利组织可以盈利，但所得利润必须用于组织使命所规定的工作，而不能在组织的所有者和经营者中进行分配；④自治性，非营利组织有不受外部控制的内部管理程序，自己管理自己的活动；⑤志愿性，在组织的活动和管理中都有相当程度的志愿参与，特别是形成有志愿者组成的董事会和广泛使用志愿人员；⑥公益性，即服务于某些公共目的和为公众奉献。

【绿色故事】

非营利组织创业——天津鹤童

1995年4月20日，鹤童在天津诞生，是由民间发起、民间投资、民间运作的民间组织。鹤童通过16年的努力，已建立起一个年收入突破2500万元、较有规模的养老社会服务的产业集团联合体。鹤童是典型的非营利机构法人组织(NGO)。由老领导、老前辈、专家学者、企业家、实务工作者和热心公益人士组成的鹤童理事会，有着服务老年人的公益使命，有个不以营利为目的的组织结构和一套不致任何人利己营私的管理制度。社会对其认可及信任的程度(公信力)、其所使用资源的效用及社会期待或需求满足可以交代的程度(责信度)是高的；其依赖社会捐输并享有"社会公器"的免税地位，导致其可持续性发展有了保障。其涉足院舍养老、医疗卫生、居家照料、老年餐饮、清洁管家、护理教育、老年用品等七大领域，紧紧围绕老年产业的上下游产品，在老年产业链上做足文章。其始终把社会效益摆在首位，坚持以支定收，坚持不以创造收益来衡量成败，坚持在服务和产品创新上集中思考，把老年服务做实做强。

非营利组织在我国社会生活当中所发挥的作用，主要体现在四个方面：

(1)分担职能，填补因政府能力不足而存在的"公益真空"。政府的职能转变，就是要使政府由"全能型"向"治理型"转变，精简后的政府无法承担大量复杂的社会问题，而市场也无法解决所谓的"公地的悲剧"问题，由此产生的"公益真空"为非营利组织的填充补位提供了条件。

（2）服务基层，代表民众尤其是弱势群体的声音。非营利组织的最大优势在于能够深入社会基层、贴近贫穷民众。它们能够接近社会当中易受损害的群体，帮助这些社会成员参与同他们切身利益有关的决策和资源分配。很多非营利组织的立足点在农村和城镇社区，它们的关注点在"天高皇帝远"的老少边穷地区。那些志愿者们凭着他们满腔的热情和崇高的追求关心着穷困的人们，保护着日益恶化的环境，同时也如实地反映民众和社区的需要，为他们争取应得的利益。

（3）化零为整，把闲散资金用于公益事业，促进精神文明建设。非营利组织大都追求公益，不谋求私利，容易使人产生信任感，因此比起政府和企业来更有利于接受私人的捐赠，从而广泛吸纳闲散的社会资金来用于公益事业，促进整个社会精神文明水平的提高。

（4）维护多元，保护和促进生态、文化的多样性。非营利组织的广泛存在本身就是社会多元化的一种反映，因此维护自然界的生态多样性和社会上的文化多样性就是维护自身的生存环境。随着改革开放的继续发展，社会日益出现多元的需求，而生态的多样性也越来越为人们所重视，在这方面众多的非营利组织也已做出不小的努力。只要我们的改革能够顺利推进，非营利组织的运作空间将越来越广阔。

☞ **知识介绍**

企业绿色责任

企业绿色责任的内涵，是指企业在经营活动过程中充分考虑其对环境和资源的影响，把环境保护融入企业经营管理的全过程，使环境保护和企业发展融为一体，在企业获得发展的同时，对环境的保护、资源的持续利用尽到责任。它要求企业经营的指导思想和经营管理的每一个环节都以环境保护为基础，通过实现污染物零排放和资源循环再利用，从根本上解决企业经营活动带来的环境损害问题。其核心是把环境保护作为企业经营的基础环节，把企业的营利活动建立在环境保护的基础之上，实现企业经济效益和环境效益的和谐统一。

11.3.2 非营利组织绿色发展

随着经济的发展，人民自主意识的提高，社会越来越倡导"小政府，大社会"的目标模式，非营利组织成为继政府、市场之外的又一组织，但目前我国非营利组织面临着严重的公信力不足和财政制度问题。在这一社会背景下，制定相关营利组织的财务制度，发动社会监督，提高组织自身能力，促进非营利组织的绿色发展。

11.3.2.1 中国非营利组织自身存在的问题

（1）资金缺乏。经费不足已经成为我国非营利组织发展道路上的绊脚石、拦路虎。在过去计划经济体制下，我国非营利组织所有的资金都是由政府统一提供，统一安排使用。但是随着政府职能的调整以及社会对非营利组织需求的增加，单靠政府的财政拨款来维持非营利组织的生存和发展已经不太现实。

（2）人才不足。我国非营利组织目前在人才方面存在几大问题：第一是高素质人才缺乏。

非营利组织则是一种志愿性的社会公益或互益组织，强调志愿，主要工作长期以来都是由志愿者来承担，但很少有人选择非营利组织作为工作单位。虽然志愿者有着奉献社会的精神和热情，但是他们专业技能不足，在日益专业化、技能化的社会下难以担当重任，更是缺少创新意识。第二是工作人员的双重身份现象普遍，这是我国非营利组织存在的特有现象，一方面是政府官员，另一方面又是非营利组织的领导者。第三是缺少具有专业知识的专职工作人员，大多数非营利组织人员构成单一，缺乏高层次的专业理财。投资人员，经费问题长期得不到解决，制约了非营利组织的发展，因此非营利组织专业化的问题应该得到重视，人才问题是我国非营利组织发展中重要的"瓶颈"制约。

（3）能力不足、管理落后。由于非营利组织在中国是新兴领域，政府如何进行管理，还没有形成有效的体制。总体上看对非营利组织的管理，政府只重登记环节，控制很严，但机构一旦完成登记，政府的管理则很松，甚至处于放任自流状态，而且中国的非营利组织一般来说规模比较小，资金筹措能力比较低，动员社会资源的能力也就比较弱，加上组织管理不规范、不透明、不民主，又缺乏评估和社会监督，使得他们难以得到社会的广泛认同和普遍的社会公信，不能发挥应有的积极作用。

（4）服务呈非专业化、半专业化状态。非营利组织在我国的发展尚处于成长初期，从一定程度上讲，其一直处于专业化的边缘地带，无论从工作理念、治理结构、工作程序、工作方法、还是从业人员职业意识、素质等方面都未达到专业化程度，单就直接影响非营利组织专业化水平的从业人员及其素质来看，专业人才的匮乏是我国非营利组织发展的另一瓶颈。我国非营利组织人才缺乏状况与人才缺乏相伴生的是非营利组织冗员过多，机构臃肿，效率低下，管理混乱，以及组织能力的不足。

（5）我国非营利组织自身缺乏服务的理念和使命感。理念和使命是非营利组织存在和发展的灵魂。当前我国相当多的非营利组织不是根据社会的需要由民间自发成立的，组织成员大都不是基于对组织的理念和使命的认同而参与组织，而仅只是将其作为谋生的手段，当这些组织收入待遇低下时，就很难吸引人才。靠工资、利益吸引人，而不是靠宗旨、使命吸引人是当前中国绝大多数非营利组织缺乏人才、缺乏志愿者的重要原因。

11. 3. 2. 2 非营利组织公信力建设

（1）加强政府监管力度，首先，政府对非营利组织的监管负有不可推卸的责任，尽快颁布《非营利组织的慈善捐赠法》及其相关方面的法规是当务之急；其次，政府要改变目前的"双重管理"体制中的一些弊端，具体问题具体对待。

（2）建立行业自律和专业化的评估机构，建立我国的行业自律机构也是当务之急，这都方便了大家对非营利组织的了解和认可。其次，设立专业化的评估机构，完善社会监督机制，使非营利组织的管理，活动，尤其财务等状况达到公开，透明。从而达到提高非营利组织自身公信力的目的。

（3）提高组织自身能力，一方面，提高其自治能力，非营利组织自身要有自治的独立意识，理顺同政府之间的关系，是合作伙伴关系，自身要认识到只有强化了其自主能力，才能获得与政府处于平等的沟通交流的资格。另一方面，培养专业化的组织队伍，对志愿者是否具有服务的理念和使命感至关重要，对志愿人员的聘请一定要要求具备很强的使命感和责任感，并为实现其理想而长期奋斗之外，组织还应注重学历层次，招收高素质人才并定期进行专业化的培训。

☞ **知识介绍**

非营利组织的公信力

公信力的概念源于英文词 Accountability，意指为某一件事进行报告、解释和辩护的责任；为自己的行为负责任，并接受质询。在一定程度上，非营利组织和政府一样管理着公共财产，并为社会提供公众产品/服务。资助人、公众、政府、媒体等都是非营利组织重要的利益相关人。他们对公信力的看法直接影响着非营利组织公信力建设的各方面和未来的工作方向。

11.3.3　社会创业与可持续发展

11.3.3.1　社会创业的内涵

20 世纪 90 年代以来，传统的第三部门出现了一种新的动态，即一种全新的组织形态——社会企业正在超越非营利组织的范畴，快速发展，同时也超越了传统的商业模式，在儿童保育、残障就业、社区发展等领域积极开展社会创新，对解决社会问题，打破西方国家所面临的"福利僵局"起到了积极作用。我国对社会企业的关注是 21 世纪以后的事情，但是迅速升温，不论是理论界还是实践中的第三部门，到了言必称社会企业的地步。

经济合作与发展组织（Organization for Economic Cooperation and Development，OECD）于 1999 年发展出了一个对社会企业定义较为完善的概念，认为社会企业是指任何可以产生公共利益的私人活动，具有企业精神策略，以达成特定经济或社会目标，而非以利润极大化为主要追求，且有助于解决社会排斥及失业问题的组织。英国政府从所得利润分配的角度上出发把社会企业定义为：拥有基本的社会目标而不是以最大化股东和所有者的利益为动机的企业，所获得的利润都要再投入到企业或社会之中。国内的学者比较接受"双重标准"即社会导向加上商业手段的概念，或者提出相近的定义。王名和朱晓红通过对社会企业现象与本质两个维度，公益、市场和文化三个视角以及市场实践、公益创新、政策支持和理想价值四个层次分析，得出社会企业为一种介于公益与营利之间的企业形态，表现为非营利组织和企业的双重属性。

【**绿色故事**】

多背一公斤

"多背一公斤"是民间发起的公益旅游活动，它鼓励旅游者在旅途中进行举手之劳的公益活动来帮助贫困落后地区的孩子。

2004 年，"多背一公斤"首先以公益旅游作为切入点，向大众倡导一种快乐、简单易行的公益行动，它鼓励每个人在出行时背上学校需要的少量物资，在旅途中拜访学校，同时与乡村学生进行交流互动，传播知识，分享快乐。

"多背一公斤"主张一种平等交流、快乐行动的价值观，它相信每一个乡村孩子都是快乐和有天赋的，公益行动是一种相互的分享和交流而非单方面的同情和给予，这颠覆了"同情、可怜、给予、救助"等等传统的慈善观念。因其人性化的理念，"多背一公斤"受到了参与者的欢迎，并得到了广泛传播。一位参与者这样说道："其实这种旅游方式最吸引人的地方就是充满了人情味。我送了一些小礼物，而孩子们回馈给我们很多，有灿烂的笑容和不断的进步，常常在不知不觉中给我很多的启示和触动。所以我觉得与其说是我们帮助了这些孩子，不如说是这些孩子给了我们快乐，这多背的'一公斤'其实是送给了自己。"

在运作上，"多背一公斤"以极低的成本实现了公益活动的良性循环。"多背一公斤"的参与者在网站自发组织活动，探访学校，并在旅途结束后继续关注和服务学校；他们还在沿途收集新的学校信息，扩大"多背一公斤"的学校服务范围。单是 2007 年，"多背一公斤"的参与者就进行了超过 130 次公益旅游活动，并发掘了 98 所新的服务学校。目前，多背一公斤的服务学校超过 300 所，遍及中国西南及其他各省份的著名乡村旅游点。

11.3.3.2　社会创业过程模型

目前关于社会创业过程的研究成果主要有以下三种：

罗宾逊（Robinson）构建的基于机会识别和评估的社会创业过程模型。在该模型中，社会创业被看做是一个逐步发现机会并排除障碍、最终运用社会创业战略来解决社会问题的过程。由于受到社会问题所处的不同社会背景以及个人经历和个人经验的影响，现实中往往只有极少数人能够发现社会创业机会。在评估社会创业机会时要充分考虑社会制度因素。这一模型与古柯（Guclu）、狄兹（Dees）和安德森（Anderson）构建的基于机会识别、创造和开发的社会创业二阶段模型相类似。这一模型的过程有两个步骤：第一步形成有成功希望的创意。这一步受到的影响因素主要有个人经历、社会需求、社会资产和变革。第二步是将有成功希望的社会创业发展成为有吸引力的机会，这是社会创业成功的关键。而机会的发展受到运作环境、商业模式、资源战略、运作模式等因素的影响。第一步相当于社会创业机会的识别、第二步相当于社会创业机会的评估与开发。

社会创业三阶段过程模型。Dees、Emerson 和 Economy（2002）认为，社会创业是一个包括过渡、变革和稳定三个阶段的过程。在过渡阶段，主要是创立创业团队，形成创业组织雏形，而创业团队主要由来自营利性组织和非营利性组织的个体组成；在变革阶段，主要是通过协商和沟通来建立制度，旨在平衡和支持组织的正常运转；在稳定阶段，主要是通过实际运作来提升社会事业的内在能力，进而解决社会问题和应对组织的外部挑战。

综上所述，社会创业的过程主要包括了社会创业机会的识别与评估、社会创业的开发、社会创业运作管理阶段。社会创业的不同阶段对社会创业者的能力有不同的要求。为了确保社会创业过程持续和稳定地演进，有必要对社会创业过程实施阶段性评估、反馈和完善。

11.3.3.3　社会创业实现经济的可持续发展

任何组织的发展都离不开资金的支持。传统第三部门对外在的经济来源，政府、企业或者个人有很大的依赖性，这种依赖性不仅使得非政府组织的独立性大大降低，同时也不能保障其社会目标的实现——资金不足或者短缺已经成为本土非政府组织发展的严重障碍之一。社会企业摆脱传统的"输血"模式，采用"自我造血"，两者都对经济独立性方面给出了一定的要求，但是并不是一个明确的量化标准。而国内的有关概念中，有关经济可持续性方面的规定更加宽松，只强调了"商业或经济活动"，对于这种活动是否能够满足组织自身的发展，没有硬性规定。对社会企业来说，就目前的发展状况，还是可以接受部分比例的资金来自政府补贴或者企业捐赠。

从更广义层面看，绿色创业概念的提出也源于近年来在全球范围内兴起的一种全新创业理念——社会创业。社会创业旨在实施追求社会价值和商业价值并重的创业活动，不仅涵盖了非营利性机构的创业活动和营利性机构践行社会责任的活动，而且还强调个人和组织必须运用商业知识来为社会创造更多的价值。尽管目前尚未对社会创业做出明确的界定，但其内涵正逐渐变得清晰，即强调企业主要追求社会目的，盈利主要投资于企业本身或社会，而不是为了替股东或企业所有人谋取最大的利益，既包括营利组织为充分利用资源解决社会问题而开展的创业活动，也包括非营利组织支持个体创立自己的小企业，根本目的就是创造社会价值，这与绿色创业概念的本质是相同的。

【案例应用】

发达国家绿色技术创新政策

目前，越来越多的国家意识到资源短缺和环境问题正在对人类生存和发展构成威胁，因此，人类要继续生存就必须转换经济模式。绿色技术创新是所有环境知识、能力和物质手段构成系统的总和，是在防治污染，回收资源，节约能源三方面形成了一个很大的世界市场。进入21世纪，经济全球化的风起云涌，绿色技术创新越来越受到各国的重视，许多发达国家也都纷纷参与进来，并且都取得了很大的成果。

1996年7月，美国国家科学技术委员会在一份名为《为了国家利益发展技术》的报告中指出，美国过去几十年的经济发展中，"技术进步是决定经济能否持续增长的一个最重要的因素"，"技术和知识增加占生产串增长总要素的80%左右"，随着高技术产品的开发而形成的带有高技术含量的服务业出口已占商品出口总额的40%。而英国萨西克斯大学著名的科技管理专家弗里曼教授就技术推动和需求拉引得出了折衷的观点。他认为：当一个行业或企业处于早期经济发展阶段，技术推动模式占主导地位，而进入成熟后，需求拉引则取而代之。

首先，国家制定环境保护政策。美国、日本、英国等发达国家高度重视环境保护和经济的发展，而绿色技术创新也正是体现了这点，并对其制定了相关的法律法规、激励政策等。

美国是世界上最早开发环境保护的国家之一。20 世纪 40 年代由于企业只顾经济发展、技术的创新，而忽视了生态环境的保护，以至于影响到人们的生活环境、身体健康问题，正是因为技术创新与生态环境不能协调发展，导致环境污染越来越严重。因此，美国提出了一系列法律法规和一些政策来遏制环境问题的严重性。美国政府对环保技术研发非常重视，在联邦科学、工程和技术委员会都设了环境技术分会，并且还专门制定了环境政策办公室，鼓励科技人员开发新技术。美国从 1993 年开始制定"国家环境技术战略"，1994 年发布了"面向可持续未来的技术"，美国还对绿色法规施以强制手段推动绿色技术创新的重要性，促使企业遵守。如美国 1963 年制定的《清洁空气法》，对燃烧矿物排放的污染物进行了限制。随后在 1970～1990 年间，美国又先后 3 次修改《清洁空气法》，且要求一次比一次严格。美国政府对绿色技术创新以强制手段实施，并且有具体的环境保护法，包括水资源环境法、大气污染环境法、废弃排放环境法等为推动绿色技术创新起到了很大的促进作用。

日本是受环境公害的影响，以至于对环境问题加以重视，并且把环境问题提上了议事日程，经过几十年的发展，日本形成了一整套比较完整的绿色技术，并取得了很大的成果，甚至赶上了几个领先的发达国家。2000 年日本出台的建设循环型社会最重要的法律《促进循环型社会建设基本法》，从源头上限制了资源的浪费，促进了日本在生产、流通、消费、废弃整个过程中对物资的有效利用和循环利用，大大降低了环境的负担，对于日本脱离"大量生产、大量浪费、大量废弃"的传统型经济社会模式，构建循环型社会，产生了积极而深远的影响。日本还比较重视技术进步对循环经济的建设的作用，并且在"促进循环社会形成基本法"第 30 条明确指出，国家应该致力于开发资源循环利用及处理技术及其相关环境影响评价技术。英国绿色技术创新有比较过硬的技术，特别是在防治污染上面有比较先进的治理办法，他们有比较大的水系，能够及时解决水污染问题。

其次，政府施行绿色技术创新的激励政策。在遭遇公害以后，发达国家更加重视环境的保护问题，并纷纷把眼光转向了绿色技术创新这个经济模式上来。政府在其中起着引导的作用，并制订了一些激励政策鼓励政府部门、企业、公众参与到绿色技术创新中来，例如政府实施奖励政策，减免税收等。

美国和英国对绿色技术创新制定了奖励政策，特别是美国更加注重绿色的发展，在公众强烈的环保意识下，美国的绿色环境保护发展的更快，并于 1995 年设立了"总统绿色化学挑战奖"，支持那些具有基础性和创新性、对工业界有实用价值的化学工艺新方法，以达到减少资源消耗和预防污染的目的。英国政府也比较重视绿色环境保护，这也建立在公众对其强烈的环保意识之上，因此，英国 2000 年开始颁发环境奖，为在绿色化方面有成就的学者提供更多的机会。英国伦敦市长鲍里斯·约翰逊，加入到风靡英国的"骑车日"活动中，骑着自行车领跑"伦敦市长骑车日"，倡导健康环保出行，在车满为患、乌烟瘴气的城市里，两个轮子的自行车越来越受到人们的欢迎，经过这一举动能够带动公众参与到环境保护中来。日本在很多城市设立了资源回收奖励制度，鼓励市民回收有用的物质，并且对回收资源进行分类处理。如大阪市对社区、学校、集体回收报纸等。

在税收优惠政策上，各国也有所不同。美国为了鼓励绿色技术创新，制定了财政直接补贴和税收支持政策。对企业在任何一年的 R&D 支出，其数额超过前三年 R&D 的平均额部分，均可实现优惠税率的 20%。日本则规定，任何一年的 R&D 经费如超过以往年度的最高额时，可从企业的法人税或所得税税额中扣除相当于超额部分的 20% 的金额，对中小企业甚至可免收 R&D 经费增加额的税。英国自 20 世纪 70 年代推出了"对创新方式的资助计划"，对符合条件的并低于 2.5 万英镑的小企业项目给予 1/2 到 1/3 的项目经费补贴。

再次，在教育体制上，美国一直都十分重视教育体制，1970 年美国环境教育法中，首次对环境教育概念给以界定，即所谓环境教育是指："理解人们周围的自然和人为环境与人类之间关系的一种教育计划（方法）。1987 年美国政府提出科技竞争计划，把培养美国儿童获得 21 世纪所需的基础科技知识、杰出科学家和工程师以及提高全体美国人的科技素质，当作美国在 21 世纪确保世纪科技领先地位的措施。在环境保护教育方面，美国联邦政府非常重视提高公民的环境保护意识，采取多渠道、多层次和多方法对公民进行环保宣传教育。英国成功的环境教育举世瞩目，得益于政府对此的高度重视。在英国的政府机构专门设立有环境教育委员会，主要负责协调有关环境教育组织及职业团体推行环境教育；学校在主要课程科目之间及校内校外都要渗透环境教育的有关内容，特别像科学、工艺、地理、历史等国家课程科目中，一定要包含有大量有关环境的基本知识，通过各科教学和各种形式的活动推行环境教育。日本政府非常重视环保教育，特别是儿童的创新教育和绿色环保教育，并在 1967 年设立了全国中小学公害对策研究会，1975 年又创立了全国中小学环境对策研究会，1990 年成立日本环境教育学会，文部省编辑出版了教师用的《环境教育指导资料》。

以上是美、日、英对绿色技术创新制定的一些政策，这些国家有完整的法律法规体系。我们要借鉴发达国家的成功经验，根据自己国家的国情，更加完善我国绿色技术创新的发展。

资料来源：林纯萍. 循环经济视角下的绿色技术创新战略与政策研究[D]. 武汉：武汉理工大学，2009.

思考：

英美等发达国家在绿色技术创新方面实施了一系列的鼓励措施，也已经得到了成效，但是根据我国现在的国情，政府，组织或者企业在实施绿色技术创新上应侧重前端投入还是末端产出？为什么？

【国际经验】

新兴市场的资源账

1977 年，易卜拉欣·阿布来什（Ibrahim Abouleish）在开罗创办了埃及第一家有机农场 Sekem。那时，有机产品还是鲜有人问津的奢侈品。Sekem 用了许多年改进可持续种植的相关技术，这番心血终于在 1990 年得到了回报：这一年，有机产品逐步打进了西方大型商店，有机产品的市场需求也开始在全世界范围内升温。也正是在这一年，Sekem 开始种植有机棉。

有机种植方式不仅能满足市场需求，还有其他益处：Sekem 的农业技术帮助人们从不断向尼罗河三角洲扩张的撒哈拉沙漠手中夺回可耕作的土地；使当地土壤吸收更多二氧化碳，从而减少温室气体排放；同时令棉花作物耗水量降低 20%～40%。

不仅如此，有机技术还降低了农场的生产成本，并使平均产量提高了近 30%，而且利用有机技术生产出的原棉比普通原棉具有更佳的弹性。有机棉不仅不再是价格高昂的奢侈品，还为 Sekem 提供了可持续的商业模式。这种可持续发展能力不只体现在环保方面，更体现在财务方面：从 2006 年到"阿拉伯之春"爆发的 2011 年，Sekem 对外公布的年复合增长率高达 14%。目前，Sekem 已经成为埃及最大的有机食品生产商之一。

在可持续发展问题上，快速崛起的新兴市场一向被视为反面典型，因为这些国家或地区往往更关心如何脱贫而非保护环境。的确，某些发展中国家监管体系薄弱，监管者或不愿用法律法规限制刚开放不久的自由市场，或是反感工业化国家对它们指手画脚。然而，Sekem 的故事却证明：远见卓识从来不是发达国家的专利。

我们通过研究发现，在资源前景最为严峻的新兴市场，企业提升可持续发展水平的努力已成为创新的源泉。2010 年，波士顿咨询公司与世界经济论坛联手，在发展中国家评选"可持续发展商业实践最见效的企业"。评选对象是来自不同地区、不同行业的 1000 多家企业，它们的市值从 2500 万～50 亿美元不等；近 200 名高管就此接受了访谈。

最终，我们选出了十余位"领军者"，它们的可持续发展实践成效显著、富有创新性，并且可以被量化。

这批杰出企业来自不同的地区：拉丁美洲、非洲、中东、亚洲以及南太平洋。它们追求可持续发展的初衷各不相同，有的是出于实用主义，有的则出于理想主义。然而不论动机如何，它们都长期保持了高于平均水平的增长率和利润率。

资料来源：《哈佛商业评论》(中文版)2013 年 3 月刊

参考文献

[1] 陈吉. 社会企业概念探析[J]. 华北电力大学学报(社会科学版), 2011(12): 149-152.

[2] 孔德议. 中国非营利组织发展问题研究[D]. 西安: 西北大学, 2008.

[3] 林震. 非营利组织的发展与我国的对策[J]. 国家行政学院学报, 2002(1): 39-43.

[4] 马雷. 过程视角下学研技术创业及其与经济产业关系研究[D]. 合肥: 中国科学技术大学, 2012.

[5] 彭学兵, 张钢. 技术创业与技术创新研究[J]. 科技进步与对策, 2010, 27(3): 15-19.

[6] 彭剑君. 社会创业研究[J]. 社会保障研究, 2011(3): 49-52.

[7] 张江丽. 中国非营利组织的公信力建设[J]. 科技创新导报, 2012(22): 256-256.

第4篇　绿色发展与政策体系

【引例】

绿色信贷政策的出台

绿色信贷就是"green-credit policy"，是环保总局、人民银行、银监会三部门为了遏制高耗能高污染产业的盲目扩张，于2007年7月30日联合提出的一项全新的信贷政策《关于落实环境保护政策法规防范信贷风险的意见》（以下简称《意见》）。《意见》规定，对不符合产业政策和环境违法的企业和项目进行信贷控制，各商业银行要将企业环保守法情况作为审批贷款的必备条件之一。《意见》规定，各级环保部门要依法查处未批先建或越级审批、环保设施未与主体工程同时建成、未经环保验收即擅自投产的违法项目，要及时公开查处情况，即要向金融机构通报企业的环境信息。而金融机构要依据环保通报情况，严格贷款审批、发放和监督管理，对未通过环评审批或环保设施验收的新建项目，金融机构不得新增任何形式的授信支持。同时《意见》还针对贷款类型，设计了更细致的规定。如对于各级环保部门查处的超标排污、未取得许可证排污或未完成限期治理任务的已建项目，金融机构在审查所属企业流动资金贷款申请时，应严格控制贷款。

绿色信贷的本质在于正确处理金融业与可持续发展的关系。其主要表现形式为：为生态保护、生态建设和绿色产业融资，构建新的金融体系和完善金融工具。国家环保总局、中国人民银行、中国银监会联手出台调控政策，主要是基于以下三个原因：第一，我国面临的节能减排形势日益严峻；随着2007年上半年各项经济指标的相继出炉，前一年设定的4%的节能目标和2%的减排目标未能完成，而2007年上半年工业增加值增长18.5%，石化、化工、建材、钢铁、有色和电力等六大高耗能行业增加值增长 20.1%，高于工业 1.6 个百分点。第二，由于一些地区建设项目和企业的环境违法现象日益突出，政府对企业污染环境责任的追究日益严格，因污染企业关停带来的信贷风险也开始加大。第三，以往环保机构单部门的调控政策受制于调控范围有限、调控力度不够和调控手段不足等问题，"绿色 GDP 报告"的无疾而终，以及 2005 年以来 4 次大规模环保执法行动后的有限效果，都充分的反映出"心有余而力不足"的尴尬状态。

"绿色信贷"是金融杠杆在环保领域内的具体化。此次"绿色信贷"的推出，是将环保调控手段通过金融杠杆来具体实现。通过在金融信贷领域建立环境准入门槛，对限制和淘汰类新建项目，不得提供信贷支持；对于淘汰类项目，应停止各类形式的新增授信支持，并采取措施收回已发放的贷款，从源头上切断高耗能、高污染行业无序发展和盲目扩张的经济命脉，有效地切断严重违法者的资金链条，遏制其投资冲动，解决环境问题，也通过信贷发放进行产业结构调整。国家环保总局负责人表示绿色信贷已经显现的作用是逼迫企业必须为环境违法行为承担经济损失。现行法律允许环保部门对污染企业罚款的额度只有 10 万元，这样的处罚与企业偷排结余的成本相比是杯水车薪，而绿色信贷在某种程度上丰富了环保部门的执法手段。

"绿色信贷"是环境经济制度建设的"信号弹"。仅仅将"绿色信贷"理解成节能减排的具体实施的手段是不够的，"绿色信贷"更是一系列环境经济制度建立的开始。通过这些年来环保总局所采取的一系列环保措施，发动四次"环保风暴"，启动"区域限批"、"流域限批"等手段，可以看出这样一条线路：从行政措施，到经济惩罚，走向法律制度建设。制度的建立是长期追求的目标。"运动式"的执法方式只会是一个此消彼长，"敌进我退"的拉锯战，推行环境经济政策，正是修改游戏规则的努力。然而，制度建设可能比"风暴"更为艰辛，它要面对"花瓶"或"令箭"的选择，要面对不同部门、地方和行业之间的利益冲突，甚至要面对公众过高的期望与不完美结局之间的尴尬，接下来需要更多的冷静和坚韧。

第 12 章 绿色发展模式

12.1 绿色产业发展

所谓绿色产业，是指人类所需要的生产资料和生活资料符合防治环境污染、改善生态环境、保护自然资源，有利于优化人类生存环境的新兴产业。它不仅包括生产环保产品的环保工业及环保技术服务业，而且广泛渗透在一、二、三产业的各领域、各部门，为整个国民经济的可持续发展服务。

12.1.1 绿色产业的产生和发展

随着科技进步，人类从农业社会转向工业社会，创造了前所未有的巨大物质财富，推进了文明建设进程，但是也付出了沉重的代价。全球性的环境污染、生态破坏等一系列严重问题日益突出，严重地阻碍着经济的发展和人民生活质量的提高，威胁着全人类的生存和发展。在这种严峻形势下，人们逐渐认识到通过高资源消耗追求经济数量增长和"先污染后治理"的传统发展模式已难以为继，必须寻求一条人口、经济、社会、环境和资源相互协调的，既能满足当代人的需求而又不对后代人需求的能力构成危害的可持续发展的道路。

为加大保护生态环境的力度，促进可持续发展，联合国于 1992 年 6 月 3 日在巴西里约热内卢召开世界环境与发展大会。这是有史以来与会级别最高、规模最大、影响最广泛的一次"绿色国际会议"，世界多国首脑和上万名政府官员参加了会议，会议通过了《里约热内卢环境与发展宣言》《21 世纪议程》等五个重要文件。这次大会把环境保护和可持续发展运动推向了一个新阶段，是拯救地球的里程碑。会后，各国际组织和众多国家认真落实会议精神，在全球掀起了推动环境保护和可持续发展的"绿色产业"、"绿色浪潮"和"绿色革命"。

目前，绿色产业已获得了人类的普遍欢迎和各国政府的积极扶植，发展势头迅猛，效益可观，越来越多的国家政府和银行不断增加"绿色投资"，为求在未来国际绿色市场夺取竞争优势。

☞ **绿色链接**

发展绿色产业方可创造绿色财富

随着时代的进步和发展，现在人们的观念发生了深刻的变化，提出了"发展绿色产业，创造绿色财富"，这两个概念的提出，为财富的创造和积累昭示了道德上的清白，洗刷了恶名，也指出了创造和积累财富的清晰思路。这个思路就是在创造和积累财富的过程中，一方面要坚守道义上的文明和清白，不能利欲熏心，唯利是图，损人利己；另一方面要坚守方式上的文明和清洁，不能粗放生产，破坏资源，污染环境。坚持了这两点，无论任何人创造和积累的财富，才是文明的、绿色的、清洁的、阳光的。否则，再多的财富也是血腥的、野蛮的、肮脏的、黑暗的。绿色产业和绿色财富这个概念，为我们致富理念和道德情操的净化，为我们物质财富生产和积累方式的文明与清洁，提供了正确的方向和有效的途径。

我们要创造绿色财富，必须依赖于绿色产业的兴起，而绿色产业是在生态文明的指引下，对传统产业生产观念和生产方式的革新而形成的新兴产业。长期以来，在实现农业文明和工业文明的过程中，人类凭借科学技术的力量，成为了自然界的征服者，向自然界贪婪地索取和掠夺，对自然界实施了以技术优势为特征的强权文明。而在工业文明带来严重的环境污染和自然破坏，威胁到人类自身生存条件的时候，人类猛然发现，自身的命运和自然的命运是一脉相关的，毁灭自然就是毁灭自身，人与自然是共生共荣的生态关系，于是，基于这种对自然的认知和价值观的改变，提出了具有道德文明意义上的生态文明理念，并运用这个理念来约束和指导人类的思想观念、生产方式、生活方式、行为模式等，从而实现人类与自然的和谐共生，协调发展。显然，生态文明的提出，使人类对待自然界的观念由过去的强权文明转变到了现在的道德文明上来，这是人类自然认知观和价值观的一次质的飞跃，也是人类发展观的重要进步和升华。

12.1.2　绿色产业的界定和分类

国内外相关学者及政府组织从经济学、生态学、产业学等多种角度对"绿色产业"进行了差异化的描述、定义和分类，但理论界迄今为止尚未形成一个普遍认同的绿色产业概念。目前关于"绿色产业"比较常见和具有代表性的概念界定主要如下：

绿色产业也称环保产业，是国民经济结构中以防治环境污染、改善生态环境、保护自然资源为目的所进行的技术开发、产品生产、商品流通、资源利用、信息服务、工程承包、自然生态保护等一系列活动的总称。绿色产业旨在防治环境污染，保护自然资源，改善生态环境，是一个非常有前途又有实用价值的新兴产业（刘小清，1999）。

绿色产业是基于可持续发展要求，以绿色技术的采用为其内在需求，以消除或最大限度减少外部成本，追求环境效益和经济效益最大化为其目的的企业及其相关组织的集合。这是从价值论角度提出的定义（林毓鹏，2000）。

进行生产带有"绿色标识"的"绿色产品"的产业则被称为"绿色产业"。具体地讲，就是许多国家对绿色产业的确认，是由权威部门机构制定严格的标准，对产品的生产、运输、消费过程进行审查、监督，凡合乎"对环境友好无害"要求的产品既可颁发正式的"绿色标识"（江瞳，2000）。

Green Industry 实际上是指环境园艺产业，包括一系列与装饰性植物、景观与园艺供给设备相关的涉及制造、销售与服务的产业（该界定属于我国大部分学者所说的狭义的"绿色产业"（Charles，2002）。

绿色产业是指："防止和减少污染的产品、设备、服务和技术，如太阳能、地热能、风能、公共交通工具和其他交通工具和其他可节省能源以及减少资源投入、提高效率和产品的设备、产品、服务与技术"（联合国发展计划署，2003）。

绿色产业作为一个新兴产业，起步较晚，发展较快，并随着社会公众意识和市场经济环境的变化而不断完善。所以，国内外学者对绿色产业这一体系复杂、变化频繁的事物进行概念界定也就很难统一。结合理论界现有的绿色产业分类方法，可将绿色产业划分为以下几类：

（1）绿色农业。绿色农业作为一种促进农业可持续发展的新型农业发展模式，是以绿色农产品产业化为主线的生态、安全、优质、高产、高效的现代农业，是在生态农业、农业观光旅游业等农业发展模式基础上进行的扩展与提升，是绿色产业的重要内容和基础。

☞ **绿色链接**

绿色农业——悄然走入生活

随着人们对生活品质追求的提高，一场对农业的变革正在铺开，绿色农业、生态农业逐步从概念走向现实。绿色农业一般是指没有经过化学物质处理、健康无害的农业生产方式，而生态农业则强调生态系统的协调性和生物的可持续发展。绿色也将是中国农业进步的必由之路。

比利时：技术、政策"双轮"驱动

2005年，比利时开始按照欧盟生态农业的标准，大规模建设生态农业。2011年，比利时的生态农业面积达到59220公顷，比2010年增加21.6%，占其农业总面积的4.43%。生态食品销售额3.46亿欧元，增长2.67%，占全部食品销售额的1.8%，其中62.4%是蔬果，24.3%是肉蛋，13.3%是奶和奶制品。在比利时，40岁以上单身人士及高收入家庭消费生态食品的比例最高。

比"绿色"农业更完备

目前，比利时主要有三个生态农业认证机构，负责审核生态农业单位，其中属于欧盟分支机构的Certisys承担了70%以上的业务。Certisys负责人布莱兹·豪姆兰日前接受记者采访时说，生态农业的新理念比早期的"绿色"农业更完备，它不仅要求禁止使用杀虫剂、除草剂和化肥，保护土壤、水源和空气不受化学污染，而且注重农业的生态循环，通过良种培育、农地轮作、合理种植养殖，利用动植物天然的能力和农地的生态循环，预防动植物病疫和农地贫瘠化，实现农业的可持续发展。

生态农业的潜力巨大

世界观察研究所的研究员布里安·哈尔威尔指出，生态农业的潜力已经被证明不亚于常规农业，解决了生态农业能否养活世界人口的疑虑，目前生态玉米的产量可以达到常规品种的94%，生态小麦达到常规品种的97%，生态大豆达到常规品种的94%，生态番茄完全与常规品种相当，生态棉花甚至可以比常规品种高20%。他补充说，在常规农业转型生态农业的最初两年，确实会出现产量减少的现象，原因是集约化学农业已经破坏了土壤的品质，因此土壤需要一个恢复阶段。

（2）绿色工业。绿色工业是指工业生产系统仿照自然界生态物质循环过程来规划发展的一种工业模式，包括生态工业、环保设施的企业化运营、城市生活垃圾的资源化与产业化和绿色建筑等形式。绿色工业追求的是系统内各生产过程从原料、中间产物、废弃物到产品的物质循环，其中一个过程的废弃物可以作为另一个过程的原料加以利用，从而使资源、能源、投资得以最优利用。

☞ **绿色链接**

发展绿色工业是中国的选择

"通过可持续的工业增长，在发展中国家和经济转型国家减少贫困。这是联合国工业发展组织（UNIDO）对自身未来的展望，也是对工业发展未来的展望。"联合国工业发展组织（UNIDO）驻华代表处首席代表柯文斯（Edward CLARENCE - SMITH）这样说到。

谈及中国的现状，柯文斯认为，中国近30年来快速的工业发展值得充分肯定，但与之相伴的，也不可避免地存在着一些问题，这些问题在几十年前的欧美发达国家中也曾出现过，如能源需求的显著增长，能源强度（即单位国内生产总值的能源消耗量）较高，产业结构不够合理等。

生态设计（Eco-design）是实现绿色工业的根本途径。生态设计是指将环境因素纳入设计中，帮助确定设计的决策方向。生态设计要求在产品开发的所有阶段均考虑环境因素，从产品的整个生命周期减少对环境的影响，最终引导产生一个更可持续的生产和消费系统。

"生态设计是一种源头控制途径，主要包含两方面的含义：一是从保护环境角度考虑，减少资源消耗、实施可持续发展战略；二是从商业角度考虑，降低成本、减少潜在的责任风险，以提高竞争能力。"柯文斯说，"某种意义上，生态设计属于清洁生产的范畴，但是现在必须重点强调。这是由于很多企业一直在观望，却没有行动。我们需要推动并且让企业意识到：停止观望，他们能行（stoplooking, theycanmakeit）。"

"要实现绿色工业，也需要我们在社会行为中改变思维方式。以汽车使用为例，并不是每个家庭每天都需要汽车，但是很多家庭都拥有汽车，这给环境、交通和能源带来了巨大压力。若能转变观念，将生产产品的目的定位为出租而非销售，从而健全相应的租赁服务和市场，我们或许能看到可喜的变化。"柯文斯说。

要推动这些目标实现，"一方面，我们可以继续去做我们正在做的，如加强法制建设和法律的执行力，加大惩处力度。执法难是很多发展中国家面临的问题，加强法律的执行力是实现绿色工业的重要保障。另一方面，要有政策鼓励和市场支持，尤其是要推动我前面谈到的工业服务业的发展，可以多开展政府和企业的对话，协调整个行业的健康、有序发展。"

（3）绿色服务业。绿色服务业是指有利于保护生态环境，节约资源与能源的、无污染、无害、无毒、有益于人类健康的服务产业模式。绿色服务业要求服务提供者在经营管理中，必须充分考虑自然环境的保护与人类的身心健康等因素，从服务流程的每一个环节着手节约资源与能源、防污、减污与治污，以达到企业经济效益与环保效益的有机统一。

☞ **知识介绍**

我国服务业绿色转型的重点领域选择

1. 绿色金融

绿色金融，是指金融部门把环境保护作为一项基本政策，在投资融资决策中要考虑潜在的环境影响，把与环境条件相关的潜在的回报、风险和成本都要融合进银行的日常业务中，在金融经营活动中注重对生态环境的保护及环境污染的治理，通过对社会经济资源的引导，促进社会的可持续发展。

2. 绿色物流

绿色物流，是指在物流过程中抑制物流对环境造成危害的同时，实现对物流环境的净化，使物流资源得到最充分利用。它是以降低对环境的污染、减少资源消耗为目标，利用先进物流技术规划来实施运输、仓储、装卸搬运、流通加工、配送、包装等的物流活动。注重加强各种运输方式的衔接，加快完善综合交通运输网络，大力发展多式联运。特别要强调实施以集装箱作为连接各种工具的通用媒介，起到促进符合直达运输的作用。

3. 节能环保服务业

从世界环保节能产业的发展趋势来看，节能环保产业的"服务化"趋势日益明显。节能环保产业越往高端发展，其服务化的特征就愈加明显。节能服务业是指为节能产品、设备及技术提供服务的产业，它包括技能技术研发与转让、节能监测诊断服务、节能工程设计与设施运行、节能咨询服务、合同能源管理、节能贸易与金融服务等。环保服务是指与环境保护相关的服务贸易活动，具体包括环境技术服务、环境咨询服务、污染设施运营管理、废旧资源回收处置、环境贸易与金融服务、环境功能及其它服务六类。

4. 绿色商业

绿色商业是指企业在商品流通过程中充分体现环境保护意识、资源节约意识和社会责任意识，尽可能满足消费者的绿色需求，以科学地实现企业的经营目标和发展的可持续性。发展绿色商业可从以下几个方面着手：一是改进销售方式。在所销售产品方面，尽可能销售可拆卸、可分解，零部件可翻新、可重复利用，包装物可回收的产品。二是商业实体店的全面绿色化。尽可能选用无公害、养护型新能源、新材料，大量使用节能灯具、地热空调、变频冷冻与冷藏系统、智能扶梯等，减少能源与材料的消耗。三是实施绿色采购，政府或者企业优先购买对环境负面影响较小的环境标志产品。四是全面倡导绿色消费观念，积极引导消费者进行绿色消费、适度消费、循环消费。

12.1.3 绿色产业的特征

绿色产业以健康环保为宗旨，以可持续发展为出发点，以构建资源节约型与环境友好型社会为目标。因此，相对于其他产业，具有以下七方面的特征：

（1）产业综合性。绿色产业是一个由社会经济、生态环境和人文精神相互交融、协调发展的系统，因此，该产业不仅具有经济系统的特征与功能，而且具有生态系统的特征与功能，还具有社会系统的某些特征与功能，从而形成了其边缘交叉的综合性特征。绿色产业的综合性特征也就决定了其所涉及的学科门类之多，主要包括生态学、环境保护学、经济学、生物学、法学、人口学、生态经济学、政治学和未来学等十多门学科。

（2）外延模糊性。随着我国"两型"社会建设目标的提出，绿色产业对国民经济的直接贡献日渐增大，其产业外延也在不断扩大。扩展的主要方向集中在洁净技术、洁净产品、环境功能服务、生态示范区建设等方面。绿色产业包容了国民经济的第一、二、三产业，是一个比较特殊的综合性产业群体。正因如此，造成了绿色产业外延的模糊性。然而，由于绿色产业是历史的、相对的，其产业外延不会无限制地扩展下去。

（3）效益叠加性。绿色产业与传统线性经济模式不同，是以"低开采，高利用，低排放"为特征的经济模式，其内部物流发生了再利用，实际利用物流量要远远大于从自然界中采集输入的物流量，实现效益叠加。同时，绿色产业的产出增值效益不仅源于自身，还源于其渗透与服务的各个领域，可产生巨大的经济效益、社会效益和生态效益，实现多赢的效益叠加目的。

（4）全面渗透性。生态环境问题的普遍性与生态技术应用的广泛性，决定了绿色产业具有极强的渗透性。绿色产业的渗透性主要体现在两个方面：首先，渗透于社会和产业的各个部门。仅从我国现有的 9000 多家环保企事业单位来看，这些单位广泛分布于城建、地矿、电力、军工等 40 多个部门之中，分属于部、省、市、县、乡等五个管理层次。其次，渗透于整个生产流程。绿色产业不再仅局限于末端治理，而渗透于产品的设计、生产、销售、消费及废弃物处理过程中。同时，日益兴盛的生态农业与工业生产的清洁化、服务业的绿色化，也充分体现了绿色产业的全方位渗透性。

（5）循环逆向性。绿色产业的理念就是要尽量降低自然资源的开采，把废弃物作为原料再投入到新的生产过程中，将人类的生产活动纳入自然循环中去，维持生态环境的平衡，这就使得绿色产业具有循环性特征。从自然资源的流向来看，绿色产业是降低资源的开采，提高资源利用率。同传统产业的自然资源流向相比，具有明显的"回归自然"逆向性。其循环性特征在某种程度上又加快了"回归自然"的速度，使逆向性更为显著。

（6）区域生态性。从狭义的绿色产业到广义的绿色产业，是一种从"末端"绿色化到"全程"乃至"循环"绿色化的过程。然而，这些都是"线性"思考，仅从经济生态系统中抽象出"食物链"（生态产业链）。从宏观角度来看，绿色产业应该是"食物网"（区域生态），具有区域生态性。经济系统的生态性使区域生态模式成为绿色产业的组织形式之一。因此，要实现绿色产业创新，不仅要考虑"点"（末端）、"线"（产业链）、"环"（循环产业链）等方面，还要考虑"面"（绿色产业区），即"区域型绿色产业"。由此可以发现，绿色产业存在明显的区域生态性特征。

（7）双重依赖性。绿色产业具有经济性与公益性的双重性质。从其经济性角度出发，必须遵循绿色产业发展中的产业发展客观规律，解除不必要的限制，充分发挥市场的调节作用；从其公益性角度出发，政府要制定一定的优惠政策和提供财政支持，推动绿色产业的发展。随着人们环保意识的增强，绿色产业的发展逐渐由"命令 + 控制"型向"命令 + 控制 + 市场 + 意识"型转变。政府的行政调控相对弱化，市场调控成为有效的管理手段。因此，绿色产业具有"政府"与"市场"的双重依赖性。

12.2　绿色经济增长

12.2.1　绿色经济的产生

　　20世纪中期以来，世界工业化达到很高程度，能源的消耗与日俱增，废弃物的排放达到惊人程度，人类生存的地球家园面临生态灾难。

　　——支持人类生存的四大生物系统：森林、海洋、耕地、草场遭到破坏，森林每年以1400万公顷的速度在减少，土地荒漠化速度每年以500万～700万公顷的速度在发展，世界有100多个国家面临荒漠化危险，80多个国家面临水资源匮乏。

　　——城市大气污染在继续加剧。大气污染主要来源于人类的生产和生活活动，以工业生产和交通运输最为严重，目前排入大气的污染物已达100多种。煤粉尘、一氧化碳、二氧化碳、硫化氢、碳化氢等有害气体不断笼罩在城市上空，给农田、草场以及人的生命健康都带来了危害，动物也受到了大气污染物的侵害。就连人类活动最少的南极也不能幸免，科学家已在南极企鹅体内发现了化学污染物。世界酸雨现象的加剧就是大气污染造成的结果。大面积的酸雨将使河流与湖泊酸化，使土壤贫瘠，地面植被遭破坏。

　　——温室效应加剧。地球受到臭氧层被破坏的危害，由于排入大气的二氧化碳总量不断增加，地球平均温度上升产生温室效应，导致全球性气候变暖和海平面上升，预示着灾难性的后果即将发生。由于人们使用冷冻剂、起泡剂、灭火剂等化学制品不断向大气中排放氯氟烃、溴等大量气体，破坏了阻挡紫外线辐射的臭氧层，据科学家观察，南极上空1995年就出现了2.5×10^7 km²面积的臭氧空洞，如不重视，将对世界生态造成灾难性的后果。

　　——固体废弃物越来越严重地危害城乡环境。固体废弃物主要是城市生活垃圾和工业废渣，每年人类制造的固体废物在千亿吨以上，这种废物大量侵占土地、堵塞河道、污染农田，经过长期搁置它还会污染地下水、污染大气、传播疾病。

　　——生物种类不断减少，一些物种走向灭绝。由于环境的污染和恶化以及人类对生物的不友好态度，地球生物物种在不断减少，目前已有75种鸟类和哺乳动物绝种，另有359种鸟类257种兽类面临灭绝的危险，同时还有2500种植物面临灭绝的危险。大熊猫、朱鹮、藏羚羊、东北虎等动物，珙桐、红豆杉等植物已到了灭绝的边缘。专家预测今后20～30年世界1/4的物种可能会灭绝。

　　在这种背景下，英国经济学家皮尔斯在1989年出版的《绿色经济蓝皮书》中首次提出了"绿色经济"的概念。绿色经济是以保护和改善生态环境为前提、以珍惜并充分利用自然资源为主要内容、以经济和社会与环境协调发展为增长方式、以可持续发展为目的的经济形态，是一种平衡式经济。

☞ **绿色链接**

绿色经济将成新的经济增长点

　　积极应对气候变化，大力发展循环经济、绿色经济，这是加快转变经济发展方式，实现从资源高耗型经济向节源型经济转变的重要内容。因此如何加快绿色金融体系的建设，大力发展绿色金融服务，对相关的金融投资机构实现可持续发展、履行社会责任都有着重大的现实意义和长远的战略意义。以科技创新为引领的经济与环境相协调的绿色经济增长模式已经成为全球共识。

目前世界各国实行的绿色经济扶持计划，绿色经济的研发计划、低碳绿色增长战略等等，据有关国际组织预测未来十年内全球环境的市场规模将增加至 270 万亿，并创造出新的上千万个绿色就业岗位。绿色经济必将成为一个新的经济点，并将带动一大批新兴产业的发展，对全球经济的格局将产生重要影响。资金如何配置决定未来一段时期的产业结构。任何重大的发展、转型背后都缺不了金融的支持。当前发展低碳经济，发展新的能源，发展绿色经济也不例外。金融支持是金融经济发展一个最核心的问题。因此要走绿色发展道路，就必须发展绿色金融。绿色金融作为支撑绿色产业发展和传统产业绿色改造的金融要素结合，推动着各种金融制度安排，以及机构、市场、产品、人才活动，代表国际金融发展新的方向，提供全球经济发展新的动力。

2009 年 9 月胡锦涛主席出席全球气候变化峰会时候指出：我国要大力发展绿色经济，积极发展低碳经济。温家宝总理在政府工作报告当中提出：要努力建设以低碳排放为特征的产业体系和消费模式。中国政府从我国经济社会发展的长远出发，将发展绿色经济作为转变经济发展方式的重要内容。自觉履行低碳、节能、环保的国际责任和义务。制定了一系列节能减排的措施，确定了资源节约型，环境友好型的经济社会发展目标。

12.2.2　绿色经济的内涵与特征

绿色经济是在可持续发展理论基础上兴起的一种新兴经济形态，国内外经济学界从不同角度对绿色经济做了大量研究，目前虽然没有统一的定义，但对绿色经济核心内容的理解是一致的，即认为绿色经济是以改善生态环境、节约自然资源为必要内容，以经济、社会、自然和环境的可持续发展为出发点，以资源、环境、经济、社会的协调发展为落脚点，以经济效益、生态效益和社会效益兼得为目标的一种发展模式。其实，不管何种理论，离开人谈经济是没有意义的，离开发展谈经济也是没有意义的。因此可以认为绿色经济是指：在生态环境容量、资源承载能力范围内，实现资源节约、环境友好、人类社会福利不断提高的一种可持续发展的经济形态。

绿色经济的内涵包括以下几个要点：一是把环境资源作为经济发展的内在要素；二是把实现经济、社会和环境的可持续发展作为绿色经济的发展目标；三是把经济活动过程和结果的绿色化、生态化作为绿色经济发展的主要内容和途径。发展绿色经济，就是要保证经济增长与环境保护相协调，保证经济发展所需要的土地、矿产、森林等自然资源的可持续利用。

绿色经济的特征与实质体现在四个方面：

第一，以人为本。绿色经济是以提高人的生活质量为经济活动目标，而不是片面追求人的物质占有能力和规模，强调人类经济行为要尊重自然，实现人与生态环境的和谐发展，从而推动人的全面发展，尤其是在注重代际公平的基础上实现人的全面发展。

第二，以发展为动力。根据马斯洛的需要层次理论，人的第一需要是生存的需要，然后是安全、交往、尊重和自我实现的需要，过度和片面强调经济的"零增长"来保护生态环境资源是不可取的，在人的生存需要得到满足以后，保护资源和环境才变得可能，才会有更多的资金和自觉行动投入到资源和环境保护当中，这一点对于发展中国家来说更具现实意义。因此，只有在现有经济基础上优化经济结构，调整发展方式，实现经济、人口、资源、环境的协调发展，并以实现人类福利最大化为目标，这才是绿色经济发展的动力所在。

第三，可持续性。绿色经济实质上是可持续发展理论的延续，在经济发展中，必须把经济规模控制在资源再生和环境可承受的界限之内，既要考虑当期人们的开发利用，又要考虑跨期的可持续利用，建立新的亲近自然、保护自然可持续发展的消费方式和生产方式。

第四，新的经济发展形态。绿色经济是建立在资源环境承载力约束条件下的可持续发展经济，它包含在生产、消费、交换等经济活动的全过程，是对经济社会与环境资源关系的变革，是与绿色生产力适应的新的经济形态。

12.2.3 绿色经济的内容

要发展绿色经济，实现可持续发展，无论是转变经济发展方式、调整产业结构，还是运用科技创新等手段，最终都要落实到发展载体上来。与传统经济发展相比较，绿色经济发展有其与众不同的外在表现形式，这就是作为绿色经济发展载体的绿色产业、绿色流通、绿色消费、绿色文化等，它们是绿色理念指导下的经济和社会活动。

（1）绿色产业。绿色产业概念是伴随着工业化的发展而提出的。20世纪以来，人类在享受工业化文明成果的同时也不得不接受工业化带来的负面效应——环境污染而导致的生存条件恶化这一现实。越来越多的有识之士认识到：以人为本，走经济—社会—自然（环境生态、自然资源）三维交合系统协调发展是人类社会的唯一选择。于是，人们希望找到一种全新的产业模式，实现经济效益和生态效益的双赢。在此背景下，绿色产业的概念诞生了。

绿色产业是一项巨大的系统工程，涉及内容十分广泛。绿色产业的含义是多层面的，狭义的绿色产业是指传统意义上的环保产业，包括环保装备生产制造、垃圾回收和处理等；拓宽领域来看，国民经济结构中以防治环境污染、改善生态环境、保护自然资源为目的，进行的技术开发、产品开发、产品流通、资源利用、信息服务、工程承包等一系列产业或行业均可称为绿色产业。广义上，绿色产业是生产、消费全过程都符合环保要求的"资源节约型"和"环境友好型"产业。绿色产业是绿色经济发展的产业体现，是绿色经济发展的有效载体。绿色产业必须遵循的准则：一是产业发展必须限制对环境的负面影响并符合承载力要求；二是产业发展对可再生资源的使用强度应限制在其可持续收获的最大总量之内；三是对不可再生资源的耗竭速度应低于可再生替代品的速度；四是产业发展必须维护自身健康安全和代际间的公平，不能损害后代人的发展资源和权利；五是产业发展必须维护当代人之间的公平，在不同群体和不同区域之间实现资源利用和环境保护两者的成本与收益的公平和分配。

（2）绿色流通。绿色流通包括绿色物流、绿色政府采购等。绿色流通能够引导生产和消费，推进绿色管理活动的进步，促进社会供求总量平衡。绿色流通能够消除物流不畅、质量下降、欺诈蒙骗、产品积压、生产低效等不良现象，保障整个经济能够在平稳的市场环境中实现绿色发展，是绿色产业的产品进入市场的绿色载体，也是绿色经济发展的有效载体。绿色物流是经济可持续发展的重要方面，它与绿色制造、绿色消费共同构成一个节约资源、保护环境的绿色经济循环系统。政府采购的买方是指政府机关与其所属机关或团体，其采购资金属于公共财产，政府绿色采购活动因其采购金额庞大，在世界各国都作为本国最大采购团体发挥着重要的影响，政府采购是否符合绿色消费精神是绿色经济发展的重要部分。

（3）绿色消费。绿色产业的产品通过绿色流通最终要进入消费领域。绿色消费包括绿色消费方式、绿色生活方式和绿色食品等。生产和消费在某种程度上是统一的：生产方式改变将影响消费；而消费方式改变（特别是绿色消费观的逐步建立）也会改变产品生产方式，进而改变经济增长方式，以满足社会消费需求。因而，绿色消费即可持续的消费，是以适度节制消费、避免或减少对环境的破坏，崇尚自然和保护生态等为特征的新型消费行为和过程。绿色消费不仅包括绿色产品，还包括物资的回收利用，能源的有效使用，对生存环境、物种环境的保护等，是绿色经济发展的有效载体。

（4）绿色文化。文化不仅具有意识形态特征，同时也是一种生产力。绿色文化是一种充满蓬勃向上的生机与旺盛活力，促使人们的绿色意识从外因转化为内因，并成为绿色经济发展的有益载体。绿色文化的概念可以分为广义与狭义的绿色文化。狭义的绿色文化从人类生存角度出发，把生活与劳动中的绿色形象转化成精神层面进而形成的文化形式；广义的绿色文化则是由环境意识和环境理念产生的美感以及由此形成的生态文明观和文明发展观。绿色文化是一种人与自然协调发展、和谐共进，能使人类实现可持续发展的文化，它以崇尚自然、保护环境、促进资源永续利用为基本特征。纵观人类社会发展的整个过程，人与自然的关系经历了依赖自然、改造自然、征服自然、善待自然的过程。正是经过几千年的反复实践和不断认识，人类才树立了正确的环境理念和环境价值，最终形成了把经济发展、社会发展、生态发展融为一体的生态文明观和文明发展观。

12.3 绿色经济核算

绿色经济核算是综合环境与经济核算（SEEA）的简称。它把经济发展与资源环境相结合，将资源消耗成本、环境保护与退化成本等纳入传统的国民经济核算体系中，通过测量资源、环境与经济之间的关系，反映经济活动的资源消耗成本和环境损失代价，反映经济发展的真实水平和可持续发展程度。

☞ **绿色链接**

绿色 GDP 核算体系的国际实践

从 20 世纪 70 年代开始联合国和世界银行等国际组织在绿色 GDP 核算的研究和推广方面做了大量的工作。1980 年 2 月联合国环境规划署、联合国开发计划署、世界银行和各大洲的地方开发银行在"环境政策宣言"中指出：经济与社会发展是缓和重大环境问题的基础同时强调在经济和社会发展过程中应力求避免环境污染或尽量使环境污染减少到最低限度。如今2003年版的《综合环境与经济核算手册（SEEA2003）》已成为国际上进行综合经济与环境核算工作的指导性文件。

1973年日本政府提出净国民福利指标，主要是将环境污染列入核算。国家制定出各种污染的允许标准，超过标准的，需要列出治理所需经费。这些经费必须从GDP中扣除。

1978年挪威开始了资源环境的核算，重点是生物资源、矿物资源、水力资源、流动性资源，以及土地、空气污染和氮、磷两类水污染物。其统计制度较为详尽，主要包括森林核算、鱼类存量核算、能源存量核算，以及废气排放、废水排放、废旧物品再生利用、环境费用支出等项目。

1990年墨西哥在联合国的支持下，将石油、各种用地、水、空气、土壤和森林列入环境核算范围，将实物指标数据通过估价转化为货币数据，在现行国内生产净产出的基础上，核算出石油、木材、地下水的耗减成本和土地使用引起的损失成本。然后，又进一步得出了环境退化成本。

美国则建立起了污染控制和排放的数据库，这也是构成绿色国民经济核算体系的基本条件之一。例如，在森林资源方面，他们不断发展森林存量抽样调查，建立起了良好的森林资源数据库。尽管美国尚未完整建立起绿色GDP核算体系，但是他们收集环境数据的方法在国际范围内处于领先地位。

12.3.1　开展绿色经济核算的必要性

开展绿色经济核算是贯彻落实科学发展观的必然要求。党的十六届三中会会提出了"坚持以人为本，树立全面、协调、可持续的发展观"。按照科学发展观的要求，发展经济必须充分考虑资源和环境的承载能力。开展绿色经济核算，既反映经济增长，也反映经济增长的资源环境代价，为制定科学的国民经济和社会发展规划及相关政策提供基础数据，引导经济社会切实转入科学发展的轨道，这是贯彻落实科学发展观的必然要求。

绿色国民经济核算是建设资源节约型、环境友好型社会的重要基础性工作。随着工业化、城镇化进程的加快，中国资源短缺、环境污染和生态恶化问题日益突出，加快建设资源节约型、环境友好型社会建设，走生态良好的文明发展道路，是实现中国可持续发展的重大战略任务。进行绿色经济核算，可较全面系统地反映中国资源环境的现状与经济发展对资源环境的影响，以促进资源节约和生态环境保护，是实现上述重大战略任务的重要基础性工作。

绿色经济核算是应对气候变化的迫切需要。气候变化是关系全人类生存和发展的重大问题，中国作为发展中的大国面临着越来越大的压力。应对气候变化，关键在于对化石能源消耗与碳排放进行有效约束。中国政府承诺到2020年单位国内生产总值二氧化碳排放比2005年下降40%～45%。建立绿色经济核算，可以为中国制定应对气候变化的政策措施提供基础数据支持，能够综合反映中国为应对全球气候变化做出的积极努力和取得的成效，能够充分体现中国政府高度重视资源节约、环境保护和应对气候变化工作，有利于进一步树立和维护中国负责任大国的形象，争取良好的国际发展环境。

12.3.2　绿色经济核算的方法

联合国 2003 年出版的《综合环境经济核算体系》（SEEA2003）是绿色经济核算的指导性文件。绿色经济核算主要包括以下几个方面内容：

第一，编制经济与环境之间的流量账户，包括实物流量账户和混合流量账户，用以反映经济过程中消耗的来自自然环境的各种资源量和生态投入以及排放到环境中的各种残余物，系统地描述经济与环境之间的实物流量关系，在此基础上，与国民经济核算的供给和使用表相结合，形成经济环境间流量的混合核算。

第二，编制环境保护支出账户和与环境有关的其他交易账户。把环境保护、自然资源管理等活动，从传统的国民经济活动中分离出来进行核算，反映环境保护活动的相关支出和环境税、环境补贴等对自然环境产生影响的经济成本。

第三，编制环境资产存量及其变化账户，环境资产包括土地等自然资源和生态系统。通过该账户可以核算各种资源、环境的存量及其变动量。

第四，对传统经济总量进行调整，根据不同的核算条件，可以有不同的调整方法：一是用资源耗减价值进行调整，形成"经资源耗减调整的总量"；二是用环境防御支出进行总量调整；三是用环境退化成本进行调整，形成"经环境退化调整的总量"。调整后的总量可以反映经济发展的真实水平。

12.3.3　开展绿色经济核算的注意事项

绿色经济核算是一项复杂的系统工程，面临着许多技术上的难题，而中国的绿色经济核算还处在起步阶段，这是一项长期而又艰巨的任务。

客观认识绿色经济核算的困难。在现有统计基础上，进行绿色经济核算存在以下两个方面主要困难：一是数据资料的缺口较大，二是资源的耗减成本和环境损失代价的估价十分困难。自然资源与环境的货币估价是绿色经济核算的突出重点和难点。自然资源与环境的货币估价困难在于：自然资源和环境的产权界定及市场定价较为困难。国民经济核算以市场交易为估价的基本原则，货物和服务进入市场，其价格通过市场供求关系反映出来；而资源环境要素没有进入市场交易，因此资源环境要素价值计量难度很大。尽管国际上已有一些研究成果和案例，但尚未形成国际公认的统一的估价方法，是一个没有解决的技术难题。

坚持立足当前与着眼长远相结合。进行绿色经济核算，要按照深入贯彻落实科学发展观、加快建设资源节约型、环境友好型社会的要求，从中国的基本国情出发，以中国资源环境现有统计制度为基础，立足当前，着眼长远，既要满足当前开展资源节约和环境保护工作需要，又要满足国家长期发展战略要求，系统反映经济发展、社会进步与资源环境的关系，促进经济、社会、环境之间的相互协调，促进可持续发展。

【案例应用】

韩国的绿色发展模式

韩国在过去50年中经济发展很成功，但韩国的经济增长模式是以投入为基础的扩张型模式。韩国是世界上第十大能源消耗国，而且97%的能源都是进口的，现在因为面临着气候变化的危机，韩国现正改变着经济发展模式，要进一步实现低碳经济、绿色经济的发展模式，减少二氧化碳的排放。为了能够实现经济发展模式的转变，韩国需要有一种完全一体化的模式，需要改变人们的思想模式和生活方式，用创新经济达到这样的目的。

（一）"3G"战略

韩国的绿色发展模式包括三个方面：第一，要减少能源、资源的使用，同时要保持经济的稳步增长；第二，要最大限度的减少二氧化碳的排放。韩国要实现这样的目的就要利用一些新的或者是可再生的能源，减少二氧化碳的排放，同时还要建立起低碳的、环保型的基础设施；第三，让韩国企业有新的增长引擎。比如说韩国在绿色技术方面进行研发的投入，同时还要培育新的绿色经济，以及要支持全球经济的发展，要充分利用这种新的以及可再生的能源。同时，韩国政府也研发出了3G战略：绿色创新、绿色结构调整、绿色价值链，三个方面是相互关联的。

绿色创新能够让我们研发出一些新的技术，能够让我们进一步应对全球的气候变化，解决碳排放问题；同时也能够创造出更多的环保型材料，更多的可再生的以及可替代性的能源，绿色的结构调整，从那些高耗能的产业转向低碳的行业，同时它的目标还是要引进低碳的知识型经济，要创造一个新的环境友好型的市场，通过IT、生物科技、纳米科技的组合，要把现在的产业变成绿色产业。这个公司是韩日合资公司，他们达成了一项协议，就是要把亚洲最大的一个太阳能电厂扩大，这个电厂将会达到700多万，而且他们每年的发电量也是非常大的，所以说很多的家庭将会享用到清洁能源，同时减少二氧化硫的排放，第二年将会减少24000吨的二氧化硫排放。绿色价值链，就是把绿色的价值带到工业行业当中，要建立起绿色的标准，并且在绿色链当中充分的利用IT的技术。

Homeplus，这是一个韩国和英国的合资公司，有太阳能的房顶，其空调系统是通过晚上制作的冰制冷，所以可以减少30%的二氧化碳排放。其中一个非常有意思的特征，他们使用二氧化碳作为一种冰来提供它的制冷。生态里程项目，目标就是要改变公民的生活方式，要采取鼓励政策让他们自愿的加入到韩国的项目当中。韩国政府要减少二氧化碳的排放目标是在2012年的时候比2005年要减少4%的排放量，这些高的目标主要遭受了一些工业行业的反对，但是我们政府还是非常积极、坚定地要实现这些目标，今年晚些的时候政府将会正式实施其目标和计划。

（二）大邱庆北经济自由区的绿色机遇

根据国家绿色发展战略，大邱庆北自由经济区将会在绿色增长行业中给大家提供更多的经济发展机遇。大邱庆北处于韩国的东南部，同时也是韩国第三大城市，离汉城非常近，坐火车 10 分钟就可以到了。有很多居民都住在大邱庆北地区，这里有非常多的跨国公司，包括三星、PSGO 等等这样的跨国公司，还有一些国外的投资公司，比如美孚公司、西门子公司等等，这里是 60 年代以来就始进行现代化改造的，改进了韩国的基础设施和面貌。大邱庆北经济自由区是一个特区，穿过了大邱庆北许多的城市，它将会成为一个以知识为主体的自由经济区，在四个主要行业提升其能力，包括绿色能源、绿色交通、绿色 IT 以及以里程为基础的服务。

在绿色能源方面，比如从原材料到成品都使用的是绿色或者太阳能，很多的领域将会采用燃料电池来控制它的碳足迹；韩国的中央政府非常支持这项政策，有些公司已经将他们的业务范围扩大到了印度、智利等国。在高效交通、绿色交通方面，这里有非常好的公司，有的有钢铁、化学方面的制造背景，也有相关的测试中心；可以利用与现有的全球公司一起合作的机遇，比如说在造船或者汽车制造等等方面进行合作，目标就是要成为一个全球的供应基地，主要供应的是交通建设方面的材料。在绿色 IT 方面，主要的目标就是 LED 显示屏还有其他的设备，将会改进这个行业的能效；绿色 IT 走廊将会利用世界上最好的 IT 和移动工业群的能力来发展自己，比如说像三星这样的电子公司就会在其中发挥非常大的作用。

资料来源：朴寅哲．绿色增长战略的韩国模式［J］．中国科技财富，2009（23）：83－84.

问题：

思考我国近年来采取了哪些绿色发展措施？通过阅读和分析韩国的绿色发展模式，对我国的绿色发展有何启发和借鉴作用？

【国际经验】

美国的绿色经济计划

作为在金融危机中就职的美国总统，奥巴马选择以开发新能源、发展绿色经济作为化"危"为"机"、振兴美国经济的主要突破口之一。自其上任以来，极力推动新能源产业、绿色经济的发展，推出了节能减碳、降低污染的绿色能源环境气候一体化的振兴经济计划。

2009 年 2 月 15 日，总额达到 7870 亿美元的《美国复苏与再投资法案》由奥巴马签署生效，其中新能源为主攻领域之一，重点包括发展高效电池、智能电网、碳储存和碳捕获、可再生能源如风能和太阳能等。

奥巴马已公布的能源政策主要包括如下部分：关于能源战略转型：为美国家庭提供短期退税，应对日益上涨的能源价格。未来 10 年投入 1500 亿美元资助替代能源研究，并为相关公司提供税务优惠，有助于创造 500 万个就业岗位。大幅减少对中东和委内瑞拉石油的依赖。支持强制性的"总量管制与排放交易"制度，在美国推行温室气体排放权交易机制，力争使美国温室气体排放量到 2050 年之前比 1990 年减少 80%。

关于电力方面：计划到 2012 年，使美国发电量的 10% 来自可再生能源等，2025 年使这一比例达到 25%。推进智能电网计划。

关于新能源技术方面：奥巴马计划用 3 年时间将美国的风能、太阳能和地热发电能力提高一倍。政府将大量投资绿色能源——风能、有着广阔前景的新型沙漠太阳能电池板、核能等。

关于建筑方面：奥巴马将大规模改造联邦政府办公楼，包括对白宫进行节能改造。将推动全国各地的学校设施升级，通过节能技术建设成 21 世纪的学校。要对全国公共建筑进行节能改造，更换原有的采暖系统，代之以节能和环保型新设备。

关于汽车方面：奥巴马表示，他将促使政府和私营行业大举投资混合动力汽车、电动车等新能源技术，减少美国的石油消费量。以 7000 美元的抵税额度鼓励消费者购买节能型汽车，动用 40 亿美元的联邦政府资金来支持汽车制造商，力争到 2015 年实现美国的混合动力汽车销量达到 100 万辆。

节能增效也是奥巴马政府绿色新政的重点之一。美国《时代》周刊的一篇文章这样描述节约能源的好处：节能不需要进口，而且已经被证明划算可行；不用考虑煤和石油的污染；不像太阳能和风能需要取决于天气状况；不像乙醇那样需要以砍伐森林和食品价格上涨作为代价；也不同于核能，可能受到恐怖主义威胁并要考虑放射性核废料存储，并且需要耗费近十年建设。

此外，美国还将加大对先进生物燃料的研发，力图实现到 2022 年使生物燃料达到 360 亿加仑的目标。

不过，发展绿色经济不能以功利主义心态将其简单视为短期内走出经济危机、拉动经济增长的工具，而应将其作为一项战略措施加以执行。

资料来源：美国在"节能减碳"中寻求复苏转型[J]. 经济视角（上），2009(10)：26-27.

参考文献

[1] 揭益寿，丁玉华. 国内外绿色产业的兴起和发展[J]. 当代生态农业，2000(Z2)：13-21.

[2] 亢金绒. 绿色经济与绿色经济制度[J]. 甘肃省经济管理干部学院学报，2007(03)：6-8.

[3] 许宪春. 绿色经济发展与绿色经济核算[J]. 统计与信息论坛，2010(11)：20-23.

[4] 张昌勇. 我国绿色产业创新的理论研究与实证分析[D]. 武汉：武汉理工大学，2011.

[5] 张小刚. 绿色经济的发展载体分析——以长株潭城市群为例[J]. 生态经济（学术版），2011(02)：150-153.

第 13 章　绿色政策与行政

13.1　绿色行政

13.1.1　绿色行政的产生和内涵

20 世纪以来，世界各国社会经济和科技高度发展，自然人、法人、其他社会组织之间的交往日益频繁，社会公共管理需求增加，政府职能急剧扩展，政府对经济和环保等日益增多的领域进行积极干预和调控。在这一大背景下，国际标准化组织提出"绿色行政"这一环境管理的概念性称号。绿色行政是国际标准化组织为减少人类各项活动所造成的环境污染，在节约资源、改善环境质量、促进社会可持续发展方面制定的一系列环境管理标准的总称。它规定了建立环境管理体系的基本要求，明确了环境管理体系的诸要素，适合于任何类型和规模的组织。

绿色行政的核心是通过制定科学的、符合生态规律的发展方针、发展战略、发展对策和发展规划，采取切实可行的、对环境保护有利的管理措施与技术措施，保护生态环境，保护自然资源，实现可持续发展。绿色行政是行政管理部门工作的目标，对政府等所有组织改善行为具有统一标准的功能。环境管理标准是行政管理部门实现绿色行政的载体和依托，绿色行政是符合环境管理标准和符合现代行政法治要求的全新的依法行政理念。

Reichhardt（1993）用"green administration"这个词概括了克林顿－戈尔时代的环境管理。许多国家也在推行绿色行政，如丹麦、加拿大等。在其他一些学者的研究中，绿色行政也表达了是对环境友好的行政观点。Wolfe（2009）从较微观的角度界定了绿色行政（Green administration or running a green office），着眼于识别组织中减少行政成本和提高运营效率，同时控制能源消费的机会。Bengston，Xu 和 Fan（2001）指出许多政府和联邦机构、林产品企业及协会采用了生态系统管理。在为数不多的绿色行政研究中，多有学者对绿色行政进行了比较一致的界定，普遍认为"绿色行政"是对环境友好的行政。根据已有学者的研究，绿色行政是指：以绿色管理思想为指导，以实现人类可持续发展为目标，在政府环境管理行政事务中倡导爱护环境、人与自然和谐相处的绿色理念，推行生产经营。

【绿色故事】

绿色新政推动科学发展

当前，我国正抓住应对国际金融危机的有利机遇，大力发展绿色经济，积极调整产业结构，转变经济发展方式。通过完善绿色政策，加大绿色投资力度，发展绿色科技，推动产业革命，将绿色经济作为发展的主力引擎，不仅可以扭转国际金融危机带来的消极局面、促进就业、推动经济增长，而且可以从根本上转变经济发展方式、加快产业结构调整、优化产业结构，为经济可持续发展开辟新道路。

人类正处于工业文明向生态文明转变的过渡期。在应对国际金融危机背景下，联合国环境规划署推出的全球绿色新政，是应对金融、生态等多重危机的新思维。其基本要义是提高政府的绿色领导力，基本目标是发展绿色经济，基本方法是致力于绿色投资，基本保障是实行绿色政策改革。

绿色新政一经提出，迅速得到各主要国家和集团的积极响应，美欧、日、韩等国政府明确提出要推行绿色新政。这反映了人类关于生态文明和环境保护意识的觉醒，标志着国际社会对发展模式的反思进入一个新阶段。

2009年9月22日，在纽约联合国气候变化峰会上，中国政府承诺中国将进一步把应对气候变化纳入经济社会发展规划，并继续采取强有力的措施。一是加强节能、提高能效工作，争取到2020年单位国内生产总值二氧化碳排放比2005年有显著下降。二是大力发展可再生能源和核能，争取到2020年非化石能源占一次能源消费比重达到15%左右。三是大力增加森林碳汇，争取到2020年森林面积比2005年增加4000万公顷，森林蓄积量比2005年增加13亿立方米。四是大力发展绿色经济，积极发展低碳经济和循环经济，研发和推广气候友好技术。这犹如将一幅清晰的中国绿色新政蓝图展现在世人面前。

一年多的实践证明，绿色新政已成为各国应对经济、环境等多重危机的有力举措。通过完善绿色政策，加大绿色投资力度，发展绿色科技，推动产业革命，将绿色经济作为发展的主力引擎，不仅可以扭转国际金融危机带来的消极局面、促进就业、推动经济增长，而且可以从根本上转变经济发展方式、加快产业结构调整、优化产业结构，为经济可持续发展开辟新道路。

13.1.2　绿色行政的实施路径

目前，我国绿色制度普遍存在着标准较低、覆盖范围小、执行软化、可操作性较差、短期倾向明显、与其他制度配套不够等不足。从健全对环境管理环节的行政评估制度、推行国际环境管理标准、实施绿色GDP和以电子行政为依托构建公共环境管理体系等方面进行绿色制度创新具有重要的作用。

(1) 健全对环境管理环节的行政评估制度，重塑环境行政管理过程有权力必有责任，用权受监督、侵权要赔偿是现代依法行政的核心内容。设置完全独立于各级政府行政权力之外的环境资源环节的行政评价机构，这一评价机构可以是社团法人组织，评价工作完全由这些组织独立地设计评价的体系与评价的标准，经费来源要由各级政府在财政中支出并且给予必要的保障。在进行评价中，设计一个科学合理的评价体系是十分重要的。评估内容包括环境管理环节的行政透明度、环境管理环节的行政诚信度、环境管理环节的行政责任度。硬化环境管理环节行政评估的机构设置、人员安排、职责权限、权力的运行规则和工作程序，建立责任追究制度。

（2）吸收外国资源与环境管理方面的经验，积极推行国际环境管理标准资源与环境问题涉及社会生活的方方面面，范围大、利益相关者多，需要推行一个统一的标准来规范、约束各行政主体和社会公众的行为。应积极吸取外国资源与环境管理方面的经验，通过实施国际环境管理标准主动与国际接轨，确保资源环境管理的绿色化与先进性。与时俱进地构筑面向国际的符合世贸组织规则的可持续发展的法律体系；建立逐步细化的规章制度，在维护法律尊严与稳定性的同时，提高绿色法律与政策的可操作性；强化资源与环境法律的执行过程，组建一支廉洁高效的绿色法律执行队伍，并建立对绿色行政执法的监督机制。

（3）实施绿色 GDP，建立市场拉动制度和公众参与制度。把政务活动对资源的消耗和对行政环境的影响纳入行政生态系统物质、能量的总交换过程中，促使经济评价指标在宏观与微观上保持一致。建立与完善政府公共环境收入与支出体系，环境收支分开并纳入国家预算管理，规范环境收入，逐步以环境税代替环境收费，在政府环境支出方面逐步提高重大生态环境保护、环境公用设施、基础性环境科技、基础性环境教育等的比重。倡导绿色行政与市场主体生态环境保护相结合，将政府的宏观调控能力与市场主体的微观创新能力充分结合起来，实现优势互补。适时施行生态环境影响评价制度，构筑绿色信息公开体系。大力推行参与式的绿色政策，进一步扩展企业与社会公众的环境权益，在全社会范围内开展各种层次的绿色教育，鼓励市场主体和社会公众参与绿色政策的制定与监督；积极开展绿色公益活动，通过实践来提高公众的绿色意识。建立绿色协调机构，扶持绿色民间组织，鼓励绿色协调机构、绿色民间组织收集绿色需求信息、宣传绿色政策、协调与处理绿色纠纷等，畅通信息渠道。

（4）以环境电子行政管理为依托，构建公共环境管理体系。信息技术的高度发达也正在改变着政府工作的内容和形式。信息技术的发展，要求各级公共环境管理机关及其工作人员学会用最先进的技术和手段，迅速对问题做出反应和处理；信息技术的普及要求公共环境管理机关及其工作人员积极主动地公开公共环境管理活动的各方面的资料和动态，积极主动地提供公共服务，促进公共环境管理工作的高效和民主。实施电子政务，可推进公共环境管理办公电子化、自动化和网络化，提高公共环境管理效能和公共环境管理水平。

☞ **知识介绍**

绿色行政与 ISO14000 标准

政府推行 ISO14000 标准，实施"绿色行政"的效益。通过建立 ISO14000 环境管理体系，并取得认证资格，可以极大的提高政府的形象。认证是国际通用的做法，可以有效地证明一个政府在环境保护方面的成绩和实力，反映其以人为本的管理理念和社会责任，可以大大提高一个地区的形象水平，从而使政府在对外招商引资、增强经济发展能力等方面占有更大的先机。此外，推行 ISO14000 标准，实施绿色行政，可以促进政府走可持续发展的道路。在制定政策和法规时，能够考虑到对环境的影响，从而真正做到源头控制和污染预防。

13.1.3 绿色行政的体系

（1）进行现状评价。在"绿色行政体系"建立之前，应对各政府部门的环保现状进行评价，即采用科学的手段和方法收集与"绿色行政"有关的资料，了解各政府职能部门的环境现状，并对照相关法律、法规，对部门内工作人员的环保意识进行评估，以便各部门的领导者能及时了解现状、提出预防措施并做出决策。

（2）环境因素识别。环境因素是"绿色行政体系"中最基本和最重要的指标。对政府行为的环境因素有一个客观、准确和全面的认识，是政府履行其环境职责的首要前提条件。因为只有确定了环境因素，各级政府部门才能在决策和管理时将其加以考虑，推动对环境有积极影响的政策的实施，及时改进那些对环境有消极影响的政策。

（3）重视法律、法规和其他要求。"绿色行政体系"运行的根本目的是，在行政决策、执行和管理中要考虑可能对环境造成的影响，满足社会对环境保护的需要。而这种需要最明确的表达就是国家和政府的有关法律、法规、制度和标准的规定。各级政府部门应由专人定期或不定期的负责对相关法律、法规的收集、识别、备案等工作，并定期组织培训。

（4）确定体系的目标和指标。目标和指标是一定时期内要实现的环境管理的目的。目标和指标应该由各部门制定，并由市属各行政部门的负责人审批报市政府，并向部门内工作人员发布；环境目标和指标要有规定的时间限制，并能够在规定时间内实现；各部门应根据实际情况定期或不定期对目标和指标的完成情况做出适宜性评审，酌情予以调整。

（5）制定环境管理方案。环境目标和指标制定后，为了更好地贯彻、实现目标和指标，就有必要制定具体的管理计划和行动措施，这便是环境管理方案。在制定环境管理方案时，需注意以下几个问题：①环境管理方案应该是动态的，应定期评价以反映政府各个部门环境目标和指标的变化；②政府的各个部门应对环境管理方案的要求做出规定，对环境管理方案的制定、修订进行监督；③环境管理方案起草后，要听取执行该方案的相关下属部门和主要负责人的意见，以使在管理措施上确保经济性和实际操作性的合理、适宜、可行，使管理工作协调地纳入到政府各个部门的整体管理之中。方案确定后，应由各个部门的负责人批准，形成文件。

（6）建立实施组织机构并明确职责。为了使政府各职能部门内的工作人员在"绿色行政体系"方面致力于共同的目标，就要明确"绿色行政体系"的组织机构、人员分工和职责、体系内各部门和工作人员之间的相互关系，以及与外部的接口联系等。当环境管理职责与其他管理职责及有关岗位设置出现不协调时，要从各个部门整体管理的角度统一调整"绿色行政体系"的机构设置与各项管理职责的分配。

（7）组织人员培训。在"绿色行政体系"建设过程中，各相关部门达成共识很重要，培训是达成共识的有效手段。通过培训可全面提高工作人员的环境意识与运行管理水平，明确自身环境职责，提高相应工作能力，以确保"绿色行政体系"的有效运行。按照体系要求，政府部门应首先确定培训的需求，所有可能具有重大环境影响的人员都要经过相应有针对性的培训，从而进一步提高其环境意识和政策水平。培训的方式、手段应以灵活、实用为原则，注重实效。

（8）开展信息交流。政府部门内部和与外部相关方之间达成共识的另一重要手段就是信息交流。通过及时、准确的内外部信息交流，可确保"绿色行政体系"有效运行。信息交流是确保"绿色行政体系"构成一个完整的、动态的、持续改进的体系的基础。

（9）实行运行控制。政府部门应根据其方针、目标和指标，确定与重要环境因素有关的行政活动，同时应对这些活动加以规划，并实施有效控制。其目的是实现政府部门环境方针、目标和指标的统一；对象是与重要环境因素有关的工作部门与工作特性。"绿色行政体系"要求各政府行政部门都应建立针对环境保护工作的日常运行控制工作程序；同时对相关方施加环境影响，促使其改进环境行为。

（10）进行体系的监督、检查。政府部门实施监督、检查的主要作用是为了证实政府的相关环境管理活动是否符合国家规定、标准等要求；真实地反映行政体系运行的环境绩效等，为组织的领导层提供决策的依据。赋予"绿色行政体系"一些新的内容，即在监督、检查过程中应对"绿色行政体系"的实施全过程进行有效的监督、检查。

（11）管理评审管理。评审是政府部门的最高管理者对"绿色行政体系"进行系统评价，以确定"绿色行政体系"是否适合于法规和内外部条件的变化等管理活动的总称。它是对"绿色行政体系"的全面审查，是一种很重要的监督机制。最高管理者定期组织管理评审，根据"绿色行政体系"审核的结果，不断变化的客观情况和对持续改进的承诺，评审方针、目标以及体系的其他要求，来规范管理评审以确保"绿色行政体系"的持续适用性、充分性、有效性。

（12）持续改进。管理体系的建立应遵循 PDCA 模式。体系中已经制定了一系列的运行控制程序，并且采用了日常监督、内审、管理评审三级监控手段以及时发现问题，及时采取纠正与预防措施，但它只是一个初步模式，应随着人类社会的进步发展、市场经济的发展和国家法律、法规变化等，在体系运行中不断探索和寻求合适有效的形式，并不断地持续改进，建立高效可行的"绿色行政体系"，保证其科学性、合法性、适应性和可运行性。

13.2　绿色政府

13.2.1　绿色政府的产生和发展

随着伦敦雾、光化学烟雾、骨痛病等严重污染事件的产生，使人们对自己的物质追求进行反思并且逐步意识到人们所赖以生存的地球环境只有一个，人类的文明并不仅仅是物质的极大丰富，人类生存环境的改善也是其中重要的内容。随着人们环境意识的不断提高，各种环境保护团体不断涌现，人们对自己所消费的产品的环保要求也越来越高，并且积极的生产和使用绿色产品。同时，人们对政府部门的环境要求也越来越高，人们不仅仅把政府机关看作是国家的管理部门，而且还把它看作对环境有重要影响的机构。在美国，对于环境问题的看法已经成为总统竞选中一项重要的内容。在德国，奉行环保主义的绿党即环境主义党已经与社民党组成了政府许多国家机关的重要部门的负责人，也是绿党成员一些政府也逐步认识到自身的活动所带来的巨大的环境影响。为了适应人们日益提高的环保意识的要求，逐渐在政府部门内部建立环境管理体系实施各种环境保护战略，绿色政府由此逐步形成。

　　由于各国具体情况不同，绿色政府的在各国的发展情况也不尽相同。加拿大政府 1992 年宣布联邦政府要发扬环境管理的主动精神，它的重点是绿色运行；在这个政策之下，各部和局都被要求制定环境行动方案来说明他们如何把环境管理的法案应用到日常工作之中；并且这些管理行动计划每年都得修订。在美国，环境问题是公众最为关心的社会问题之一，美国的各个政府部门都把环境工作当作非常重要的一个工作内容；美国的各个政府部门、各个州政府之间对于绿色政府的侧重点不尽相同；美国的环境保护局负责整个联邦政府的总体环境策略的制定，而美国的各个州都针对自己的环境问题采取不同的措施。英国政府部门历来重视自身活动对环境的影响，在 1990 年的白皮书及其随后的报告中关于机构改革的内容里就已经提到任命环境负责人，并且英国政府接受其环境审计委员会的建议，英国的各个政府部门都要建立自身的环境管理体系来改善自身的环境表现，建设绿色政府。澳大利亚政府部门认为，公共机构通过建立他们自身的环境管理体系来改善自身的环境表现给澳大利亚社会所带来的领导作用是十分巨大的，澳大利亚政府部门通过购买对环境影响较小的商品和服务，与工厂合作鼓励其持续不断的减少商品和服务的环境影响，以国际公认的标准和方法评价商品和服务的环境影响等活动，走在绿色采购前列。

【绿色故事】

美丽中国需要绿色发展

　　"把生态文明建设放在突出地位"、"努力建设美丽中国，实现中华民族永续发展"，十八大报告中关于生态文明和美丽中国的论述，引起了公众的热议。

　　五年前，生态文明首次进入十七大报告。今天，生态文明建设同经济建设、政治建设、文化建设、社会建设一起，列入"五位一体"总体布局。在十八大报告中，有关生态文明的论述占有很大篇幅。生态文明地位的提升，彰显了我们党统筹兼顾的科学发展理念，展现了全面建成小康社会新家园的美丽图景。

　　对生态文明的重视，源于对当前现实的体察。几十年来，中国在取得辉煌经济成就的同时，资源约束趋紧、环境污染严重、生态系统退化的形势越来越严峻。公众逐渐意识到，美丽的山水、清新的空气也是生活的重要组成部分。近年来，从对 PM2.5 的焦虑到对 PX 化工项目的担忧，无不显示出人心所向。

　　从政府到公众，对生态文明的重视毫无疑问是事实。但是，生态文明建设遭遇各方阻力也是不争的事实。

这种阻力来源于地方官员的政绩诉求，在以 GDP 为主要考核指标的体系下，大项目、重化工项目最容易提升 GDP，舍生态而追发展丝毫不难理解。这种阻力，来源于部分人士的短视，只要有钱赚，子孙的未来，民族的前途，根本就不会放在心上。这种阻力，来源于部分人对他人漠不关心，以邻为壑排放污染就是明证。

因此，要让美丽中国成为现实，科学发展是关键，制度建设是保证。十八大报告特别强调，要把资源消耗、环境损害、生态效益纳入经济社会发展评价体系，建立体现生态文明要求的目标体系、考核办法、奖惩机制。

此外，建设生态文明，科技的作用不可小视。十八大报告中关于生态文明的论述，从优化国土空间开发格局，到全面促进资源节约，再到加大自然生态系统和环境保护力度，给科技留出了足够广阔的发挥空间。对科技工作者而言，一方面要为生态文明建设得到足够重视、科技大有用武之地而欣喜，另一方面也要将生态文明建设当做对科技界的要求，自觉投入其中，发挥独特作用。

不管怎样，生态文明建设已经取得共识。哪怕每个人都只有一滴水的力量，也要会聚成长江黄河，共同浇灌出一个美丽中国。

13.2.2 绿色政府的定义和特征

所谓"绿色政府"是指政府机关，利用自身掌握的资源和优势，制定有效的环境战略，使该政府机构在运行时，对环境的不利影响降到最低，同时给予相关方施加良好的影响和约束。绿色政府并不是对私人部门加以管制和干预，而是通过自身的行动对私人部门加以引导、影响和约束。因此，绿色政府的构建符合我国政府治理改革的要求，是我国新时期转变政府职能的需要，是以人为本、树立科学发展观、构建和谐社会的具体体现。本节主要讨论绿色政府的特征。

（1）绿色政府具有鲜明的时代性。当今社会是知识经济时代，以知识和科学技术发展为支持的知识经济，为绿色技术的开发、绿色能源的采用、绿色产品的生产、绿色思想的宣传和普及创造了有利条件，绿色政府框架与评价指标的构建和实践必然要以知识经济和可持续发展作为其指导思想；我们党在十六届三中全会明确提出："坚持以人为本，树立全面、协调、可持续的发展观"，这是党中央在新的历史时期，就经济和社会发展方向提出的一个全新的理念，反映了当今时代发展的要求，凸现了中国特色社会主义的发展理念、执政理念和价值观念。这一切都为绿色政府的构建奠定了坚实的基础，使其具有了鲜明的时代特征。

（2）绿色政府运作的多维性。随着经济的不断发展，人们的生活条件有了很大改善，生活水平有了很大提高，消费层次由低层次向高层次递进，由简单的解决温饱型消费向小康富裕型转变。生活方式的改变和生活水平的提高又使人们的健康意识、环保意识大大加强，形成了维护生态平衡、重视环境保护、提高生活环境质量的"绿色观念"和"绿色意识"。绿色政府的构建正是迎合和满足这一变化的新的政府管理方式；①可以体现在以下三个方面：在发展过程中考虑对于环境的影响；②计划和决策制定的综合方法；③公平的实行。绿色政府的构建不能仅仅用传统的物质因素来衡量人们生活质量的好坏，它还由许多因素决定——收入、人们的健康状况、受教育水平、文化背景、社会稳定状况、环境质量以及自然美等等。

（3）绿色政府行为的示范性。政府机关作为社会的管理部门应该对社会的发展负责，应该利用其各种影响，包括政策性以及非政策性措施，引导社会向着良好的方向发展，这样才能实现人民生活的不断提高、人们利益的不断完善。随着绿色政府的构建实施，绿色产业、绿色消费、绿色技术等必将大力发展，反过来将进一步促进人们绿色意识和环保意识的提高，使消费者实现由"不自觉"到"自觉"消费绿色产品的转变，这对社会进步和经济的可持续发展也有一定的促进作用，从而形成可持续发展的良性循环。

（4）绿色政府运作的高效性。市场经济和科学发展观都要求政府的管理工作必须是高效率的。这就必然要求各级政府根据新时期的职能定位，通过简政放权、转变管理方式、提高管理效率、不断加强自身建设，如提高人员素质和改进职能履行方式等，力争以最小的投入获得符合广大人民群众利益要求的成效。推行绿色政府，是对原有管理体系的一次大规模的优化，使得政府机关的每个工作人员充分认识到自己的职责，提高办事效率，从而使整个政府机关的运作效率提高。另外绿色政府的运作还体现了高效益的一面，通过各种资源节约计划，以及其他的活动，可以减少政府部门的开支，提高其经济效益。同时，政府组织在其行政过程中，以绿色标准作为自身的行为准则，树立绿色理念，在节约资源、减少对环境污染的同时增加管理效率，树立了绿色形象，提高了政府的知名度和威望。

13.2.3 绿色政府的内容

（1）绿色政府文化建设。政府文化是政府管理经济社会事物中价值观、行为观、工作效率与作风的综合体现，政府行为受政府行政文化的支配和制约。政府绿色文化建设旨在通过塑造适应政府自身发展需要、为大部分政府官员认同的"绿色"价值观，潜移默化地影响官员的价值取向，规范政府官员行为，使政府改进工作方式，提高行政管理水平，促进党风政风建设，实现行政管理现代化、科学化、民主化及公开化。我国经济发展与资源环境之间矛盾的日益尖锐及改革开放的不断深入必将要求政府文化建设绿色化，从理念上指导政府行为绿色化。

（2）各种资源的有效利用。我国政府机构（包括国防和教育等公共部门）的能源消费约占全国能源消费总量的5%，政府机构每年能源费用就超过800亿元，在财政支出中占有很大的比重。经有关部门测算，我国政府机构节能潜力为15%～20%，政府机构节能不仅可以减少公共财政支出，而且可以有效推动节能新技术、新设备、新材料的推广应用。政府机构率先做好自身节能工作，将为全国资源节约活动的深入全面开展发挥表率作用。

（3）废弃物的削减及其管理。政府部门在日常运行中，每天都要产生大量的废弃物。采取有效的方法减少废弃物的产生是建设绿色政府的工作之一，政府部门可以通过以下的步骤对废弃物进行有效的管理。①组建一个管理废弃物的队伍对其负责；②分配职责，使得每个人都有相关的职责；③开展初始评审，对目前的表现进行评价，也就是调查重要场所的资源消费情况以及所产生的废弃物的类型；④寻求可以通过绿色采购或者材料的有效利用减少废弃物产生的机会，对办公室产生的废弃物都要遵循着削减、再使用、然后回收的原则。

（4）环境保护的绿色手段。近年来，我国环保工作在党和政府的支持带领下取得了一定进展，但是由于导致环境遭受污染，资源遭受破坏的因素涉及人类生产经营和社会消费等诸多方面，同时由于企业的逐利性和环境保护的外部性（经济活动对他人或公众造成了影响，却不将这些影响计入生产成本、交易成本和价格当中）使得我国的环境污染问题仍然十分严重，环保形势十分严峻：据世界银行估算，1995 年我国空气和水污染造成的损失占当年 GDP 的 8%；据中科院专家测算，2003 年环境污染和生态破坏造成的损失占 GDP 的 15%。环保总局副局长潘岳于 2005 年 6 月 18 日的北京财富论坛上曾警告说，如果保持目前的污染水平，到 2020 年，中国的 GDP 翻两番时，污染总量也会翻两番。因此尽快扭转高排放、高污染的状况，解决严重威胁人民群众健康安全的环境污染问题是构建绿色政府亟待解决的问题。

（5）绿色采购。政府采购制度作为公共财政体系管理中的一项重要内容，是市场经济国家管理直接支出的一项基本手段。所谓政府绿色采购，就是在政府采购中着意选择那些符合国家绿色认证标准的产品和服务，即是采购那些可以保护资源、节省能源、减少废弃物、保护公众健康、保持环境质量和安全的、不产生噪音、灰尘和刺激气味的产品的活动。政府绿色采购活动属于绿色消费活动的一部分，政府采购时，"消费者"专指政府机关与其所属的机关或团体，而且采购的资金属于公共财产。政府采购的绿色标准不仅要求末端产品符合环保技术标准，而且规定产品研制、开发、生产、包装、运输、使用、循环再利用的全过程均需符合环保要求。由于全球各国的政府采购在其国民生产总值（GDP）所占比例向来很高，只要政府机关将环境准则纳入其采购模式，立即会对相关的供应商产生积极影响，从而带动并产生绿色产品市场。因而，政府绿色采购对于绿色消费具有指导性作用。

☞ **重要概念**

环境报告

环境报告又可以称为环境行为报告、环境信息公开、环境信息披露，是指政府或企业通过一定的形式，对其自身的环境表现进行总结，向公众发布相关的环境行为信息，使管理者、被管理对象和公众了解环境状况，共享环境信息，从而激励公众的环境保护行为，对环境破坏行为产生压力与约束，促进社会经济与资源、环境的协调发展，实现良性循环。环境报告是继管制手段、经济手段之后一种新型的环境管理手段，被称为"环境管理手段历史上的第三次浪潮"。

13.3 绿色政策

13.3.1 经济政策

为建设环境许可范围内的可持续发展经济，各国政府可以并且已经运用税收政策这一有效手段。目前，世界各国的税收法规是几十年税收政策逐步调整和完善的结果。由于各国政治、经济发展的不平衡，各国税收制度是政治制度、实用主义和阶段对策的大杂烩。为了绿色经济的顺利发展，我们必须建立一个绿色经济税收制度：它不但应当鼓励人们去工作、去储蓄，而且也应当作为阻止生态环境被破坏的手段，对破坏性行为，如"三废"的排放，应增加税赋，对有利于绿色发展的建设性活动，应减免税收。为此，我们应该重建税收制度。在观念上，克服税收改革会打击以燃煤为基础的工业，会导致经济滑坡的思维。其实，若有利于人类与自然的和谐发展，即使以燃煤为基础的工业将日趋衰落，但会引来以太阳能为基础的产业日益兴起，给未来经济发展带来新的发展机遇。在欧洲，税收政策的调整已经在许多国家取得了进展。通常，政府对环境破坏行为的征税实行上浮，而对公民所得税予以下调。1991 年瑞典首次对碳化物排放征税，结果是能源代用品的使用增长了 70%。马来西亚对汽油税进行调节使加铅汽油价格高于无铅汽油，结果该国很快转向无铅汽油的使用。德国征收毒气排放税，三年间使毒气排放量减少 15%。荷兰对铅、汞、镉三类重金属排放的征税，使得20 年内这些金属排放减少约 90%。

目前，市场的许多活动和产品并没有反映出产品的真实价格。例如，污染空气的汽车驾驶员并没有支付由此造成的呼吸道疾病的卫生保健费用；污染河流、下水道的造纸厂不一定支付影响农业生产的损失费用。倘若这一费用能够得到真实反映，汽油价格、燃油汽车价格和纸张价格都会大幅度上涨，许多产品的价格都会因此或由此派生的原因而产生一系列的变化。制定新的反映绿色经济发展观念的价格体系是一件十分复杂的工作，然而这是一件在未来必然会实现的事情。在以燃煤为基础的经济中，排放的二氧化碳和二氧化硫均在严重破坏环境，我们每天消耗的大部分产品都含有大量的隐性费用：如污染带来的健康问题、环境破坏和清除污染的费用等，把这些都考虑进去，通过价格和税收体系表现出来，人们就会实现一个完全不同的市场，消费者的行为将发生巨大变化，同时人们将生活在一个绿色的社会中。

【绿色故事】

山西省的绿色政策实施

运用经济杠杆，促进污染治理。2006 年以来，山西省充分发挥经济杠杆的引导、调节、约束和限制作用，先后实施了绿色税收、环境收费、差别价格等政策措施，形成了行之有效的政策规制体系。

实行差别价格政策。2004 年以来，全省对钢铁、电解铝等 8 个高耗能行业，分淘汰类、限制类、允许和鼓励类实行差别电价，对允许和鼓励类执行正常电价水平，对限制类、淘汰类企业生产用电分别提高电价每千瓦时 0.05 元、0.20 元，大幅度降低落后产能的赢利空间，迫使其失去竞争能力并最终退出市场。

调整上网电价。2006 年以来，全省对高能耗、高污染、单机容量低于 5 万千瓦的常规火电机组实行惩罚性上网电价，并不得给予任何价外补贴。同时，对安装脱硫设施的发电企业上网电价每度电加价 0.015 元，没有安装脱硫设施的发电企业实行惩罚性环保收费政策。

实行"差别水价"和"阶梯式水价"。对居民生活用水实行"阶梯式"计量水价，对非居民生活用水实行超定额、超计划用水加价制度，对工业用水实行"差别水价"。

落实税收优惠政策。2006 年 6 月，省政府《关于实施蓝天碧水工程的决定》要求对以废物为原料、能源综合利用项目，落实税收减免政策。对于脱硫副产物的综合利用，享受国家关于资源综合利用有关税收优惠和减免增值税、所得税等优惠政策。实行节能环保项目减免企业所得税及节能环保专用设备投资抵免企业所得税政策。

13.3.2　法律法规

市场经济是竞争经济，市场经济也是法制经济，每个经济个体的经济行为都必须在法律法规的约束和规范下进行活动。一个国家对绿色经济的管理必然要通过制定和执行相关的法律法规来实现。以我国为例：我国就制定了一系列的法律法规的有关内容，规范了绿色经济发展的运动。比如统筹我国全局的宪法，还有刑法、环境保护法、海洋环境保护法、水污染防治法、大气污染防治法、固体废物环境污染防治法、环境噪声污染防治法、节约能源法等等，均全部或部分含有环境保护内容。同时还配套制定有相关的环境保护条例、管理办法和标准等。随着各国绿色经济发展的理念深入人心，绿色经济政策会不断地得到发展，更多的法律、法规、条例和管理办法出台。

【案例应用】

"绿色行政"在延伸：张家港环保展现新风采

1996 年，江苏省张家港市被命名为全国首家环保模范城市。张家港市凭借首创的"一把手负总责、第一审批权、一票否决权"的环保"三个一"，使环保地位迅速提升，对这座新兴城市调整经济发展与环境保护的"坐标"，发挥了至关重要的作用。如今，张家港市国内生产总值和财政收入分别以 12.9% 和 30.2% 的年均幅度递增。经济总量在不断翻番，而排污总量却一直控制在"九五"期间水平上。在张家港，人们形象地把环境与发展综合决策称为"绿色行政"。

近年来，尽管市委书记、市长换了几次，但"绿色行政"的氛围却越加浓厚，在大举推进生态市建设的过程中，张家港又创出了新的"三个机制"。在环境与发展综合决策中，张家港市首先建立了"科学决策机制"。政府决策层始终坚持做到不做深入调查不决策，不做科学论证不决策、不听取部门意见不决策。在经济、城市、生态建设等方面聘请了专家顾问，充分发挥专家资政的作用。同时坚持"部门联席会议"制度，凡是重要决策，都要让职能部门充分"评头论足"，避免决策上失误。

张家港市成为环保模范城市之后，经过专家顾问和环保部门探讨，提出创建生态市新目标，很快得到市委、市政府的大力支持，并于 2001 年在江苏省率先制定了生态市建设规划。2002 年年底，张家港市又以生态市为"龙头"，以建立新型工业化为目标，致力于循环经济建设规划的编写，并在江苏省首家通过国家评审。现在，循环经济试点已分别在全市各个层面上全面展开，涌现出 30 多个典型。"既要考核 GDP，又要考核 COD"，这是张家港"绿色行政"建立起来的第二个环保"双重考核机制"。

为强化各级领导的环保责任，张家港市委、市政府在给各乡镇和各工业园区下达经济指标时，同时落实污染总量控制指标。在张家港不仅有环保条线上的单项考核指标，还有"三个文明"千分综合考核机制。其中防污治污、工业技改、农业生态示范等涉及环保与生态建设的就占 120 分，成为"重头戏"之一。双重考核机制促使各级领导把环保工作摆到重要位置，在招商引资中主动选项目。

前不久，一个投资 8 亿元、年产 5 万吨的冶炼焦炭项目准备落户三兴镇沿江黄金地段。镇领导经过慎重研究认为，这个项目污染严重、难以治理，不能建办。截至目前，各乡镇和工业园区积极引进清洁生产的"三资"企业已达到 1200 家，已有 50 多家跨国大公司前来投资发展。同时，各级领导还千方百计通过以新带老、挖潜改造、提高排放标准等一系列措施，来削减控制 COD 污染负荷，实现区域排污总量的动态平衡。目前，印染、化工等企业已全部提到国家一级排放标准上，通过 ISO14000 认证的企业已达到 44 家。张家港市在"绿色行政"中建立的第三个机制就是"项目准入机制"。

近年来，尽管张家港市加大了行政审批制度改革，在 4 轮行政审批事项清理中，已从原来的 1447 项减少到 495 项，减幅达到 66%，而现有的保留审批项目中又都"降低门槛"，但环保"第一审批权"不仅没有削弱，反而一再提高了项目审批的环保"准入门槛"。张家港市政府专门出台了印染、化工项目环保审批的"准入标准"：新上印染项目必须达到国际先进水平，投资额必须在 1 亿元以上；建办的规模型化工项目，必须采用清洁生产工艺，并确保达标排放。仅 2000 年以来，环保部门就拒批与劝阻工业项目 330 个。

在"绿色行政"的指导下，目前，张家港已完成经济资源的优化整合，使全市工业小区由 35 个减少到 21 个，新办企业全部进入工业园区，实现了治污集中控制。新形成的六大支柱产业已占张家港经济总量的 97.7%。

资料来源：高杰，马正秋，许海峰."绿色行政"在延伸[N].中国环境报，2004(2).

问题：

张家港市为开展绿色行政工作采取了哪些措施？通过分析张家港市的案例，思考城市发展与环境保护之间的关系。

【国际经验】

西方国家的绿色新政

发端于欧洲的以新为代表的低碳绿色经济变革，在 2008 年 9 月中下旬"百年一遇"的全球性金融危机爆发以来迅速成为世界的宠儿。当前，欧、美、日等主要发达国家及不少发展中国家力图利用此次全球多重危机中的机遇，纷纷制定和推进短期内刺激经济复苏、中长期以应对气候变化向低碳经济转型为核心的绿色发展规划，试图通过绿色经济和绿色新政，在新一轮经济发展进程中促进经济转型实现自身的可持续发展。

英国把发展绿色放在绿色经济政策的首位。2009 年 7 月 15 日，英国发布了《低碳转换计划》和《可再生战略》国家战略文件，这是继出台《气候变化法》之后，英国政府绿色新政的又一新动作，是迄今为止发达国家中应对气候变化最为系统的政府白皮书，也标志着英国成为世界上第一个在政府预算框架内特别设立碳排放管理规划的国家。按照英国政府的计划，到 2020 年可再生在供应中要占 15% 的份额，其中 40% 的电力来自可再生、核能、清洁煤等低碳绿色领域，这既包括对依赖煤炭的火电站进行"绿色改造"，更重要的是发展风电等绿色，目标是把英国建设成为更干净、更绿色、更繁荣的国家。

德国发展绿色经济的重点是发展生态工业。2009 年 6 月，德国公布了一份旨在推动德国经济现代化的战略文件，在这份文件上，德国政府强调生态工业政策应成为德国经济的指导方针。德国的生态工业政策主要包括六个方面的内容：严格执行环保政策；制定各行业有效利用战略；扩大可再生使用范围；可持续利用生物智能；推出刺激汽车业改革创新措施及实行环保教育、资格认证等方面的措施。

法国的绿色经济政策重点是发展核能和可再生。2008 年 12 月，法国环境部公布了一揽子旨在发展可再生的计划，这一计划有 50 项措施，涵盖了生物、风能、地热能、太阳能以及水力发电等多个领域。除了大力发展可再生之外，2009 年，法国政府还投资 4 亿欧元，用于研发清洁汽车和"低碳汽车"。此外，核能一直是法国政策的支柱，也是法国绿色经济的一个重点。

美国"绿色新政"可细分为节能增效、开发新、应对气候变化等多个方面。其中，新的开发其绿色新政的核心，2009 年 2 月 15 日，总额达到 7870 亿美元的《美国复苏与再投资法案》将发展新为主攻领域之一，重点包括发展高效电池、智能电网、碳储存和碳捕获、可再生如风能和太阳能等，同时美国还大力促进节能汽车、绿色建筑等的开发。

日本政府于 2009 年 4 月公布了名为《绿色经济与社会变革》的政策草案，目的是通过实行削减温室气体排放等措施，强化日本的绿色经济，重点则在于支持政府当前采取环境、措施刺激经济，对中长期则提出了实现低碳社会，实现与自然和谐生的社会目标。2009 年 5 月，日本正式启动支援节能家电的环保点数制度，通过日常的消费行为固定为社会主流意识，集中展示绿色经济的社会影响力。同时，日本率先提出建设低碳社会，声称欲引领世界低碳经济革命，提出要把日本打造成全球第一个绿色低碳社会。

韩国欲借绿色增长战略再创"汉江奇迹"。此次全球金融危机开始的时候，韩国就提出了"低碳绿色增进"的经济振兴战略，依靠发展绿色环保技术和新再生，以实现节能减排、增加就业、创造经济发展新动力等政策目标。2009 年 7 月，韩国公布绿色增长国家战略及五年计划，确定了发展"绿色"的一系列指标，计划建立"环境城"和"绿色村庄"，未来五年间韩国将累计投资 107 万亿韩元发展绿色经济，争取使韩国在 2020 年年底前跻身全球七大"绿色大国"。

根据有关专家预测，到 2030 年，全球"绿色经济"各行业中，仅可再生行业新增的就业机会，就将达到 2000 万个。绿色新政推动下的绿色经济已经成为各国应对金融危机，进而推动各国及全球经济增长的新引擎。

资料来源：http://www.lowcn.com/xinnengyuan/zhengce/201001/23961.html

参考文献

[1]付永胜，朱杰. 绿色行政体系的建设研究[J]. 环境保护，2004(12).

[2]刘铮，雷志松. 绿色行政的定位、价值及其实施路径[J]. 江汉大学学报(社会科学版)，2005，(2)：10 – 13.

[3]沈海滨. "绿色政府"评价及其建设研究[D]. 天津：天津大学，2006.